NATIONAL PUBLICATION FOUNDATION

中国城市规划设计研究院学术研究成果
本书由中国城市规划设计研究院资助出版

"一带一路"倡议下
城乡规划与建设标准
国际对比研究

王 凯

罗 彦

樊德良

编著

中国建筑工业出版社

图书在版编目（CIP）数据

"一带一路"倡议下城乡规划与建设标准国际对比研究 / 王凯，罗彦，樊德良编著． —北京：中国建筑工业出版社，2021.7
ISBN 978-7-112-26105-5

Ⅰ．①一… Ⅱ．①王… ②罗… ③樊… Ⅲ．①城市规划—技术标准—国际化—对比研究—中国、世界 Ⅳ．①TU984

中国版本图书馆CIP数据核字（2021）第073444号

责任编辑：刘平平　高延伟　李　阳
版式设计：锋尚设计
责任校对：张惠雯

"一带一路"倡议下城乡规划与建设标准国际对比研究
王　凯　罗　彦　樊德良　编著

＊

中国建筑工业出版社出版、发行（北京海淀三里河路9号）
各地新华书店、建筑书店经销
北京锋尚制版有限公司制版
北京雅昌艺术印刷有限公司印刷

＊

开本：787毫米×1092毫米　1/16　印张：20¼　字数：372千字
2021年7月第一版　　2021年7月第一次印刷
定价：**160.00**元
ISBN 978-7-112-26105-5
（37192）

序

　　"一带一路"倡议是以习近平同志为核心的党中央主动应对全球形势深刻变化、统筹国内国际两个大局作出的重大决策。当前，"一带一路"建设正在从谋篇布局的"大写意"转入精耕细作的"工笔画"阶段。标准作为世界通用语言，与政策、规则相辅相成、共同推进，发挥着基础性和战略性作用。

　　当前，中国城乡规划与建设正在伴随中国企业、资本和项目，走向"一带一路"沿线国家和地区，基础设施互联互通等硬联通建设取得显著成效，但规则标准的软联通建设亟须加强。2017年，住房和城乡建设部会同有关部门起草了《工程建设标准体制改革方案》，明确要求实施工程建设标准国际化战略，促进中国建造走出去，加强与国际、国外标准对接。2018年，住房和城乡建设部开始推进"一带一路"沿线工程建设标准应用情况调研工作，其中城乡规划领域工程建设标准应用情况调研工作由中国城市规划设计研究院牵头，北京、上海、江苏等省市20多家规划部门、规划院共同完成。研究基于我国城乡规划领域标准在"一带一路"沿线国家应用情况的调研，梳理中国城乡规划标准国际化面临的困难、问题及原因，分析总结国际标准组织和发达国家城乡规划及标准国际化经验，提出中国城乡规划及标准提升国际化程度、增强海外适应性的对策及建议。本书在相关工作成果基础上提升和完善而成。我认为，这是一份具有重要专业价值和社会意义的研究成果，从规划和建设标准软联通的角度，为城乡规划领域如何在国际语境下参与改善全球人居环境、推动构建人类命运共同体，提供了极具创新性的先行示范。

　　习近平总书记在第二届"一带一路"国际合作高峰论坛开幕式上的主旨演讲《齐心开创共建"一带一路"美好未来》中提到，共建"一带一路"不仅为世界各国发展提供了新机遇，也为中国开放发展开辟了新天地。当前，中国城乡规划和建设的国际化实践方兴未艾，共建"一带一路"倡议为我国城乡规划和建设行业发展提供了新机遇与新方向，有机会将我国城乡规划和建设领域的中国智慧和中国经验分享给全球更多的国家和地区。希望业界能在"一带一路"倡议引领下，积极开展更多的国际交流和学习活动，共同推动城市的可持续发展，为创造与改善人居环境、建设更加可持续发展的中国和世界贡献自己的一份力量。

黄　艳
住房和城乡建设部副部长

前言

　　"一带一路"倡议是我国应对全球形势深刻变化、统筹国内国际两个大局所作出的重大决策，对推进形成全面开放新格局和促进国际合作具有重要意义。当前，"一带一路"倡议从理念到行动，从方案到实践，由愿景化为现实，聚焦全球化问题和困境，为新一阶段的全球化贡献中国智慧和中国方案。

　　标准作为世界通用语言，在"一带一路"建设中发挥基础性和战略性作用。2020年5月中共中央、国务院印发《关于新时代加快完善社会主义市场经济体制的意见》进一步强调，要推动共建"一带一路"走深走实和高质量发展，加强市场、规则、标准方面的软联通。近年来，"一带一路"建设工作领导小组办公室陆续发布了《标准联通"一带一路"行动计划（2015—2017）》《标准联通共建"一带一路"行动计划（2018—2020年）》等文件，明确要求强化标准与政策、规则的有机衔接，以标准"软联通"打造合作"硬机制"，努力提高标准体系兼容性，支撑基础设施互联互通建设，加强境外产业园区、经贸园区标准化建设。当前，中国城乡规划与建设伴随中国资本、企业和项目，加快走向"一带一路"沿线国家和地区，对中外城乡规划与建设标准软联通提出新需求。但目前城乡规划国际化以及城乡规划和建设标准在海外的应用和研究基础极为薄弱，相关工作亟待开展。

　　从2014年起，中国城市规划设计研究院（以下简称"中规院"）积极响应国家"一带一路"倡议，率先开展了"一带一路"空间战略研究等课题，成为国内城市规划领域在"一带一路"倡议下的空间研究基础和先行者。之后，中规院继续开展了"'一带一路'倡议下的全球城市体系研究""深圳在'一带一路'建设中战略支点布局研究"等一系列课题研究，不断深化、推进"一带一路"相关研究工作。2018年，在工程建设标准国际化战略的要求下，住房和城乡建设部开始推进"一带一路"沿线工程建设标准应用情况调研工作，全面了解中国工程建设标准服务"一带一路"基础设施和城乡规划建设的情况。按照住房和城乡建设部标准定额司要求，中规院牵头，北京、上海、江苏、山西、内蒙古、广东、湖北、新疆、山东、浙江、陕西等省市20多家规划部门、规划院参与，对东亚、西亚、南亚、中亚、中东欧等"一带一路"沿线60多个国家的城乡规划标准及应用情况展开广泛联合调研。2019年，中规院承担住房和城乡建设部"城乡规划工程建设标准在'一带一路'建设中应用情况调查"课题研究，进一步推进相关研究工作，从引进来和走出去两个维度，对国际先进城乡规划与建设标准、"一带一路"沿线重点国家城乡规划与建设标准展开对比研究，分析了中国城乡规划及建设标准在海外应用的经验和面临的挑战，提出推进中国城乡规划工程建设标准国际化的对策及建议。

本书是作者对近年来"一带一路"和城乡规划标准相关课题研究成果的整理、总结和深化，主要包括六个部分。第一部分总结概述我国城乡规划与建设标准的发展背景、特征与趋势，第二部分总结了"一带一路"倡议下我国城乡规划及标准的国际化情况，第三部分梳理了"一带一路"沿线国家城乡规划及标准的基本特征，第四部分重点研究国际标准和欧洲、美洲、亚洲国家的先进城乡规划及标准的特征和经验，第五部分对国内外用地分类、公共服务设施、公共空间等专项技术标准展开对比研究，第六部分提出了"一带一路"倡议下我国城乡规划与建设标准国际化的对策与建议。附录主要是对不同国家城乡规划法律法规体系、规划编制体系、规划管理实施、主管部门、相关认证制度、标准主要特征等情况的梳理和总结。

本书从共建"一带一路"的视角出发，对我国城乡规划和建设标准走出去的历程和经验进行总结，分析国内外城乡规划与建设标准的特征和差异，提出中国城乡规划及标准提升国际化程度、加强海外适应性的对策及建议。希望本书可以从加强城乡规划与建设标准国际软联通的角度，为下一阶段我国城市规划标准化及国际化工作提供创新性思路，指导城市规划行业更好地在"一带一路"倡议下开展海外服务实践，促进规划行业在国际语境下参与改善全球人居环境、推动构建人类命运共同体，为提升我国城乡规划及标准的国际化水平和影响力尽一份力量。

目录

1
我国城乡规划与建设标准的发展历程、特征与趋势

2
我国城乡规划与建设标准国际化现状

3

"一带一路"沿线国家城乡规划与建设标准特征

4

国外城乡规划与建设标准研究

5

国内外城乡规划与建设标准对比研究

6

我国城乡规划与建设标准特色化与国际化的对策及建议

附录

1

我国城乡规划与建设
标准的发展历程、
特征与趋势

我国城乡规划与建设标准伴随着城乡规划和建设工作的发展，逐步构建起较为稳定且相对完善的标准体系，有效指导了各个阶段的城乡规划与建设活动。当前，共建"一带一路"倡议、工程建设标准体制改革、规划机构与体系改革和新时代以人民为中心的高质量发展等新要求，推动了我国城乡规划与建设标准向加强国际化软联通、优化管理方式、调整重构体系、完善重点领域等方向不断优化。

1.1 我国城乡规划与建设标准的发展历程

1.1.1 我国城乡规划发展历程

（1）1950年代—1970年代：初始探索阶段

中华人民共和国成立初期，百废待兴，我国城市建设基础薄弱，住房、交通、公共服务和市政等设施短缺，中央和地方以尽快恢复生产及生活为主要方针，以"生产性"城市为前提，制定与实施城市建设规划。1949—1952年三年国民经济恢复时期，中共七届二中全会指出"党的工作重心由农村移到城市，必须以极大的努力去学会管理城市和建设城市"，1952年9月中央财委召开第一次全国城市建设座谈会，强调今后要根据国家长远建设计划，有重点有步骤地进行改建和新建，加强规划设计，并在会后组建成立全国性的城市建设管理机构——建工部城市建设局[1]，标志着我国城市规划工作的正式起步。

1953—1957年第一个五年计划时期是我国城乡规划事业的第一个重要发展阶段，伴随着全国范围的大规模基础建设和苏联援建项目的推进，城市规划和建设围绕工业建设项目和重要工业城市展开。1953年9月中共中央发布《关于城市建设中几个问题的指示》，指出"为适应国家工业建设的需要及便于城市建设的管理，重要工业城市的规划工作必须加紧进行"。随后，建工部城市建设局开始组织推进重要工业城市的规划工作，并于1954年正式组建我国第一个城市规划设计专业部门——建工部城市设计院，主要负责全国重点城市的规划设计工作。1954年6月，建工部召开第一次城市建设会议，提出"城市规划是国民经济计划工作的继续和具体化"。1956年，城市建设总局改为城市建设部，主管全国城市建设和规划工作，同年，国务院批转《关于加强新工业区和新工业城市建设工作几个问题的决定》，指出"加强城市和工人镇的规划工作，是保证工业建设顺利进行的重要条件"，还提出要积极开展区域规划工作，确定从1956年开始进行西安—宝鸡、包头—呼和浩特等十个地区的区域规划。1956年7月，国家建设委员会颁发了中华人民共和国成立后的第一部重要的城市规划部门规章——《城市规划编制暂行办法》，侧重规划内容和技术指导，并未明确城市规划的法律地位、审批程序和审批机构[2]。这一阶段，我国城市规划和建设取得了很大成绩，据1956年底统计，全国已进行兰州、西安等150多个城市及武功、侯马等新工业区的初步规划，确定了工业、交通运输、住宅、公共建筑和各项工程管线的布局，还进行了部分城市局部的详细规划[1]。

但自第二个五年计划起，1958年，中央提出"用城市建设的大跃进来适应工业建设的大跃进"的要求，导致全国展开了一系列简化内容、编制时间短、规模指标大的"快速规划"，"快速规划、人民公社规划和围绕区域生产力的区域规划"是这一阶段规划工作的重点。而伴随着工业项目的区域化，区域规划迎来了第一次高潮，两年内编制《辽宁朝阳地区区域规划》（1959年编制）等39个区域规划，并在实践基础上，修订了《区域规划编制暂行办法（草案）》，但规划总体上"过度超前、不切实际"，后期很难实施落地[3]。

1960年是城市规划工作的分水岭。1960年，第九次全国计划工作会议宣布"三年不搞城市规划"；1962年，中共中央第一次全国城市工作会议要求改进城市工作，继续完成减少城市人口计划；1963年10月，第二次全国城市工作会议提出"要继续严格控制城市人口，并在户口管理上，严格加以限制"，自此我国独特的城乡二元结构开始形成。1966年后，各级规划机构被精简、削弱、撤销，高等院校城市规划专业停办，规划管理废弛，城市规划彻底失去对城市建设的指导，城市规划和建设发展受到严重损失。

这一阶段城乡规划普遍被认为是国民经济发展计划在城市物质空间上的延续和具体化，以建设规划为主，由政府组织编制和实施，具有近期性、计划性的特征，尚未形成系统性规划体系。这一阶段规划决策以依据专家理性分析、参考苏联的标准规范模式为主，在很长一段时间内影响着中国城市规划。

（2）1970年代—1990年代初：恢复拓展阶段

1978年中国共产党十一届三中全会后，我国进入改革开放新时期。伴随着社会主义市场经济体制改革的推进，城市经济发展的主导地位不断强化，市管县、市带县体制建立，城市发展得到高度重视。在此背景下，城市规划率先快速恢复，城镇体系规划横空出世，国土规划开展试验探索，土地利用总体规划初步形成，我国规划类型不断拓展，更加多样。

1978年3月，国务院召开第三次全国城市工作会议，同年中共中央批准了这次会议制定的《关于加强城市建设工作的意见》，指出"城市是我国经济、政治、科学、技术、文化、教育的中心，在社会主义现代化建设中起着主导作用"，提出要"认真抓好城市规划工作"，并将城市规划、城市基础设施建设、城市管理，以及"建立合理的城镇体系""改革城市建设体制"等都纳入城市工作的范畴，要求全国各城市都要根据国民经济发展计划和各地区的具体条件，编制和修订城市的总体规划、近期规划和详细规划。1979年3月中央批准成立国家城建总局，负责制定全国城市建设的制度、标准、法律等立法性工作，指导和组织城市规划工作，同年国务院在批准唐山规划之后，又批准了兰州和呼和浩特的总体规划，这是自第一个五年计划以来国家重新审批城市规划的第一批城市。1980年12月，国家建委颁发《城市规划编制审批暂行办法》和《城市规划定额指标暂行规定》。1982年，全国人大正式批准国家建委、国家建工总局、国家城建总局等单位合并成立城乡建设环境保护部，城市规划归口由该部城市规划局领导[1]。1984年，国务院颁发了城市规划方面的第一个行政法规《城市规划条例》，首次提出直辖市和市的总体规划应当把行政区域作为一个整体，合理布置城镇体系。1989年全国人大通过了规划领域的第一部国家法律——《中华人民共和国城市规划法》，通过立法规定了城市规划工作的主体和程序，正式将城镇体系规划纳入城市规划编制不可缺少的重要环节。

1970年代末到1980年代初，全国324个设市城市的第二轮总体规划及分区规划加快实践。城镇体系规划由县域、市域进而到省域乃至全国逐步推进，城市和建设规划思维成为区域性问题思考的基础和表达方式。基于对外开放政策的"特区城市的规划""开发区的规划"成为具有时代特征的规划新类型，围绕土地市场经济的"控制性详细规划"探索不断深入，历史文化名城规划开始受到重视，规划实践推动了规划法律法规体系的完善，城市规划主管部门的成立、城市总体规划的批复、法规与部门规章文件的颁布等一系列工作，都标志着城市规划重新步入正轨，城市规划的地位不断提高[3]，一定程度上从过去落实经济计划的"被动载体"，逐步成为引领发展、管理建设的"主动工具"[4]。

在这一阶段，国家计委牵头，开始了国土规划的试验探索。1981年开始，我国由计划部门牵头编制，开始学习西欧国家的国土综合整治工作经验，全面部署和开展国土规划工作，探索将国民经济发展计划落实到空间[5]。1982年开始，以区域规划为基础，在京津唐、湖北宜昌等10多个地区开展地区性国土规划试点，许多省区也都开展了全省和地市一级的国土规划。在全国层面，国家参照日本的经验，组织编制了《全国国土总体规划纲要》，划分了东、中、西三大经济带，将沿海和沿长江作为一级"T字形"开发轴线，把沿海的长三角、珠三角、京津唐、辽中南、山东半岛、闽东南地区，以及长江中游的武汉周围、上游的重庆—宜昌一带均列为综合开发的重点地区，不仅影响了整个1980年代的国家总体空间开发格局，至今仍然具有重要的现实意义。1987年国家计委专门印发《国土规划编制办法》[6]，提出国土规划是国民经济和社会发展计划体系的重要组成部分，是资源综合开发、建设总体布局、环境综合整治的指导性计划，是编制中、长期计划的重要依据。国土规划的高潮一直延续到1991年，而后随着国家机构调整，国土规划被认为属于计划经济、不利于城市竞争和发展，日渐式微。

伴随着全国土地使用制度改革，土地利用总体规划也初见雏形。1981年，深圳特区首先开始征收土地使用费，并在全国范围推广，拉开了土地使用制度改革的序幕[7]。随后，国家把"十分珍惜和合理利用每寸土地，切实保护耕地"确定为基本国策，提出要制定土地利用总体规划。1986年，我国第一部《土地管理法》颁布，从法律层面规定各级人民政府编制土地利用总体规划，地方人民政府的土地利用总体规划经上级人民政府批准执行，城市规划和土地利用总体规划应当协调，并相应成立国家土地管理局。1987年颁发的《关于开展土地利用总体规划的通知》，将土地利用总体规划划分为全国、省、市三个层次，并于同年开始尝试编制全国土地利用总体规划[7]，并于1993年获得国务院批复。1996年底，我国大部分省、自治区、直辖市都完成了第一轮土地利用总体规划的编制工作，基本确立了土地利用规划体系、工作程序和方法。

（3）1990年代中—2000年代初：体系构建阶段

1990年代，十四届三中全会确立了建设社会主义市场经济体制的改革目标，1994年分税制改革则标志着中央权力下放，对地方的管制趋于放松。在这样的背景下，满足地方发展诉求、支持城镇空间开发的城市规划地位更加凸显，成为重要的城市空间治理工具，同时，以加强土地管控的土地利用规划展开了多轮自上而下的编制工作，国土规划也展开了新一阶段的试点工作。

1990年，《中华人民共和国城市规划法》正式颁布实施，初步形成了一套由城镇体系规划、城市总体规划、分区规划、控制性详细规划、修建性详细规划等规划类型构建形成的法定空间规划体系，确立了规划管理"一书两证"制度。1991年，建设部出台《城市规划编制办法》，进一步细化了相关要求。1993年国务院颁布了《村庄和集镇规划建设管理条例》，明确了村庄和集镇规划的制定、实施要求，以加强村庄、集镇的规划建设管理，改善村庄、集镇的生产、生活环境，成为乡村规划工作的基本法律依据。同时，适应市场化、全球化和城市增长诉求的城市发展战略规划、都市圈规划等"非法定规划"应运而生[5]。在城市建设空间的快速扩张和土地资源急剧消耗的背景下，城市规划作为空间资源调控公共政策的属性不断加强。1996年国务院发布《关于加强城市规划工作的通知》，开始把控制建设用地、规范城市建设作为宏观调控的重要目标。而后建设部相继出台《近期建设规划工作暂行办法》《城市规划强制性内容暂行规定》，逐步构建起城市禁建区、限建区、适建区，加上绿线、紫线、黄线、蓝线的"三区四线"空间管制体系。2006年修订生效的《城市规划编制办法》强调了城市规划作为"政府调控城市空间资源、指导城乡发展与建设、维护社会公平、保障公共安全和公众利益的重要公共政策之一"的作用，明确了城市规划属性从技术手段向公共政策的转变方向。

1997年，以"保护耕地为重点、严格控制城市规模"为指导思想的第二轮土地利用总体规划编制工作开始推进。1999年，修订后的《土地管理法》出台，确定了以用途管制为核心的土地用途管制制度，强化了土地利用规划对于城市规划的刚性约束作用，同年国务院批准了《全国土地利用总体规划纲要（1997—2010年）》。到2000年底，全国各地基本完成国家—省—市—县—乡镇的五级土地利用规划，并开始正式实施。

而国家计委（1998年改为国家发展改革委）领导下的各层级计划部门，继续保持

较强的宏观调控能力，城市规划仍需服务于发展计划的落地。1998年，国家计委的
国土规划职能划给新设立的国土资源部后，21世纪初，国土资源部印发《关于国土规
划试点工作有关问题的通知》《关于在新疆、辽宁开展国土规划试点工作的通知》等文
件，重新启动了国土规划，相继完成深圳、天津、广东、辽宁等多地的国土规划编制
工作[7]，推动了国土规划从规划计划转向规划引导，从突出资源开发利用转向开发
利用和保护相统一，从追求经济发展转向协调经济发展与人口、资源、环境。

这一时期，各类规划体系都基本确立，规划种类繁多、管制手段各异、空间冲突
频现的矛盾开始逐步显现[5]，各地从规划编制和管理的协调、职能机构整合等方面，
开始了"多规合一"的试验探索。2004年，国家发展改革委在苏州、安溪、宁波等6
地试点"三规合一"；2008年，原国土资源部和城乡建设部在浙江召开了"两规协调"
推广会。

（4）2000年代中—2017年：多规并行阶段

2000年之后，我国深度参与经济全球化，市场化进程对城市发展冲击不断增强，
面对空间发展无序粗放、不可持续等问题，中央政府开始强调宏观调控和治理能力的
提升，2013年十八届三中全会明确提出"推进国家治理体系和治理能力现代化"的总
目标，2014年十八届四中全会通过了《中共中央关于全面推进依法治国若干重大问题
的决定》，2015年中央城市工作会议指出要全面贯彻依法治国方针。在依法规划、建
设、治理城市的要求下，城乡规划已成为我国国家治理体系的重要组成部分。这一阶
段，城乡规划、土地利用规划等规划类型都逐步成熟，主体功能区、环境保护规划等
新规划类型出现，多规并行，共同发挥着空间治理的作用。

在城乡规划方面，2008年《中华人民共和国城乡规划法》（以下简称《城乡规
划法》）开始施行，成为我国城乡规划主干法，明确了由城镇体系规划、城市规划、
镇规划、乡规划和村庄规划组成的城乡规划体系，在"一书两证"基础上增加了
乡村建设规划许可证，进一步强化了城乡规划的公共政策属性。在国家层面，2005
年、2017年建设部门两次推动了《全国城镇体系规划》的编制工作，但由于实施主
体不明确等原因，最终并未获得国家批复。在地方层面，地方政府为了满足城市快
速发展、产业园区以及配套基础设施建设，寻找更多的新发展空间，城市规划编制
"营销城市"的"寻租"目的性增强，城市总体规划甚至成为"政策型"规划，其
编制审批办法亟待改革和创新。这一时期，《城乡规划法》赋予法律效力的各类法

定城乡规划更加稳定成熟，但其科学性、操作性和实用性也受到质疑，面临着技术内容冗杂、规划抓手失效、实施主体不明等问题，城乡规划体系进入了改革和创新阶段。

新一轮土地利用总体规划启动。2004年《国务院关于深化改革严格土地管理的决定》出台，第三轮土地利用总体规划修编正式启动。2008年国务院批准颁布的《全国土地利用总体规划纲要（2006—2020年）》，提出"落实城乡建设用地空间管制制度"，将土地用途管制的思路进一步延展到建设空间与非建设空间的管制。这一阶段的土地利用规划走向了基于土地资源利用的区域综合规划之路，进一步强化建设用地空间管制，采取指标管理、用途管制和建设用地空间管制的调控手段，尤其强调耕地、基本农田、建设用地规模"三线"规模控制和基本农田边界、城乡建设用地边界"两界"空间控制[7]。

国土规划再度开展试点探索，重新恢复编制，从以生产力布局为主转向以资源合理开发保护为主。2013年，国土资源部、国家发展改革委员会牵头组织编制《全国国土规划纲要（2014—2030年）（草案）》，确定了未来国土集聚开发、分类保护、综合整治、支撑保障体系建设及配套政策完善等主要任务。2017年，《全国国土规划纲要（2016—2030年）》经国务院发布实施后，成为我国首个全国性国土开发与保护的战略性、综合性、基础性规划。

主体功能区规划成为重要的新规划类型。2006年，中央经济工作会议提出"分层次推进主体功能区规划工作，为促进区域协调发展提供科学依据"，2007年国务院发布《关于编制全国主体功能区规划的意见》，要求在分析评价国土空间的基础上，分国家和省级两个层次编制主体功能区划，确定各级各类主体功能区的数量、位置和范围，明确不同主体功能区的定位、开发方向、管制原则、区域政策等。2010年，国务院正式印发《全国主体功能区规划》，明确了构建高效、协调、可持续的国土空间开发格局的总体目标，形成了基于主体功能区的空间治理体系。

生态环境保护规划等各类专项规划也开始出现。2002年，环境保护部和建设部联合出台《小城镇环境规划编制导则（试行）》，结合总体规划和其他专项规划，划分不同类型的功能区，提出相应的环境保护要求。之后的环境保护规划也大都基于环境功能区划分，侧重水、土壤、大气、噪声、固体废物的环境综合整治方案[8]。

这个阶段，城乡、土地、生态和交通等规划事权分散在发改、住建、国土、环保、林业、交通等政府职能部门，横向"多规并行"、纵向垂直管理的情况突出，在规划层级、事权划分、技术规范与标准及审批实施等方面均存在严重的冲突[5, 9]。为解决各类规划自成体系、内容冲突、缺乏衔接等问题，国家决定统一构建空间规划体系，"多规合一"国家试点开始推行。2013年，《中共中央关于全面深化改革若干重大问题的决定》提出，要"建立空间规划体系"，多次强调推进"多规合一"。2014年，国家发展改革委、国土资源部、环境保护部及住房城乡建设部四部委联合发布《关于开展市县"多规合一"试点工作的通知》，将全国28个市县列入试点范围，分部门探索空间规划融合。2016年，中共中央办公厅、国务院办公厅印发《省级空间规划试点方案》，选择海南、宁夏等9省区开展省级空间规划试点工作[10]，统筹各类空间性规划，为实现"多规合一"、建立健全国土空间开发保护制度积累经验、提供示范。

（5）2018年至今：体系重塑阶段

2015年，中共中央、国务院印发的《生态文明体制改革总体方案》明确要求构建"以空间规划为基础，以用途管制为主要手段的国土空间开发保护制度"，形成"以空间治理和空间结构优化为主要内容，全国统一、相互衔接、分级管理的空间规划体系"。2018年3月全国两会上国家机构改革方案出炉，以原国土资源部为主体，将分散在多个部门的空间规划职能划归到新组建的自然资源部，建构国家空间规划体系，统一行使全民所有自然资源资产所有者职责，统一行使所有国土空间用途管制和生态保护修复职责。2019年5月中共中央、国务院发布《关于建立国土空间规划体系并监督实施的若干意见》，明确形成"五级三类四体系"的国土空间规划体系，"五级"为国家级、省级、市级、县级、乡镇级，"三类"即总体规划、详细规划、专项规划，"四体系"包括规划编制审批体系、规划实施监督体系、法规政策体系和技术标准体系。6月，自然资源部印发《关于全面开展国土空间规划工作的通知》，明确各地不再新编和报批主体功能区规划、土地利用总体规划、城镇体系规划、城市（镇）总体规划、海洋功能区划等。自此，我国正式建立了"多规合一"的国土空间规划体系并监督实施，国土空间规划将全面进入新阶段。同年8月，新修订的《中华人民共和国土地管理法》明确"国家建立国土空间规划体系""经依法批准的国土空间规划是各类开发、保护、建设活动的基本依据。已经编制国土空间规划的，不再编制土地利用总体规划和城乡规划"，以法律的形式确立了国土空间规划的法定地位。

1.1.2   我国城乡规划与建设法规标准体系的发展历程

（1）初步探索阶段

为了指导城乡规划与建设活动，国家开始了相关法规和技术标准的探索。1952年，中央财委召开的第一次全国城市建设座谈会，明确了我国城市建设的总方针，提出加强规划设计工作和建立城市建设规划机构，出台了《城市规划设计程序（草案）》[11]。1954年建工部召开第一次城市建设会议，印发了《城市规划编制程序暂行办法（草案）》《关于城市建设中几项定额问题（草稿）》《城市建筑管理暂行条例（草案）》三个文件。随后1956年，国家建设委员会根据苏联经验，出台了《城市规划编制暂行办法》，此办法内容分七章四十四条，包括城市规划基础资料、规划设计阶段、总体规划和详细规划等方面的内容以及设计文件及协议的编订办法，为这一时期城市规划编制提供了关键性法律依据，是我国城市规划法制化和标准化进程的开端。

1966—1978年，我国城乡规划法制化和标准化进程几乎停滞。随后，我国各项工作逐步整理和恢复，1974年，国家建设委员会颁布了《关于城市规划编制和审批意见》（试行）和《城市规划居住区用地控制指标》等技术标准，我国城乡规划标准化工作也开始恢复。

1978年改革开放之后，我国城市规划工作回归正轨，制度完善与规划实践相互促进，城乡规划法制化和标准化进程加快，国家和主管部门密集出台了一系列法律法规和标准规范。1980年，国家建设委员会发布了《城市规划编制审批暂行办法》，以及由国家城市建设总局拟订，并经全国城市规划工作会议讨论修改《城市规划定额指标暂行规定》。《城市规划定额指标暂行规定》将城市规划定额指标分为总体规划和详细规划两部分，是综合型的规划技术标准。其中，总体规划的定额指标是城市发展的控制性指标，作为编制总体规划的依据，包括城市人口规模划分、规划期人口计算和居住、道路广场等城市各类用地的相关指标要求；详细规划的定额指标是城市近期建设规划范围内的建设和设施的具体指标，只对居住区详细规划定额指标做了具体规定，包括小区用地、居住建筑、建筑密度、公共建筑等各类指标要求。

1984年，国务院颁布了我国规划领域第一部行政法规——《城市规划条例》，提出了总体规划和详细规划构成的规划体系，明确依赖建设用地许可证、建设许可证的管理制度，我国城市规划和管理工作步入法制管理阶段，但仍未开始构建相对完善的规划技术标准体系。

（2）体系构建阶段

1990年，随着规划领域的第一部主干法——《城市规划法》正式实施，一系列行政法规、部门规章、地方性法规和技术标准陆续出台，规划技术标准体系开始构建。1993年，国务院颁布了《村庄和集镇规划建设管理条例》，成为我国村镇建设的基本法规，有效促进了村镇建设活动及管理行为的规范化和法制化。

规划主管部门建设部也相继出台了一系列的部门规章，明确统一了各类规划实践的操作标准。1991年9月建设部出台了《城市规划编制办法》，1994年颁发了《城镇体系规划编制办法》，1995年6月发布了《城市规划编制办法实施细则》，推动了我国城市规划工作进入了新时期。

20世纪90年代初，随着规划法律法规的颁布实施，规划标准的制定也开始加快推进，城乡规划标准建设工作逐步走上正轨。城乡规划主管部门针对重要专项领域，分散制定了数个单项技术标准。建设部在1987年开始着手制订国家标准《城市用地分类与规划建设用地标准》和《城市居住区规划设计规范》[12]；1990年7月，建设部发布了《城市用地分类与规划建设用地标准》，随后又相继公布了《城市用地分类代码》《城市居住区规划设计规范》等标准[13]。这一阶段，伴随着城市规划法律法规体系的建立，技术标准从前期依托综合型部门规章《城市规划定额指标暂行规定》，逐步开始向详细规定某一领域相关指引的专项国家标准形式转化。

1991年，我国第一次开始系统研究城市规划标准规范体系，1993年原建设部完成了《城市规划标准规范体系》，提出了标准体系框架的构建思路，将过去综合型较强的规划标准划分为基础规范、综合规范和专用规范三级体系。每一项规范覆盖城市总体规划和详细规划两个阶段，并考虑适应规划技术队伍中来自建筑、经济和工程背景人员的工作需要。这个阶段，《城市规划定额指标暂行规定》综合性的要求，被拆分出精细化的、专项化程度高的单个技术标准或者规范，并统筹至新的规划标准体系；同时，一些新制定的部门规章、地方政府规章和专项技术标准也不断被纳入新的规划标准体系。

（3）体系完善阶段

进入21世纪之后，我国加入世界贸易组织，党中央、国务院高度重视标准化工作，2001年成立国家标准化管理委员会，强化标准化工作的统一管理，对各个行业的法制化及标准化提出更高要求，也推动了城市规划法规与标准体系的不断完善。

2000年以后，建设部相继出台了《村镇规划编制办法》《近期建设规划工作暂行办法》等部门规章，并于2006年修订了第四版《城市规划编制办法》。2008年，我国完成了城乡规划行业主干法——《城乡规划法》的修订，城乡规划的法制化进程进入新篇章。《城乡规划法》第二十四条规定："编制城乡规划必须遵守国家有关标准。"第六十二条规定，城乡规划编制单位"违反国家有关标准编制城乡规划的"，"由所在地城市、县人民政府城乡规划主管部门责令限期改正，处合同约定的规划编制费一倍以上二倍以下的罚款；情节严重的，责令停业整顿，由原发证机关降低资质等级或者吊销资质证书；造成损失的，依法承担赔偿责任"。《城乡规划法》强化了国家标准在规划编制和管理中的强制性作用，推动了城乡规划国家标准地位的提升。与此同时，《标准化法》《物权法》《消防法》《残疾人保障法》等相关法律也对城乡规划和建设标准的执行作出了法律规定，极大规范了城乡规划和建设活动中的技术准则和编制行为。

2002年，我国开始制定《城乡规划技术标准体系》，对城市和乡村两方面的技术标准进行了统筹考虑，提出了综合标准的概念，以及其指导下的基础标准、通用标准、专用标准三层次，共涉及60项国家标准。2003年，建设部发布的《工程建设标准体系》（城乡规划、城镇建设、房屋建筑部分），成为城乡规划、城镇建设、房屋建筑领域逐步完善标准体系的纲领性文件，是组织开展标准制订、修订和管理的基本依据，由建设部标准定额司负责管理和解释，正式将1993年确立的基础规范、综合规范、专用规范三级城乡规划标准体系更新为基础标准、通用标准、专用标准三级体系。在此之后，城乡规划技术标准在三级体系上持续更新完善，推动待编技术标准规范的编制，并对编制较早的技术标准进行修订，以保证技术内容的先进性和可靠性[11]。

2012年，住房和城乡建设部标准化技术委员会成立，组织各个工程建设标准化技术委员会统一进行标准体系梳理工作。其中，城乡规划标准化技术委员会再次修订了城乡规划标准体系，形成了2012版的城乡规划标准体系，在基础标准、通用标准、专用标准三级体系上正式增添了综合标准，形成了现行工程建设领域的城乡规划技术标准体系。工程建设领域城乡规划技术标准体系共包括技术标准79项，其中综合标准1项，基础标准5项，通用标准10项，专用标准63项，并在国家工程建设标准化信息网（http://www.ccsn.org.cn/Default.aspx）上正式公布。

2019年，为进一步加强住房和城乡建设领域科技与标准深度融合、创新发展，统

筹推进建设科技、技术标准工作，充分发挥专家智库作用，住房和城乡建设部成立了
住房和城乡建设部科学技术委员会标准化专业委员会。同年，在国土空间改革的背景
下，住房和城乡建设部原"城乡规划标准化技术委员会"改为"城乡建设专项规划标
准化技术委员会"，原归属于工程建设领域的城乡规划标准逐步向城乡建设专项规划
技术标准转变。城乡建设专项规划标准化技术委员会第七次年会提出，结合当前中央
对城乡建设工作的部署以及国家在城乡建设方面的核心工作，聚焦人居环境建设，重
点关注百姓的幸福感、获得感和安全感，关注城市建设的质量和品质，推进城乡建设
专项规划标准化改革、标准体系构建与更新。

1.2 我国城乡规划与建设标准的基本特征

1.2.1 我国城乡规划与建设法律法规体系特征

我国城乡规划与建设法律法规经过了持续的发展演变，目前城乡规划领域基本建
立了系统的国家—地方两级层次、主干—相关领域两个维度的城乡规划法律法规体系。

（1）国家层面（表1-1）

城乡规划国家层面法律法规的第一层级为主干法。目前，在国土空间规划改革背
景下，《国土空间开发保护法》《国土空间规划法》等法律立法工作正在推进中。从目
前国家已颁布的法律看，城乡规划领域现行的主干法只有《城乡规划法》，《城乡规划
法》仍是规划领域的最高法律，是现阶段城乡规划工作的基本法律依据。与城乡规划
领域相关的法律还包括《土地管理法》《城市房地产管理法》《文物保护法》等。2020
年开始实施的《土地管理法》增加了"国家建立国土空间规划体系""经依法批准的
国土空间规划是各类开发、保护、建设活动的基本依据""已经编制国土空间规划的，
不再编制土地利用总体规划和城乡规划"等内容，为"多规合一"的国土空间规划改
革预留法律空间，解决改革过渡期的规划衔接问题，但并未系统性对国土空间规划体
系及其效力等内容做出规定。

我国现行城乡规划法律法规及相关领域的部分法律法规　　　表1-1

类型	城乡规划主干领域法律法规	城乡规划相关领域的部分法律法规
法律	中华人民共和国城乡规划法	中华人民共和国土地管理法 中华人民共和国城市房地产管理法 中华人民共和国建筑法 中华人民共和国物权法 中华人民共和国文物保护法 中华人民共和国环境影响评价法 中华人民共和国循环经济促进法 中华人民共和国消防法 中华人民共和国环境保护法 中华人民共和国森林法
行政法规	村庄和集镇规划建设管理条例 历史文化名城名镇名村保护条例 风景名胜区条例	中华人民共和国自然保护区条例 建设项目环境保护管理条例 规划环境影响评价条例 中华人民共和国土地管理法实施条例 基本农田保护条例 国有土地上房屋征收和补偿条例 民用建筑节能条例 物业管理条例 城市绿化条例
部门规章与规范性文件	城市规划编制办法 省域城镇体系规划编制审批办法 城市、镇控制性详细规划编制审批办法 城市黄线管理办法 城市蓝线管理办法 城市紫线管理办法 城市抗震防灾规划管理规定 城市绿线管理办法 城市地下空间开发利用管理规定 城市规划编制单位资质管理规定 城市国有土地使用权转让规划管理规定 城市设计管理办法 国家级风景名胜区规划编制审批办法 市政公用设施抗灾设防管理规定 历史文化名城名镇名村街区保护规划编制审批办法 建制镇规划建设管理办法 城市抗震防灾规划管理规定	土地利用总体规划管理办法 土地利用总体规划编制审查办法 土地复垦条例实施办法 土地利用年度计划管理办法 节约集约利用土地规定 建设项目用地预审管理办法 土地利用年度计划管理办法 闲置土地处置办法 国家环境保护环境与健康工作办法（试行） 环境保护公众参与办法 建设项目环境影响评价资质管理办法 突发环境事件应急管理办法 水土保持工程建设管理办法 水功能区管理办法 国家级森林公园管理办法

资料来源：作者整理。

　　城乡规划国家层面法律法规的第二层级为行政法规。我国现行的城乡规划行政法规主要包括规划及相关主管机构在城乡规划编制、管理实施方面出台了一系列与规划法相配套的法规。由于《城乡规划法》具有纲领性和原则性的特征，它不可能对细节性内容作出具体规定，因而需要有相应的配套法来阐明基本法的有关条款的实施细则。我国现行的城乡规划行政法规包括《村庄和集镇规划建设管理条例》《风景名胜区条例》《历史文化名城名镇名村保护条例》等。在与城乡规划密切相关的其他领域，例如土地管理领域的行政法规有《土地管理法实施条例》《基本农田保护条例》等。

城乡规划国家层面法律法规的第三层级为部门规章与规范性文件。部门规章与规范性文件主要是指由国务院部委制定发布的部门规章和规范性文件，部门规章主要包括各类"规定""办法"，规范性文件一般称为"通知""意见"，是行政主管部门为执行法律、法规、规章和国家政策规定，依照法定权限和程序制定并公开发布，涉及公民、法人和其他组织的权利义务，具有普遍约束力，在一定期限内反复适用的文件。现行城乡规划与建设领域的部门规章与规范性文件有很多，例如《历史文化名城名镇名村街区保护规划编制审批办法》《城市设计管理办法》等。与城乡规划密切相关的其他领域的部门规章有《土地复垦条例实施办法》《节约集约利用土地规定》等，规范性文件有《自然资源部关于加强规划和用地保障支持养老服务发展的指导意见》等。

（2）地方层面

城乡规划地方层面法律法规主要包括地方性法规和地方政府规章两类。地方性法规主要是地方立法部门根据国家城乡规划法和相关的法律法规，结合当地社会、政治、经济、文化等方面的具体情况，而制定的地方城乡规划制度的基本框架。地方性法规一般确定了地方城市规划行政管理部门的基本组织和相应的职责权限，明确当地城市规划编制、实施的具体程序和原则，建立城乡规划法规与各地方法规之间的相互协同关系，如《广东省城市控制性详细规划管理条例》《杭州市城市规划条例》《深圳市城市规划条例》等。地方政府规章由地方各级城乡规划行政主管部门制定，以保证城乡规划顺利开展的规章制度。

1.2.2　我国城乡规划与建设技术标准体系特征

根据《中华人民共和国标准化法》，我国的标准（含标准样品），是指农业、工业、服务业以及社会事业等领域需要统一的技术要求。标准包括国家标准、行业标准、地方标准和团体标准、企业标准。国家标准分为强制性标准（GB）和推荐性标准（GB/T），强制性标准必须执行；行业标准、地方标准是推荐性标准，国家鼓励采用推荐性标准。推荐性国家标准、行业标准、地方标准、团体标准、企业标准的技术要求不得低于强制性国家标准的相关技术要求；国家鼓励社会团体、企业制定高于推荐性标准相关技术要求的团体标准、企业标准。各类标准都具有各不相同的制定主体、批准形式、适用条件和执行要求。因此，按照《标准化法》中我国标准的分类，我国的城乡规划与建设标准既包括必须执行的强制性国家标准，也包括推荐性国家标准、行业标准、地方标准等国家鼓励采用的推荐性标准，还包括由本团体成员约定采用或者按照本团体的规定供社会自愿采用的团体标准，以及部分企业标准（表1-2）。

《中华人民共和国标准化法》规定的我国标准类型　　　　　　表1-2

标准类型		制定、批准形式	适用条件
国家标准	强制性国家标准	国务院有关行政主管部门依据职责负责标准的项目提出、组织起草、征求意见和技术审查，国务院标准化行政主管部门负责标准的立项、编号和对外通报，国务院批准发布或者授权批准发布	对保障人身健康和生命财产安全、国家安全、生态环境安全以及满足经济社会管理基本需要的技术要求，应当制定强制性国家标准
	推荐性国家标准	国务院标准化行政主管部门制定	对满足基础通用、与强制性国家标准配套、对各有关行业起引领作用等需要的技术要求
行业标准	推荐性标准	国务院有关行政主管部门制定，报国务院标准化行政主管部门备案	对没有推荐性国家标准、需要在全国某个行业范围内统一的技术要求
地方标准	推荐性标准	省、自治区、直辖市人民政府标准化行政主管部门制定，报国务院标准化行政主管部门备案，由国务院标准化行政主管部门通报国务院有关行政主管部门	为满足地方自然条件、风俗习惯等特殊技术要求
团体标准	自愿采用	国务院标准化行政主管部门会同国务院有关行政主管部门对团体标准的制定进行规范、引导和监督	国家鼓励学会、协会、商会、联合会、产业技术联盟等社会团体协调相关市场主体共同制定满足市场和创新需要的团体标准，由本团体成员约定采用或者按照本团体的规定供社会自愿采用
企业标准	自愿采用	企业可以根据需要自行制定企业标准，或者与其他企业联合制定企业标准	国家支持在重要行业、战略性新兴产业、关键共性技术等领域利用自主创新技术制定团体标准、企业标准

按照《城乡规划法》第二十四条"编制城乡规划必须遵守国家有关标准"和第六十二条城乡规划编制单位"违法国家有关标准编制城乡规划的"，"由所在地城市、县人民政府城乡规划主管部门责令限期改正，处合同约定的规划编制费一倍以上二倍以下的罚款；情节严重的，责令停业整顿，由原发证机关降低资质等级或者吊销资质证书；造成损失的，依法承担赔偿责任"。按照法律规定，城乡规划涉及的各项指标

必须严格按照国家标准进行，规划中的各项建设指标不得突破国家标准的指标控制值；政府和公众可以通过国家有关标准，判断规划内容是否合法，建设行为是否符合要求；承担城乡规划编制的单位违背国家有关标准编制城乡规划，要承担法律后果。可见，城乡规划技术标准体系既是编制城乡规划的基本依据，又是依法规范城乡规划编制单位行为，以及政府和社会公众对规划制定和实施进行监督检查的重要依据[14]。

目前城乡规划技术标准主要包括国家和地方两个层次，主要规范城乡规划的技术行为，是城市规划编制和实施过程中具有普遍规律性的技术依据，地方性技术规范要参照国家性的技术规范，并作出相应的地方性补充。在国家层面，只有隶属工程建设标准的城乡规划标准领域构建起了完整的技术标准体系。根据国家工程建设标准化信息网公布的"国家工程建设标准体系"，及其他官方公布的标准资料，截止到2020年6月，我国城乡规划现行技术标准共44项，其中，强制性国家标准（GB）14项，推荐性国家标准（GB/T）22项，行业标准（CJJ和CJJ/T）8项。从类型来看，我国当前城乡规划技术标准体系主要包括综合标准、基础标准、通用标准、专用标准四类，由于综合标准目前已完成研编，但未正式发布，现行城乡规划技术标准主要包括后三类。其中，基础标准指在某一专业范围内作为其他标准的基础并普遍使用，明确具有广泛指导意义的术语、符号、计量单位、图形、模数、基本分类、基本原则等内容，包括术语标准、用地分类与建设用地标准、制图标准等类型，现行基础标准共3项。通用标准是针对某一类标准化对象制订的覆盖面较大的共性标准或基本方法、技术型标准，它是制订专用标准的依据，包括专项用地标准、新技术应用标准、基础工作与基本方法标准等类型，现行通用标准共4项。专用标准是针对某一具体标准化对象或作为通用标准的补充、延伸制订的专项标准，主要是针对规划各专项或专业所制定的规定和技术要求，包括城市规划标准和镇（乡）规划标准两类，涉及城乡的资源利用与保护、交通、公共服务设施、历史文化保护、市政公用工程、防灾、地下空间、功能区、风景名胜区等领域，现行专用标准共37项（表1-3）。

我国城乡规划现行国家技术标准体系表 表1-3

标准类型	标准名称	现行标准编号
基础标准	城市规划基本术语标准	GB/T 50280—98
	城市用地分类与规划建设用地标准	GB 50137—2011
	城市规划制图标准	CJJ/T 97—2003

续表

标准类型	标准名称	现行标准编号
通用标准	城乡用地评定标准	CJJ 132—2009
	城市规划基础资料搜集规范	GB/T 50831—2012
	城市用地竖向规划规范	CJJ 83—2016
	工程建设项目业务协同平台技术标准	CJJ/T 296—2019
专用标准	**城市规划标准**	
	城市环境规划标准	GB/T 51329—2018
	城镇老年人设施规划规范	GB 50437—2007（2018年版）
	城市公共设施规划规范	GB 50442—2008
	城市综合交通体系规划标准	GB/T 51328—2018
	城市对外交通规划规范	GB 50925—2013
	城市轨道交通线网规划标准	GB/T 50546—2018
	城市道路交叉口规划规范	GB/T 50647—2011
	城市停车规划规范	GB/T 51149—2016
	城市道路绿化规划与设计规范	CJJ 75/97
	建设项目交通影响评价技术标准	CJJ/T 141—2010 备案J998—2010
	城市综合交通调查技术标准	GB/T 51334—2018
	城市绿地规划标准	GB/T 51346—2019
	历史文化名城保护规划标准	GB/T 50357—2018
	城市工程管线综合规划规范	GB 50289—2016
	城市水系规划规范	GB 50513—2009（2016年版）
	城市给水工程规划规范	GB 50282—2016
	城市排水工程规划规范	GB 50318—2017
	城市电力规划规范	GB 50293—2014
	城市通信工程规划规范	GB/T 50853—2013
	城市供热规划规范	GB/T 51074—2015
	城市燃气规划规范	GB/T 51098—2015
	城市环境卫生设施规划标准	GB/T 50337—2018
	城市照明建设规划标准	CJJ/T 307—2019

续表

标准类型	标准名称	现行标准编号
专用标准	城市抗震防灾规划标准	GB 50413—2007
	城市综合防灾规划标准	GB/T 51327—2018
	城市消防设施规划规范	GB 51080—2015
	城市防洪规划规范	GB/T 51079—2016
	城市居住区人民防空工程规划规范	GB 50808—2013
	城市地下空间规划标准	GB/T 51358—2019
	城市居住区规划设计标准	GB 50180—2018
	风景名胜区总体规划标准	GB/T 50298—2018
	风景名胜区详细规划规范	GB/T 51294—2018
	绿色生态城区评价标准	GB/T 51255—2017
	建筑日照计算参数标准	GB/T 50947—2014
镇（乡）规划标准		
	镇规划标准	GB 50188—2007
	乡镇集贸市场规划设计标准	CJJ/T 87—2000
村庄规划标准		
	村庄整治技术标准	GB/T 50445—2019

资料来源：作者根据国家工程建设标准化信息网（http://www.ccsn.org.cn）公布的"国家工程建设标准体系"及其他官方公布的相关资料整理。

1.2.3　我国城乡规划与建设法规标准的经验价值

我国城乡规划与建设法规和技术标准体系是我国城乡规划体系的重要子体系之一，很多现行城乡规划技术标准已经成为规范规划设计人员、指引规划管理工作不可或缺的技术工具，对提高我国城乡规划的科学性和规范性发挥了极为重要的作用。

（1）法规与技术标准体系持续完善

我国城乡规划法律法规与技术标准同步发展，法律法规为技术标准提供持续支撑。我国城乡规划标准体系与法律法规体系的构建过程息息相关，从1984年国务院颁布了《城市规划条例》，到1989年全国人大常委会通过《城市规划法》，再到2007年第十届全国人大常委会审议通过《城乡规划法》，城乡规划法规指导我国城乡规划体系和管理制度不断完善，并配套了相应《村庄和集镇规划建设管理条例》《城市规划编制办法》等法规和部门规章，逐步构建起法律法规到技术标准的逻辑关系，赋予了技术标准的执行效力，为标准实施提供有力支撑。

伴随着法律法规体系的完善，我国城乡规划与建设法规标准体系持续发展，在快速城市化进程中得到了广泛应用，具有很强的实践性和适应性，起到了规范行为、保障底线等积极的作用和影响。我国城乡规划标准化从最初的暂行定额标准雏形开始，不断在居住区、用地等关键规划领域探索并制定国家统一的专项标准，进而持续调整、修订、补充和完善。在城乡规划法律法规国家—地方两级层次、主干—相关领域两个维度的体系框架下，城乡规划技术标准也基本形成了国家—地方标准两级层次，并从1993版《城市规划标准规范体系》的基础规范、综合规范和专用规范三级体系，到2003版《工程建设标准体系（城乡规划部分）》的基础标准、通用标准、专用标准三级体系，再到2012版的综合标准、基础标准、通用标准、专用标准四级体系，逐步构建起较为系统完善的城乡规划标准体系。

（2）标准内容更加精细化、科学化

城乡规划与建设法规标准的内容也伴随着社会经济政治发展，而不断传承和修正，具有显著的差异化阶段特征。最为典型即是《城市规划编制办法》，早在1956年，即拉开了我国城市规划法制化和标准化建设序幕，之后经历4次修订，形成了2006年版本。历版《城市规划编制办法》作为规定了我国城市规划编制组织、要求和内容的主要法定文件，伴随城乡规划体系和内容的持续改革完善，基本保持总体规划和详细规划两个层级，并随着规划体系的完善，不断地丰富内容，适应了规划主体多元化、系统性、科学性的要求，以及从技术文件转向公共政策转变的趋势[11]。

同时，城乡规划关键领域的标准也更加精细和深入，并日渐突显出"以人为本"的特征。1987年，我国即在城市规划两个最关键的领域——城市用地和居住区规划着手制订统一的国家标准，在1990年代出台了《城市用地分类与规划建设用地标准》和《城市居住区规划设计规范》。之后，用地、居住区领域的标准不断更新完善，在城市规划的编制和管理过程中持续发挥作用，不仅对城市用地利用、居住条件改善进行了有效指导，而且成为居民维护良好居住环境的重要技术依据，并且常被司法机

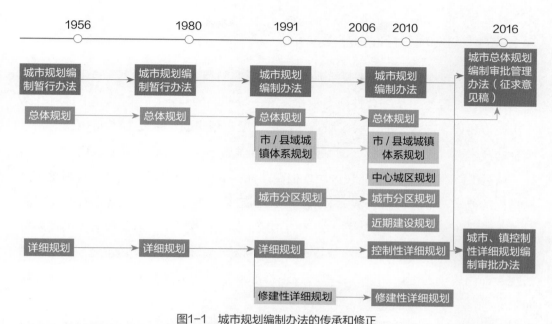

图1-1 城市规划编制办法的传承和修正

资料来源：汪越，谭纵波，高浩歌，周宜笑. 我国城乡规划法规与标准体系的演变研究［A］// 中国城市规划学会，东莞市人民政
府. 持续发展 理性规划——2017 中国城市规划年会论文集（14 规划实施与管理）［C］// 中国城市规划学会、东莞市人民政府：
中国城市规划学会，2017：13.

关作为裁定案件的依据之一。2018年，最新修订的《城市居住区规划设计标准》GB
50180—2018根据当前经济社会发展需求，更加强调创新、共享的理念，进一步调
整居住区分级控制方式与规模，优化了用地、建筑、配套设施和公共绿地的相关控
制指标，采取生活圈居住区的概念对用地和设施建设进行统筹，指引内容更加精细
科学。

（3）行政性与技术性内容紧密联系

伴随着城乡规划法规体系和技术标准体系的建设，城乡规划作为一项公共政策的
属性逐渐明确，快速城市化阶段的建设主导型规划也逐步向高质量发展阶段综合发展
型规划转变，规划管理和规划编制的工作边界更加清晰。在这样的趋势下，城乡规划
法规政策与技术标准的指引更有侧重，各项城乡规划法律法规和部门规章重点对基
本性的概念定义、程序性的行政管理要求做出规定，规范政府行政行为和市场主体
行为，而在各技术标准中进一步明确技术性要求，从而逐渐实现行政性内容与技术
性内容的分离[11]，实现对不同对象、不同阶段的规划管理工作提出明确的统一技术
要求。

（4）综合型与专项型标准相互支撑

通过对城乡规划与建设法规标准体系建构过程的梳理，可以发现，技术标准体系的构建过程则经历了从综合性向专项化发展的特征。1954年，当时的建工部召开第一次城市建设会议印发的《关于城市建设中几项定额问题（草稿）》，可以视为相对综合的技术标准；1970年代，国家建设委员会颁布了《城市规划居住区用地控制指标（试行）》和《城市规划居住区用地控制指标》等专项技术标准，进一步细化了控制指标的要求；而在改革开放后，国家层面制定了《城市规划定额指标暂行规定》，对总体规划和详细规划的各项技术内容、定额指标进行规定，完善了综合型的规划技术标准，并进一步指导了数个专项技术标准的制定。总体来看，伴随着城乡规划法律法规、部门规章的制定和修订，综合技术标准与专项技术标准不断充实，相互支撑完善。

（5）实践性、适应性较强

我国地域辽阔，自然地理和气候条件各异，国家和地方两个层面的技术标准体系，既可以从国家层面，明确了基于地方差异的基础底线性要求，也可以从地方层面，形成了基于广泛实践探索的特色性规定，构建起了能够适应不同地理区位、不同气候环境的城乡规划标准体系。

同时，我国城乡规划标准有效指导了计划经济时期和改革开放后快速城市化阶段的大量规划与建设，能够适应不同的经济社会管理体系，并且具有较强的实践性，能够满足处于技术人才少、规划建设需求大、经济条件落后等发展阶段的城市的规划建设需求，对"一带一路"沿线的欠发达国家，以及处于快速城镇化阶段的国家，具有较大的借鉴意义。

1.2.4 我国城乡规划与建设法规标准的现状问题

尽管我国城乡规划与建设法规和标准一直处于更新完善的过程中，但其体系、内容和实施效果等，多存在时效性不足、实用性不高、上层战略与规划开发建设存在脱节等问题，滞后于规划体系改革、城镇化发展以及规划建设管理工作等实际需要，亟待进一步更新完善。

（1）技术标准体系仍不够合理

首先，现行城乡规划标准体系仍不完善。2012版《城乡规划技术标准体系》中明确了"综合标准+基础标准、通用标准、专用标准"的现行城乡规划技术标准体系框架，但由于标准的制定和出台较为缓慢，标准体系的层次和内容仍不完善。首先，综合标准一直缺位，综合标准应承担"保障人身健康和生命财产安全、国家安全、生态环境安全以及满足经济社会管理"的综合目标，应当是城乡规划工作必须遵守和其他行业在涉及城乡规划有关内容时必须遵守的全文强制性的标准，但此类作用目前不得不由地位较低的其他标准承担。其次，通用标准缺少对不同规划领域工作均涉及内容的引导，但目前现行标准中仅有《城市规划基础资料搜集规范》GB/T 50831—2012等基础工作和方法领域的标准，而指引各类用地选址、安全、交通、开发强度、环境景观的通用标准，以及智慧城市、社区建设领域等新技术应用通用标准都尚未编制。还有，专用标准的制定也仍然滞后于需要，缺少适应当前规划建设重点领域的有针对性、可操作和可实施性的内容，已有标准偏重城市规划建设，而忽视了对小城镇和乡村的规划建设引导，现行镇（乡）规划标准仅2项，村庄规划标准仅1项。

其次，城乡规划标准的类型和制定主体仍较为单一。我国《标准化法》明确了国家标准、行业标准、地方标准和团体标准、企业标准几种标准类型。但是当前城乡规划领域国家标准、行业标准、地方标准均由政府主导制定，且国家标准、行业标准的使用范围较广，地方多直接采用国家标准，为满足地方自然条件、特色型的地方标准较少。在这种情况下，国家标准、行业标准相关规定若过于具体，会缺乏指引弹性，无法满足地方差异化探索；若过于宽泛，为技术指标预留较大的自由裁量余地，则会失去精确制导的意义，无法有效规范地方行为。另外，国际上通行的、具有探索性的团体标准很少，实践性较强的企业标准也较为缺乏，市场自主制定、快速反应需求的标准不能有效供给，也一定程度上制约了标准体系的完善和内容的创新，导致标准缺失、老化和滞后等问题。

（2）法律法规与技术标准之间衔接不畅

首先，城乡规划法律法规与技术标准的纵向衔接不畅。从我国城乡规划与建设法规标准体系的发展过程来看，法律法规与技术标准经历了从综合统一到逐步分离的过程。目前法律法规与技术标准的建构逻辑不同，法律法规重点针对城乡规划工作的程序性内容、基于政府层级进行建构，体现了一级政府、一级规划、一级事权的特点[12]，在相关条文仅仅提出"遵守国家有关标准"的原则性模糊要求，对如何遵守、如何惩罚等并没有详细规定；而技术标准则按照覆盖范围和具体要素内容进行建构，国家标准与地方标准之间并未考虑政府层级对事权的影响，且缺少国际通行的全文强制型技术法规这一层次，未能与法律法规形成清晰对应、有机衔接的关系。法律法规与技术标准的纵向衔接不畅也造成了法律法规难以成为技术标准的法理依据，而技术标准的规范性较弱，也难以对法律法规形成具体化的技术补充。另外，当前针对城乡规划管理的文件大多采取出台速度快、时效性较高的部门规章与规范性文件（如通知、意见等）予以规定，法律效力等级低或不具有法律效力、公开程度低，也并未与技术标准进行有效纵向衔接，整个法规标准体系呈现出"法规多而不严，标准少而不精"的特征，造成规划管理部门在与其他部门衔接及面对规划管理纠纷时出现话语权弱和无法可依的状况[15]。

其次，城乡规划领域法规与技术标准之间存在不一致性。随着国家和城市的发展，不适应需求的城乡规划标准会按照程序，逐步更新修正，但相关标准部分内容内容交叉重叠，由于难以联动更新，造成一些具体规定不一致的情况。例如，《城市用地分类与规划建设用地标准》GB 50137—2011中对城市用地分类进行修订，但较早发布的《城市公共设施规划规范》GB 50442—2008，仍未正式出台修订版本，未能及时联动更新的用地分类，两个标准的具体表述和要求一直存在差异，不能很好的指导公共服务设施规划和建设。城乡规划标准更新较慢，相关标准无法做到同步适时调整，基础标准、通用标准与专用标准之间的统一度有待进一步提高。

另外，城乡规划与相关领域的横向衔接不畅。目前，现行城乡规划标准相关领域包括环境保护、土地管理、城乡建设、房屋建筑等多个方面，由于标准制定和管理的部门不同，往往使法规和标准之间存在冲突和差异，造成了各类规划难以协同的问题。以城乡规划相关的土地管理领域为例，在空间规划体系改革之前，《土地管理法》《土地管理法实施条例》等相关法律法规均有条文提出城市规划等规划"应当与土地利用规划相衔接"，并没有明确规定如何衔接，这种模糊不清的情况在具体实践中层层放大；而《土地利用现状分类》GB/T 21010—2017等技术标准与城乡规划领域的《城市用地分类与规划建设用地标准》GB50137—2011等技术标准均对用地分类进行规定，分类不一致情况长期存在，虽然后者为强制性国家标准，但也并不具有更高的强制性效力，从根本上造成了城乡规划与土地利用规划的持续冲突问题。当前尽管国土空间规划体系改革持续推进，但城乡规划领域与相关领域的法律法规和标准体系仍在源头上存在着不少规定模糊不清、重叠冲突等情况，城乡规划相关领域法规标准的横向衔接不畅的问题亟待解决[11]。

（3）标准内容滞后于城乡发展需要

首先，当前城乡规划技术标准重规划编制指导，轻建设运营管理指引。我国现行城乡规划技术仍是在指令性计划和行政手段影响下制定的，对政府主导的规划编制环节的技术指导较多，而对多主体参与的规划管理、开发建设、实施监督、运营管理等阶段的指引较少，未能实现为规划工作各个环节的全覆盖。随着市场经济体制的不断完善，投资主体、建设主体更加多元，规划、建设和运营主体逐步趋于分离。规划技术标准不再单纯是针对政府和技术人员行为的规范，更重要的是对市场主体开发建设等行为的规范，以充分维护保障城乡居民的财产、健康等权益，技术标准将成为利益调节的手段，因此技术标准要满足更多主体的使用需求。而由于规划实施阶段管理和规划运营阶段监督的标准缺乏，也使得规划技术标准仍是供规划编制阶段的规划管理、编制人员等主体使用的技术准则，而对其他环节的社会公众、投资主体、建设主体、运营主体等的适用性很弱。

其次，城乡规划技术标准对城市新城新区的规划建设引导较详细，对城市存量地区、乡村地区的规划建设引导不足。我国现行规划标准大多都制定在快速城市化阶段的增量发展时期，标准内容更加关注新城新区的开发建设，着重指引城市新增用地的选址要求、规划方法和设施配置。随着我国很多城市的土地资源都进入相对紧缺的阶段，规划建设从注重优化增量向盘活存量、微更新转变，更加关注面向人民需求的公共设施、公共空间等公共领域，城市更新、立体开发、综合利用等模式逐步成为当前重要城市规划建设手段。但目前相关领域的技术标准远不能满足规划管理部门和规划设计人员面临新问题、新趋势的需求。同时，国家乡村振兴战略要求完善农村人居环境标准体系，而当前乡村地区规划建设标准编制仍较为滞后，无法有力支撑国家战略落实，需要我国城乡规划标准体系作出积极应对[15]。

另外，城乡规划技术标准以空间环境为关注对象，缺少对公众利益和诉求的关注。城乡规划的公共政策属性特征越来越成为共识，其社会功能逐步从资源配置转向对公众利益的维护，城乡规划更多的是一个公众参与的决策过程。在这样背景下，城

乡规划技术标准也应当是具有公共属性的社会准则，可以成为维护公众利益的最基本
技术手段。但我国城乡规划标准的技术规定较多，而聚焦公众需求、引导公众参与的
规定较少，对公众健康发展、美好生活需求的关注不足，无法从技术角度支持公众在
规划编制和实施中的有效参与，规划标准的公共属性较弱。

（4）技术标准的规范作用有限

《中华人民共和国标准化法》要求，"对保障人身健康和生命财产安全、国家安
全、生态环境安全以及满足经济社会管理基本需要的技术要求，应当制定强制性国家
标准"，"强制性国家标准必须执行"。对于城乡规划而言，《城乡规划法》也明确"编
制城乡规划必须遵守国家有关标准"。另外，《中华人民共和国物权法》明确"建造建
筑物，不得违反国家有关工程建设标准，妨碍相邻建筑物的通风、采光和日照"，《中
华人民共和国残疾人保障法》要求"新建、改建和扩建建筑物、道路、交通设施等，
应当符合国家有关无障碍设施工程建设标准"。总体来看，相关法律对遵循相关工程
建设标准提出了要求，赋予了城乡规划领域强制性标准的法律效力，使其具有法律属
性，属于法律的范畴，但是并没有明确标准的具体要求。而标准与法律在制定主体、
制定程序以及实施和监督检查等方面存在着明显的区别，大部分的现行城乡规划标准
都类似技术引导，由相关行政主管部门编制和发布，依靠相关行政部门在具体管理中
予以落实。相较于国外的技术法规，我国标准和法律之间仍然存在着显著的界限，不
能混为一谈[16]。标准具有的规范效力并不是源自标准本身，而是源自于法律的原则
性规定，即使是强制性标准，其执行也缺少具体的路径，违反标准的惩罚措施也并不
明晰，效力仍然是弱于法律法规的，有效性仍相对较低。

与此同时，城乡规划标准目前尚未出台全文强制的强制性标准（GB），现行的强
制性标准（GB）基本上都既有强制性内容，又有推荐性内容，属于强制性内容和推
荐性内容"混合"的标准。例如《城市居住区规划设计标准》GB 50180—2018在前
言明确"以黑体字标志的条文为强制性条文，必须严格执行"，只有居住区选址、用
地和建筑控制指标等部分内容必须严格执行。因此，在城乡规划标准领域，所谓具有
强制执行效力的国家强制性标准尽管数量众多，但往往针对单一规划领域制定，技术
要求除了涉及健康、安全等底线要求，还包括不需要强制的一般性能或功能要求，内
容分散，执行效力不强；再者，强制性标准涵盖大量非强制性内容，不同标准之间容
易出现指标不协调、不一致等问题，导致强制性标准规范作用不强，而推荐性标准、

团体标准等类型标准的规范作用就更加有限了。

（5）与国际通行体系不相适应

《中华人民共和国标准化法》提出，"国家积极推动参与国际标准化活动，开展标准化对外合作与交流，参与制定国际标准，结合国情采用国际标准，推进中国标准与国外标准之间的转化运用。国家鼓励企业、社会团体和教育、科研机构等参与国际标准化活动"。尤其是在"一带一路"倡议提出以来，推动我国标准国际化，实现标准联通的任务更加急迫。但我国标准与国际标准通行的定义、制定主体、分类体系等方面存在差异，与国际接轨的难度较大，国际化程度有待进一步提升。

从标准定义来看，根据《中华人民共和国标准化法》，我国标准是指农业、工业、服务业以及社会事业等领域需要统一的技术要求；而国际标准化组织的标准定义是"标准是由公认的机构指定和批准的规范性文件，它对活动或活动的结果规定了规则、导则或者特性值，供共同和反复使用，以实现在预订结果领域内最佳秩序的效益"[12]。从制定主体来看，目前我国标准的制定主体仍主要是政府部门，国家标准、行业标准、地方标准均是由国家或地方标准化行政主管部门和有关行政主管部门制定、发布、管理和协调，团体标准由学会、协会、商会、联合会、产业技术联盟等社会团体协调相关市场主体共同制定，但其制定仍需要国务院标准化行政主管部门会同国务院有关行政主管部门对进行规范、引导和监督；而国际通行的标准制定主体既包括政府，还包括大量有公信力的机构和企业。

从分类体系来看，我国国家标准的内容更宽泛，分为强制性标准、推荐性标准，其中强制性标准必须执行。国际通行的标准主要包括技术法规和技术标准，"技术法规"（Technical Regulation）是《世界贸易组织贸易技术壁垒协定》（以下简称"WTO/TBT"）中使用的一个概念，具有强制性，而技术标准则全部是自愿采用的。我国在入世文件中，也把强制性标准作为技术法规来处理，将我国的强制性标准向世界贸易组织通报[16]。表面上来看，我国与国际通行标准体系分类类似，但国际通行的技术法规实际上是主要出于国家安全需要、保护人类和动植物健康或安全、保护环境、防止欺诈行为等较为广泛的目的，由立法机关经过了相应的立法程序、按照法规的格式进行制定的，从而具有了强制性作用；而我国强制性标准是国家行政机关按照行政程序来制定的，标准编写目的为了保障人身健康和生命财产安全、国家安全、生态环境安全以及满足经济社会管理基本需要，很多强制性国家标准仅仅是部分技术条文强制，其他大部分技术要求都是推荐的，覆盖面较为宽泛，标准格式及内容也相对自由，对规划管理的规范作用较弱（表1-4）。

我国的标准与世界贸易组织通行概念的比较 表1-4

		基本属性	制定主体	制定程序	法律效力	理论依据	制定基础	主要内容
WTO/TBT	技术法规	法律	立法机关	立法程序	强制性	法学理论	相关技术标准	对技术细节进行规定，引用技术规范的部分内容；规定法律义务和责任，涉及技术行为管理规范
	技术标准	不具备法律属性	民间标准化组织	无需依照立法程序	非强制性	标准化理论	实践经验总结	对技术细节进行规定；仅技术型要求，不规定法律义务责任，不涉及管理规范
中国	强制性标准	不具备法律属性	国家行政机关	行政程序	被赋予强制性	标准化理论	实践经验总结	对技术细节进行规定；仅技术型要求，不规定法律义务责任，不涉及管理规范
	推荐性标准	不具备法律属性	国家行政机关	行政程序	非强制性	标准化理论	实践经验总结	对技术细节进行规定；仅技术型要求，不规定法律义务责任，不涉及管理规范

资料来源：石楠，刘剑. 建立基于要素与程序控制的规划技术标准体系［J］. 城市规划学刊，2009（2）：1-9.

1.3 我国城乡规划与建设标准的新形势与新要求

1.3.1 国家标准化工作改革加快城乡规划与建设标准体系完善

为解决我国标准缺失老化滞后、交叉重复矛盾、体系不够合理、协调推进机制不完善等问题，2015年国务院出台了《深化标准化工作改革方案》，要求整合精简强制性标准，强化强制性标准管理，同时，优化完善推荐性标准，培育发展团体标准，放开搞活企业标准，提高标准国际化水平，建立国家标准、行业标准、地方标准（政府标准）与团体标准、企业标准相结合的新型标准体系。2018年1月1日，新修订的《中华人民共和国标准化法》开始施行，为强制性国家标准、推荐性标准、团体标准等各类标准的制定、实施和监督管理，提供了重要的法律制度保障，从法律层面确立了各类标准的地位和效力。

为了加强强制性国家标准管理，规范强制性国家标准的制定、实施和监督，2019年，国家市场监督管理总局审议通过了《强制性国家标准管理办法》（以下简称《办法》），自2020年6月1日起施行。《办法》明确对保障人身健康和生命财产安全、国家安全、生态环境安全以及满足经济社会管理基本需要的技术要求，应当制定强制性国家标准。强制性国家标准取消条文强制、实行技术要求全部强制的要求，将改变过去一个产品制定一个强制性标准的做法，优先制定适用于跨行业跨领域产品、过程或服务的通用强制性国家标准。我国于2001年正式成为世界贸易组织（WTO）成员，并提出强制性国家标准是技术法规在我国的主要体现形式之一，但一直以来我国非全文强制的国家标准与国际通行的技术法规无法有效对应，新的全文强制性国家标准将实现与国际协议更好接轨，满足《技术性贸易壁垒协定》（WTO/TBT）关于技术法规制定、通报等的要求。

同时，2019年，国家市场监督管理总局还审议通过了《地方标准管理办法》，自2020年3月1日起施行，提出为满足地方自然条件、风俗习惯等特殊技术要求，省级标准化行政主管部门和经其批准的设区的市级标准化行政主管部门可以在农业、工业、服务业以及社会事业等领域制定地方标准。地方标准为推荐性标准，其技术要求不得低于强制性国家标准的相关技术要求，并做到与有关标准之间的协调配套。2019年，国家标准化管理委员会、民政部制定了《团体标准管理规定》，进一步引导和规范团体标准的发展，激发社会团体协调相关市场主体共同制定团体标准的活力，提供标准的有效供给，促进新型标准体系的构建，支撑经济社会可持续发展。

国家标准化工作改革的要求，明确了城乡规划与建设标准体系完善的方向。在城乡规划与建设领域，国家强制性标准地位更加重要，将逐步整合精简为全文强制性标准，实现与国际通行技术法规的对接。而推荐性标准需要优化完善、清理缩减，主要提出满足基础通用、与强制性国家标准配套、对各有关行业起引领作用等需要的技术要求，部分政府推荐性标准可以逐步向团体标准转化。同时，团体标准获得极大的鼓励发展，供市场自愿选用，增加标准的有效供给。可以预见，未来城乡规划与建设标准的类型和制定主体将更加多元，社会各方的参与度会不断提升，有利于促进标准创新性、时效性和国际化水平的提升。

1.3.2　"一带一路"倡议推动城乡规划与建设标准国际软联通

2013年9月和10月，中国国家主席习近平在出访哈萨克斯坦和印度尼西亚时先后提出共建"丝绸之路经济带"和"21世纪海上丝绸之路"的重大倡议。2015年3月，中国发布《推动共建丝绸之路经济带和21世纪海上丝绸之路的愿景与行动》；2017年5月，首届"一带一路"国际合作高峰论坛在北京成功召开，推进"一带一路"建设工作领导小组办公室发布了《共建"一带一路"：理念、实践与中国的贡献》；2019年4月，第二届"一带一路"国际合作高峰论坛在北京成功召开，推进"一带一路"建设工作领导小组办公室2019年4月22日发表《共建"一带一路"倡议：进展、贡献与展望》，共建"一带一路"倡议逐步从理念转化为行动，从愿景转化为现实。与此同时，随着博鳌亚洲论坛年会、上海合作组织青岛峰会、中非合作论坛北京峰会、中国国际进口博览会等先后举办，共建"一带一路"倡议得到了越来越多国家和国际组织的积极响应，受到国际社会广泛关注，从倡议逐步转化为全球广受欢迎的公共产品。

在推进"一带一路"建设中，标准与政策、规则相辅相成、共同推进，为互联互通提供重要的机制保障。标准联通是"一带一路"倡议的重要组成部分，标准化在"一带一路"建设中发挥基础性和战略性作用。"一带一路"建设工作领导小组办公室发布《标准联通"一带一路"行动计划（2015—2017年）》《标准联通共建"一带一路"行动计划（2018—2020年）》《共同推动认证认可服务"一带一路"建设的愿景与行动》《"一带一路"计量合作愿景和行动》等文件，要求主动加强与沿线国家标准化战略对接和标准体系相互兼容，大力推动中国标准国际化，强化标准与政策、规则的有机衔接，以标准"软联通"打造合作"硬机制"，努力提高标准体系兼容性，支撑基础设施互联互通建设，为推进"一带一路"建设提供坚实技术支撑和有力机制保障。

在"一带一路"倡议下，我国与世界各国尤其"一带一路"沿线国家的双多边合作和互联互通机会不断增加，中国企业、中国建设走出去的步伐不断加快，中国参与的港口、园区、基础设施、新城已经遍布"一带一路"沿线，中国工程建设标准"走出去"的机会和需求都大大增加。中国城乡规划与建设随着中国资本的全球流动、中国企业与公民的海外活动、中国在海外的大型基础设施援建或招标工程，从事项目相关的战略规划、产业规划、总体规划、城市设计、交通规划、规划咨询等服务，走向

"一带一路"沿线国家和地区。中国城乡规划在境外产业园区、经贸园区、新城新区等领域的规划实践，将带动城乡规划专业服务和技术标准走出去，极大推动我国城乡规划国际化进程。

与此同时，"一带一路"沿线很多国家和地区将逐步进入快速城市化阶段，基础设施能力、城市建设水平和人居环境质量的提升需求较大，亟待实践性强、适用性高的先进城乡规划和建设标准予以支持。中国城乡规划建设及相关标准经过了几十年的实践检验，有力支撑了中国改革开放以来的快速城市化进程，具有较强的适用性、丰富性，拥有在海外应用的巨大潜力，可以在弥补亚欧非基础设施差距方面发挥重要作用。

基础设施互联互通作为"一带一路"建设的先行领域，需要中国城乡规划和建设标准加快推进国际化进程，服务"一带一路"沿线地区的城乡规划和基础设施建设。为更好地加强基础设施建设，推动跨国、跨区域互联互通，我国亟待提升城乡规划和建设领域标准的国际化水平，衔接国际标准通行体系，了解东道国的城乡规划编制和管理机制；同时，发挥我国城乡规划标准广泛实践的优势，推广城镇化快速阶段的规划与建设经验，积极参与国际和沿线国家规划建设标准的制定修订工作。

1.3.3　工程建设标准体制改革促进城乡规划与建设标准不断优化

我国城乡规划与建设领域的技术标准，同城市轨道交通、民用建筑工程、市政基础设施工程领域，都是归口住房和城乡建设部主管的工程建设标准的重要部分。工程建设标准经过60余年发展，形成了较为完整的具有中国特色的标准体系，涉及建筑、交通、水利、电力、信息等30余个领域。在新形势下，现行工程建设标准逐渐显现出刚性约束不足、体系不尽合理、指标水平偏低、国际化程度不高等问题，工程建设标准体制正处于积极的改革之中。2017年，住房和城乡建设部会同有关部门起草的《工程建设标准体制改革方案（征求意见稿）》，明确了工程建设标准的总体改革思路，提出将现行标准中分散的强制性规定，精简整合为全文强制性工程建设规范，逐步过渡为技术法规，实现与现行法律法规的深度融合；大力发展团体、企业标准，政府主导制定的推荐性标准逐步由社会承接；还提出实施标准国际化战略，促进中国建造走出去，加强与国际、国外标准对接，对发达国家、"一带一路"沿线重点国家、国际标准化组织的技术法规和标准，要加强翻译、跟踪、比对、评估，提高工程规范和标准制定的科学性、前瞻性。

从标准体系来看，在工程建设标准改革的背景下，城市规划技术标准关注视角更加多元，城乡规划与房屋建筑等其他类型的工程建设标准存在较大差异。其他类型的工程建设标准则侧重实施与具体操作方法，强调技术规定的特征，例如房屋建筑工程建设标准中各类设计规范、技术规范都直接指导或者约束各个环节的设计和施工人员的建设行为，其改革重点是提炼出全文强制性工程建设规范，逐步过渡为技术法规，实现与国际通行标准体系的衔接。但对于城乡规划领域而言，由于城乡规划具有公共政策属性，城乡规划标准体系是城乡规划体系的组成部分，不仅强调对基本术语、用地分类、设施配置等技术内容的统一，还关注对规划编制原则、目标、方法、指标等引导。同时，城乡规划法律法规、部门规章与规范性文件会对规划的程序、过程、方法进行指引，具有指导和约束城乡规划实践的作用，也可视为是广义"标准"的一部分，技术标准体系需要与法规政策体系、编制审批体系等同步完善，优化之间的衔接对应关系，才能真正解决当前标准存在刚性约束不足、体系不尽合理等问题。

从标准类型来看，在城乡规划与建设标准领域，非强制性的团体标准具有较大的发展潜力和完善空间。2016年，住房城乡建设部办公厅发布的《关于培育和发展工程建设团体标准的意见》（以下简称《意见》）中明确提出，到2020年，培育一批具有影响力的团体标准制定主体，制定一批与强制性标准实施相配套的团体标准，而住房城乡建设主管部门原则上不再组织制定推荐性标准，鼓励学术团体主动承接可以转化为团体标准的政府标准。《意见》提出放开团体标准制定主体，鼓励具有社团法人资格、具备相应专业技术和标准化能力的协会、学会等社会团体制定团体标准，供社会自愿采用；扩大团体标准制定范围，既可以细化现行国家标准、行业标准的相关要求，明确具体技术措施，也可制定严于现行国家标准、行业标准的团体标准，团体标准包括各类标准、规程、导则、指南、手册等。对于城乡规划而言，团体标准将极大拓展标准的覆盖范围，提高标准内容的创新型、灵活性和丰富性。

在这样的背景下，2017年，中国城市规划学会五届一次理事会决定，成立学会标准化工作委员会，专门负责团体标准的组织制定和实施工作，五届二次理事会审议通过了《中国城市规划学会标准管理办法》，作为学会开展团体标准工作的基本制度。之后，学会发布实施了《中国城市规划学会标准化工作规程》和《中国城市规划学会标准化工作委员会工作规则》等系列管理文件，在学会秘书处设立了标准化工作委员会办公室（简称"标委办"），学会标准化工作正式启动。截止到2020年底，学会已正式发布了首部规划团体标准——《小城镇空间特色塑造指南》T/UPSC 0001—2018，以及《建设工程规划电子报批数据标准》T/UPSC 0002—2018，完成了《"一带一路"沿线中国境外产业园区规划编制指南》《特色田园乡村建设指南》《学前教育设施布局规划编制导则》《街道设计指南》《历史建筑数字化建档工作指南》《城市轨道交通站点周边空间规划设计导则》《住区环境评价标准》《城市防疫专项规划编制导则》等多项团体标准的立项。

从标准领域来看，未来隶属于工程建设标准的城乡规划与建设标准将重点关注面向建设实施管控的城乡建设专项规划标准。2019年，住房城乡建设部原"城乡规划标准化技术委员会"改为"城乡建设专项规划标准化技术委员会"，开始专注于建设专项规划技术标准的制定和完善。2019年11月，行业标准《城市照明建设规划标准》CJJ/T 307—2019在住房和城乡建设部门户网站公开发布，并于2020年6月1日起实施。作为第一个以"建设规划标准"命名的城乡规划标准，《城市照明建设规划标准》主要针对当前城市照明过度建设、光污染、城市夜间风貌同质化等问题，以简约适度、量力而为、防止过度亮化和光污染为原则，明确涵盖规划、设计、建设、运营各阶段的全过程管控要求，指导照明建设规划编制，满足城市夜间照明功能和景观需要，提升人居环境质量。可以预见，未来城乡建设专项规划标准着重面向对城乡建设实施管控的引导，将成为我国城乡规划与建设标准领域的重要组成部分。

1.3.4　国土空间规划改革引领城乡规划与建设标准体系调整重构

十八届三中全会以来，随着《关于全面深化改革若干重大问题的决定》《生态文明体制改革总体方案》《中共中央 国务院关于建立国土空间规划体系并监督实施的若干意见》等一系列文件的正式发布，我国规划机构改革尘埃落定，城乡规划管理职责整合至自然资源部，空间规划体系改革重构方向逐步明晰。《中共中央 国务院关于建立国土空间规划体系并监督实施的若干意见》明确编制审批体系、实施监督体系、法规政策体系、技术标准体系四个子体系，共同构成了国土空间规划体系。《中共中央 国务院关于建立国土空间规划体系并监督实施的若干意见》提出实现到2025年健全国土空间规划法规政策和技术标准体系的目标还指出要完善技术标准体系，按照"多规合一"要求，由自然资源部会同相关部门负责构建统一的国土空间规划技术标准体系，修订完善国土资源现状调查和国土空间规划用地分类标准，制定各级各类国土空间规划编制办法和技术规程，相关专项规划的有关技术标准应与国土空间规划衔接。

在法规政策体系方面，当前的国土空间开发保护已经有《土地管理法》《森林法》《自然保护区条例》《风景名胜区条例》等相关法律法规作为管理依据，《土地管理法实施条例（修订草案）》（征求意见稿）首次增设国土空间规划专章，进一步明确规划效力，并确立了规划编制、审批等环节的合法性和权威性。同时，《国土空间开发保护法》正在推进起草工作，《国土空间规划法》立法工作则刚刚起步。另外，在国土空间开发保护领域，《土地复垦条例》《基本农田保护条例》等行政法规，《节约集约利用土地规定》《土地调查条例实施办法》等部门规章，以及《关于加强规划和用地保障支持养老服务发展的指导意见》《关于全面开展国土空间规划工作的通知》《关于加强村庄规划促进乡村振兴的通知》规范性文件和规划计划，都在不断完善了国土空间规划的政策法规体系。

在技术标准体系方面，2020年自然资源部印发《自然资源标准化管理办法》，成立了自然资源标准化工作管理委员会，以"1+4"格局着手构建自然资源标准化组织体系，搭建自然资源各领域技术深度融合标准化平台。自然资源标准化工作管理委员会负责统一管理、统筹标准化领域重要工作、协调重大分歧；全国自然资源与国土空间规划、海洋、地理信息、珠宝玉石4个技术委员会分工协作，对标准化任务开展总体规划和任务研究；其下15个分技术委员会全面覆盖自然资源调查、监测、评价评估、确权登记、保护、资产管理和合理开发利用，国土空间规划、用途管制、生态修复，海洋和地质防灾减灾等业务，精准承接标准化任务。2020年7月28日，全国自然资源与国土空间规划标准化技术委员会（TC93）正式成立，下设8个分技术委员会，覆盖了自然资源调查、监测、评价评估、确权登记、保护、资产管理和合理开发利用全流程，涉及国土空间规划、用途管制、生态修复全链条，涵盖地灾防治、勘查技术与实验测试等多个专业领域，应用于管理、技术和服务各个方面，负责国家标准、行业标准的计划、协调和技术归口管理工作。中国国土空间规划分技术委员会（TC93/SC4）是全国自然资源与国土空间规划标准化技术委员会（TC93）8个分技术委员会之一，负责国土空间规划、资源环境承载能力和国土空间开发适宜性评价等国家标准制修订工作，涉及领域广，对当前国土空间规划改革全面推进的背景下，加快构建统一的国土空间规划技术标准体系具有重要意义。

从自然资源部主管的现行规划标准来看，自然资源部成立以来，相继公布了《省级国土空间规划编制指南（试行）》《资源环境承载能力和国土空间开发适宜性评价技术指南（试行）》《市级国土空间总体规划编制指南（试行）》（征求意见稿）等试行的规划编制技术标准，国土空间规划技术标准正在逐步构建过程中。截止到2020年8月，根据自然资源标准化信息服务平台网站（http://www.nrsis.org.cn/portal/）公布的1000余项现行自然资源国家标准和行业标准中，规划领域的国家标准数量较少，且基本都为推荐性国家标准（GB/T），现行标准多为行业标准（TD/T、HY/T），集中在土地规划和用海规划领域，例如《基本农田划定技术规程》TD/T 1032—2011、《土地整治项目规划设计规范》TD/T 1012—2016、《区域建设用海规划编制规范》HY/T 148—2013等，主要指导土地、用海相关规划的编制和管理。

从标准计划项目来看，根据《自然资源部继续执行标准计划项目清单（截至2019年5月）》，继续执行的标准计划分为地质行业管理、矿产资源领域、规划领域、生态环境保护修复、土地利用与整治、海域海岛领域等19个领域的843项标准，其中涉及规划领域的标准大约有10项，包括《生态保护红线划定底图编制技术规程》《主体功能区分区技术规程（原海洋主体功能区分区技术规程）》《主体功能区监测与评估技术规程（原海洋主体功能区规划监测与评估技术规程）》《国土空间规划数字化方面的相关标准（原"多规合一"信息数字化管理平台数字建设计划）》《海洋空间分区技术导则（原海洋功能区划技术导则）》《自然生态空间划定与用途管制技术规程》《海岸带规划监测与评估系统建设技术规程（原海洋主体功能区规划监测与评估系统建设技术规程）》《海岸带规划编制技术指南（原海洋"三区三线"划定技术规范）》等。根据自然资源部网站2020年9月公布的《2020年度自然资源标准制修订工作计划》[①]，在所属中国国土空间规划分技术委员会（TC93/SC4）的标准制修订工作计划中，拟申请报批标准计划共9项，包括《国土空间规划制图规范》《都市圈国土空间规划编制规程》《城区范围确定标准》《国土空间规划城市设计指南》等，其中《国土空间规划制图规范》为国家标准，其余8项为行业标准；拟开展标准预研究项目共9项，包括《国土空间规划技术规范》《流域国土空间规划编制技术规程》《国土空间详细规划技术规程》《城乡公共服务设施规划技术规范》等，其中《国土空

---

① http://gi.mnr.gov.cn/202009/t20200916_2558089.html

间规划技术规范》等4项为国家标准,其余5项为行业标准。从目前的标准制修订工作计划可以看出,自然资源部在逐步吸收整合原属于工程建设标准的城乡规划标准。例如,《国土空间规划城市设计指南》等标准的研究方向是指导国土空间规划运用城市设计的思维和方法,构建城市设计与"五级三类"国土空间规划相融合的关系构架。

总体来看,自然资源部目前现行和计划的规划领域标准体系,主要仍以原国土部相关规划标准为基础,包括国土空间规划编制、生态保护红线划定、主体功能区分区、海岸带规划等领域的规划编制技术标准(规程、指南与导则),重在指导各类规划的编制、重要空间和管控线的划定。用地分类、功能分区等原由各相关部门立足于行政管理事权而出台的规划标准亟待重新明确内涵、统一要求、衔接管控。同时,原隶属于工程建设标准的部分现行城乡规划标准如何纳入国土空间规划标准体系尚不明确,现行中微观、面向实施的城乡规划标准的归口管理仍不清晰,建设规划等专项标准与国土空间规划衔接方式需要进一步探讨。另外,当前国土空间开发保护涵盖了"山水林田湖草"的全要素系统性保护和利用,以指导各类空间规划编制为主的标准体系仍需要进一步扩大对象,拓展内涵。

随着国土空间规划体系的建立,以及后续国土空间开发保护法、空间规划法等法律法规的编制和颁布,建立支撑"全域全要素"保护管控的综合型规划标准体系,将成为城乡规划与建设标准调整重构的目标。在一定时期内,加快统一、协调、更新"山水林田湖草"各领域存量标准尤为重要,属于工程建设标准的城乡规划标准体系和自然资源与国土空间规划标准体系将并行共存,共同指导我国城市规划和建设活动。可以预见,原城乡规划和建设标准中的用地分类、制图、术语等规划基础标准在未来势必将会被新的标准逐步替代;镇(乡)规划标准、村庄规划标准等标准需要进一步落实国土空间规划编制要求,纳入国土空间技术标准体系;历史文化保护、公共服务设施、交通、绿地、市政公用工程等指导详细规划、专项规划编制和具体工程建设的专项规划标准,需要进一步协商合作、研究明确。可以预见,在机构改革的大背景下,规划标准已经进入大规模调整重构阶段,各类存量标准、新增标准,以及各专项规划领域标准,将通过充分衔接和协商合作,共同搭建适应新发展阶段需要的规划标准体系。

1.3.5 以人民为中心的高质量发展引导城乡规划与建设标准理念升级

当前，中国特色社会主义进入新时代，十九大提出"不忘初心，方得始终"，要求把人民对美好生活的向往作为奋斗目标，同时也强调"解决好发展不平衡、不充分的问题"。习近平总书记在考察北京城市规划建设时，曾强调"城市规划建设做得好不好，最终要用人民群众满意度来衡量，要坚持人民城市为人民"，"以人民为中心"是当前做好城市工作的出发点和落脚点。随着我国经济由高速增长阶段转向高质量发展阶段，城乡居民对于高品质空间和设施的诉求日益增强，新时期城乡规划和建设标准的核心目标，就是以人民为中心，加强人居环境建设，促进城市的高质量发展。

我国目前的城乡规划与建设标准主要形成于快速工业化阶段，传统工业化阶段推崇"理性"思维，使人的需求和空间的利用被物化、标准化。对人的需求、时空间禀赋的变化重视不足，例如，已有的城乡规划和建设标准在制定过程中，容易把城市持续性运营和治理问题简化为空间规划和建设问题，把人在不同时间的生产、生活、游憩、出行等个性化需求的问题简化为空间的功能区划、设施配置、支撑系统的问题，而空间和设施差异化的品质、结构问题则被简化为宏观统计标准化的规模、数量问题。当前，工业化、标准化、静态化的工程思维模式已经不适应高品质发展阶段的需求，城乡规划和建设标准的内容体系、编制方法、指标要素、政策机制需要积极响应现代城乡包容、友好、活力等空间治理需求。

同时，快速城镇化阶段的城乡规划和建设标准大多仅针对新城和新区建设，关注规划怎么编制，而对如何解决城乡人居环境问题、如何促进规划实施缺少指导。当前在城镇化下半场，在以人民为中心的人居环境高质量建设阶段，存量城市环境和空间的改造成为工作重点，海绵城市建设、黑臭水体治理、公共空间品质提升、微型绿地和立体绿地建设等城市内部的环境改造需要缺乏明确有效的技术指引。

未来，城乡规划与建设标准体系和内容需要进一步拓展，需要充分针对居民美好生活的诉求，完善完整社区建设、公共空间提升、公共服务建设、城市更新改造等方面的标准，有效指导城乡规划、建设、管理和运营的全过程，才能支持城乡人居环境品质不断优化。

1.4 研究框架

1.4.1　研究对象

根据《中华人民共和国标准化法》，我国的标准（含标准样品），是指农业、工业、服务业以及社会事业等领域需要统一的技术要求。根据《标准化法》《城乡规划法》等法律法规，城乡规划标准既可以指导城乡规划编制，又可以依法规范城乡规划编制单位行为，还有助于政府和社会公众对规划编制和实施进行监督检查，是指导和约束城乡规划实践的重要依据。而考虑到我国标准与国际通行标准、部分国家标准在"标准"定义、体系等方面存在一定的差别，国际通行的技术法规与技术标准以及部分国家的规划政策指引等类型的文件往往也发挥指导和约束城乡规划与建设实践的作用，与我国法律法规、部门规章、规范性文件和技术标准等内容相对应。

因此，为更客观全面地开展国际比较研究，本书的研究对象主要是国际和各个国家在城乡规划和建设领域需要统一的技术要求，除了明确被称为"标准"的文件，还包括城乡规划法律法规、主管部门文件、规划政策指引等对城乡规划和建设具有统一的指导和约束作用的技术文件。

1.4.2　研究目标

在"一带一路"倡议背景下，中国城乡规划与建设标准伴随着城乡规划项目，正在加速走出去，但仍面临着城乡规划及标准国际化程度不高、对沿线国家地区城乡规划及标准缺乏了解、标准应用不足和衔接不畅等问题。为提高城乡规划与建设标准的国际化水平，推动城乡规划与建设标准走出去进程，加快实现与国际标准软联通，本书以我国、"一带一路"沿线国家、发达国家与国际组织的城乡规划与建设标准为研究对象，通过开展系统地调研、梳理和对比，重点了解我国城乡规划与建设标准在海外的应用情况和面临的困难及问题，分析国内外城乡规划与建设标准的特征和差异，学习借鉴发达国家城乡规划及标准国际化的先进经验，提出中国城乡规划与建设标准加强特色化、提升国际化的对策及建议。

1.4.3　研究重点

本书重点从以下几个方面展开研究：

一是解读当前我国城乡规划与建设标准的发展历程、特征与趋势。首先，简述我国城乡规划的发展历程，解读当前我国城乡规划与建设标准的建构过程，分析标准的体系特征和现状问题。其次，提出在"一带一路"倡议、工程建设标准体制改革、规划机构和体系改革等背景下，我国城乡规划及标准发展面临的新形式和新要求。

二是分析"一带一路"倡议下中国城乡规划与建设标准国际化的趋势。简述国际城乡规划与建设标准化的概况，总结中国城乡规划与建设标准国际化的背景与机遇，梳理近年来我国标准国际化实践，总结归纳我国城乡规划与建设标准走出去的主要路径、整体格局和影响因素，剖析当前城乡规划与建设标准国际化面临的困难与挑战，分析造成困难的主要原因，加深对中国城乡规划与建设标准适应性、国际化程度的认识。

三是分析总结"一带一路"沿线国家城乡规划与建设标准的基本特征。通过资料收集、现场调研、专业访谈等方法，重点对沿线国家城乡规划法律法规体系、规划编制体系、行政管理体系、规划编制和认证制度等情况特征进行梳理总结，总结沿线国家城乡规划与建设标准管理体系的类型与模式，分析"一带一路"沿线国家城乡规划与建设标准的发展趋势。

四是分析国际组织和欧洲、美洲、亚洲国家先进城乡规划与建设标准的特征，展开国内外城乡规划与建设标准对比研究。重点对发达国家和地区的城乡规划演变历程、规划编制体系、法律法规及标准体系、代表性标准等内容进行分析，总结中外规划标准在体系建构、目标理念、管控内容、技术要求等方面的差异和特征。同时，重点对国内外用地分类、公共服务设施、公共空间、历史文化、社区、产业园区、乡村地区、自然资源与生态环境、智慧城市与社区等专项技术标准展开对比研究。

五是总结梳理"一带一路"倡议下我国城乡规划与建设标准特色化与国际化的对策与建议。基于"一带一路"沿线国家和地区的特征，针对城乡规划与建设标准国际化的主要问题，在优化我国城乡规划标准体系、提升规划国际化程度、完善标准软联通机制、增强海外适应性与影响力等方面，对我国城乡规划与建设标准特色化与国际化提供对策建议。

2

我国城乡规划与建设
标准国际化现状

　　近年来，我国城乡规划与建设的国际化进程不断推进，在联合国、国际标准化组织等国际平台，中国城乡规划专家学者主动参与、积极发声，推动了我国城乡规划学科和行业的国际化进程，也推动了标准的国际化水平不断提升。在"一带一路"倡议下，我国城乡规划海外实践也在不断拓展，城乡规划与建设标准走出去的路径更加丰富，整体格局不断拓展。与此同时，由于受到国际环境、地区差异等因素影响，当前城乡规划与建设标准国际化也面临一定的困难与挑战，中国城乡规划与建设标准的海外适应性与影响力有待提高。

2.1 国际城乡规划与建设标准化的概况

　　标准是人类文明进步的成果，是世界通用语言，标准促进世界互联互通。2016年，习近平在致第39届国际标准化组织大会的贺信中提到，伴随着经济全球化深入发展，标准化在便利经贸往来、支撑产业发展、促进科技进步、规范社会治理中的作用日益凸显，标准已成为世界"通用语言"，世界需要标准协同发展，标准促进世界互联互通。越来越多国家将参与制定国际标准，或者将本国标准升级认定为国际标准作为目标，推进标准国际化成为世界各国提高国际话语权和影响力的重要途径之一，推进城市规划与建设领域标准的国际化也是各国提高城乡规划学科和行业全球影响力的重要途径。

2.1.1　联合国的国际规划倡议与准则

　　联合国自成立后，在多个场合要求各成员国关注城市发展和城市化问题，召开了三次全球共商城市化挑战应对策略的联合国高级别峰会，形成了多个国际文件，这些文件都成为了国际城市发展、规划和建设的重要纲领性文件。1975年1月，联合国大会成立了生境和人类住区基金会（United Nations Habitat and Human Settlements Foundation，简称UNHHSF），是国际上首个专门应对城市化问题的机构，通过提供资金和技术援助的方式在发展中国家协助实施与人类住区建设相关的国家方案。1976年，联合国在加拿大温哥华召开了第一次人类住区会议（UN Habitat Conference，后称"人居一"），会议通过了《温哥华人类住区宣言》，是联合国第一份应对和控制城市扩张问题的国际性战略计划。之后，随着全球城市化进程的推进和人居问题的日渐突出，联合国于1996年在土耳其伊斯坦布尔召开第二次人类住区大会（即"人居二"），主题是"人人享有适当的住房和日益城市化进程中人类住区的可持续发展"，大会通过了《伊斯坦布尔人类住区宣言》（The Istanbul Declaration on Human Settlement）和《人居议程》（Habitat Agenda），其中《人居议程》是1992年联合国环境与发展大会通过的《21世纪议程》（Agenda 21）在人居领域的延伸性文件，成为了一个"世界范围内可持续发展行动计划"，是各国政府、联合国组织、发展机构、非政府组织和独立团体建设人类住区的指导性文件[17]。

2002年，联合国大会通过第A/56/206号决议，将"人居一"会议后成立的人居中心提升为联合国人类住区规划署（The United Nations Human Settlements Programme），简称联合国人居署（UN-Habitat）。联合国人居署（UN-Habitat）的宗旨是促进社会和环境方面可持续性人居发展，达到为所有人提供合适居所的目标；通过支持城市发展和规划，推动经济增长和社会发展，减少贫困和不平等。成立之后，联合国人居署出版了《年度报告》（UN-Habitat Annual Report）、《全球人类住区报告》（Global Report on Human Settlements）、《世界城市状况》（State of World's Cities）等报告，也发布了一些规划准则、期刊和宣传品。2015年4月23日，联合国人居署理事会第25/6号决议通过了《城市与区域规划国际准则》（简称《准则》），针对综合规划过程中提出了12条原理，指导决策者制定和修订政策、规划与设计，为各个区域、国家和地方的城市和区域规划提供一个有用的参考框架。联合国人居署还编制了《一种可持续社区规划的新战略：五项原则》《全球公共空间工具包》《作为公共空间的街道——繁荣的驱动力》等国际通行的城市规划标准类文件，对全球各个国家、地区的城市规划提供了国际化建议。

2015年9月25日，"可持续发展峰会"在纽约联合国总部开幕，会议通过一份促进人类可持续发展的新议程，即《2030年可持续发展议程》，是当前阶段联合国在可持续发展领域的最重要的成果。《2030年可持续发展议程》提出了17项综合的、相互关联、不可分割的可持续发展目标（Sustainable Development Goals，SDGs），其中可持续发展目标11是建设包容、安全、有抵御灾害能力和可持续的城市和人类住区，对到2030年，住房、公共交通、文化遗产、公共服务、废物管理等城市领域都提出了明确的发展目标。

专栏

《2030年可持续发展议程》可持续发展目标
11. 建设包容、安全、有抵御灾害能力和可持续的城市和人类住区 ①

11.1 到2030年，确保人人获得适当、安全和负担得起的住房和基本服务，并改造贫民窟。

11.2 到2030年，向所有人提供安全、负担得起的、易于利用、可持续的交通运输系统，改善道路安全，特别是扩大公共交通，要特别关注处境脆弱者、妇女、儿童、残疾人和老年人的需要。

11.3 到2030年，在所有国家加强包容和可持续的城市建设，加强参与性、综合性、可持续的人类住区规划和管理能力。

11.4 进一步努力保护和捍卫世界文化和自然遗产。

11.5 到2030年，大幅减少包括水灾在内的各种灾害造成的死亡人数和受灾人数，大幅减少上述灾害造成的与全球国内生产总值有关的直接经济损失，重点保护穷人和处境脆弱群体。

11.6 到2030年，减少城市的人均负面环境影响，包括特别关注空气质量，以及城市废物管理等。

11.7 到2030年，向所有人，特别是妇女、儿童、老年人和残疾人，普遍提供安全、包容、无障碍、绿色的公共空间。

11.a 通过加强国家和区域发展规划，支持在城市、近郊和农村地区之间建立积极的经济、社会和环境联系。

11.b 到2020年，大幅增加采取和实施综合政策和计划以构建包容、资源使用效率高、减缓和适应气候变化、具有抵御灾害能力的城市和人类住区数量，并根据《2015—2030年仙台减少灾害风险框架》在各级建立和实施全面的灾害风险管理。

11.c 通过财政和技术援助等方式，支持最不发达国家就地取材，建造可持续的、有抵御灾害能力的建筑。

　　在《2030年可持续发展议程》推动下，2016年10月，联合国"人居三"大会在厄瓜多尔基多市开幕，正式通过具有里程碑意义的成果文件——《新城市议程》，是联合国2030年可持续发展目标的组成部分，为未来城市可持续发展设定全球标准[18]。"人居三"给予了城市规划在城市治理中的高度关注，也强调了城市规划在城市发展

① https://www.fmprc.gov.cn/web/ziliao_674904/zt_674979/dnzt_674981/qtzt/2030kcxfzyc_686343/t1331382.shtml

决策中独特的学科支撑作用。《新城市议程》要求城市规划遵循《城市与区域规划国际准则》，并且细化了城市发展各方面的倡议与行动。例如，《新城市议程》提倡安全、便利、绿色和优质的公共空间，要求制定有韧性的建筑规范和标准，强调相关组织（国际社会、区域组织、国家政府、城市和本地社区以及城市网络）需要制订一套增强城市弹性的标准[19]。

联合国出台的城市、住区相关的各类文件是支撑城市治理的管理与技术手段，是实现可持续发展战略目标的有效工具，具有规范和引导各国城市发展和规划的标准属性。在联合国及人居署发布《2030年可持续发展议程》《新城市议程》《城市与区域规划国际准则》等城市可持续、城市与区域规划基本纲领性文件的同时，联合国教科文组织、联合国儿童基金会、联合国开发计划署等其他国际机构和组织也为城市可持续发展提供了大量指南、准则、工具包等各种形式的国际性标准。

例如，联合国儿童基金会于2018年5月发表《儿童友好型城市规划手册：为孩子营造美好城市》（Shaping Urbanization for Children：A Handbook on Child-responsive Urban Planning），重点关注全球绝大多数儿童出生即所面对的建成环境——城市环境，针对缺乏公共空间、非健康和非卫生环境、不均衡的设施等儿童作为弱势和脆弱群体所面对的威胁，提出为儿童塑造健康、安全、包容、绿色和繁荣的城市社区的城市规划建议。2017年，联合国开发计划署（UNDP）在贵阳智慧城市与社会治理亚欧论坛上发布了《智慧城市与社会治理：参与式指标开发指南》，以贵阳碧海街道和会展街道内的五个小区作为智慧城市社会化参与治理模式的样本，开发一套适用于本地的智慧城市社会治理评估指标，因地制宜的展开智慧城市评估，将采用的参与式工具与流程推广全球各个国家社区与城市发展规划、城市预算编制、社会政策规划等许多领域。

2.1.2　国际标准化组织的城乡规划标准

国际标准化组织（International Organization for Standardization）简称ISO，是世界上最大的非政府性标准化专门机构，其宗旨是"在世界上促进标准化及其相关活动的发展，以便于商品和服务的国际交换，在智力、科学、技术和经济领域开展合作"。中国于1978年加入ISO，是ISO的正式成员，在2008年10月的第31届国际标准化组织大会上，中国正式成为ISO的常任理事国，代表中国参加ISO相关活动的国家机构是中国国家标准化管理委员会（SAC）。相对另外两大国际性标准化组织国际电工委员会（International Electrotechnical Commission，IEC）和国际电信联盟（International Telecommunication Union，ITU），国际标准化组织（ISO）负责的标准领域较为广泛和综合，包括目前绝大部分领域（包括军工、石油、船舶等垄断行业）的标准化活动，还发布技术报告、技术规格、公开可用的规格、技术勘误和指南等。

在城市相关领域，国际标准化组织（ISO）城市可持续发展标准化技术委员会（Sustainable Cities and Communities），简称ISO/TC 268，成立于2012年，旨在通过城市标准化工作，支持联合国人居署的5项SDGs目标，为可持续发展目标做出贡献，是与城市研究规划领域密切相关的国际标准化机构。该委员会在城市可持续发展管理体系、评价指标、智慧城市战略和评价、智慧城市基础设施等多方面进行了标准化研究。ISO/TC 268制定的标准是城乡规划国际标准的重要组成部分，例如ISO 37120（城市服务指标和社区生活质量指标）为第一套国际标准化城市指标，为衡量城市服务提供统一的方法；ISO 37157是规划或组织紧凑型城市智能交通的标准。截至2019年11月，ISO/TC 268已公布的ISO标准有15项，其中直接负责标准有7项；正在制定的ISO标准有18项，直接负责标准有6项。参与成员46个国家，观察成员25个。目前，ISO/TC 268的秘书处设在法国，下设多个分技术委员会（SC）、工作组（WG）和工作小组（TG），例如，ISO/TC 268下设的ISO/TC 268/SC 1为智慧社区基础设施（Smart Community Infrastructures）计量分技术委员会。

2.2 我国城乡规划与建设标准国际化的机遇与实践

2.2.1 参与国际组织城市规划领域的交流与实践

改革开放以来，中国城乡规划延续中国传统规划文化的特色基因，立足计划经济时期形成的现代基础，广泛借鉴和吸收当代国际先进理论、技术与人才，在服务中国城乡发展的实践中不断丰富和完善，形成了目前在全球最具有开放性、包容性、多元性和实践性的国际化城乡规划体系[20]。随着本土丰富的规划实践经验得到越来越多国际社会的认可，以及中国在海外工程项目的广泛开展，中国城乡规划逐步从全面引进来进入到适度走出去的阶段。

中国城乡规划大量参与国际城乡规划领域的学术交流和合作。中国城乡规划主管部门、专业机构和专家学者参加了大量联合国人居署相关工作。2015年4月，联合国人居署第25届理事会会议在肯尼亚内罗毕召开，聚焦全球城镇化与可持续发展问题，时任中国住房与城乡建设部副部长陈大卫出席会议，中国城市规划学会秘书长石楠等中国专家参与了会议通过的《城市与区域规划国际准则》编写工作。为了促进和支持联合国第三次住房和城市可持续发展大会（即"人居三"）的召开，我国住房和城乡建设部撰写了《中国人居报告》，总结了过去20年中国在人居方面的工作及成效，分析了面临的挑战和问题，提出了未来一个阶段的目标、对策和行动。同时，中国专家也积极参与"人居三"筹备工作，根据联合国2015年《2030年可持续发展议程》确定的目标，"人居三"筹备委员会开始组织起草《新城市议程》，筹委会秘书处首先确定了《新城市议程》所涉及的6个领域，并将这6个领域演化为22个议题文件，最后在这22个议题文件的基础上组成了10个政策小组，中国有6位专家参与国家政策、财政、经济、生态、技术、住宅小组。这10个政策组邀请了20位来自世界各国和相关国际组织的专家学者，分头起草了10个政策文件。中国城市规划学会与意大利规划学会为"人居三"筹委会第六政策小组的组长单位，牵头起草了《城市空间战略》，重点关注"城市空间战略：土地市场与空间分化"领域，为《新城市议程》起草发布贡献力量[21]，这也是中国规划界在国际规划领域第一次牵头执笔这类重大的政治性文件。2016年，在"人居三"会议期间，时任住房和城乡建设部部长陈政高作为中国政府特别代表出席全体大会并致辞，中国城市规划学会秘书长石楠等中国代表赴会交流并分享中国经验。

2.2.2 参加国际组织标准化活动和国际标准编写工作

城乡规划标准的国际化伴随着城乡规划国际化和我国标准的国际化，也在持续推进。近年来，我国城乡规划主管部门、学术机构、专业协会主动参与城乡规划准则和标准的交流与合作，参与联合国、联合国人居署、联合国儿童基金会、国际标准化组织等国际机构和组织的城乡规划领域指南、导则、准则等文件编制，输出中国城乡规划理念与经验，提升中国城乡规划工程建设标准的国际影响力。例如，中国城市规划学会秘书长石楠领衔中国专家参与了联合国人居署《国际城市与区域规划准则》编制。2015年联合国人居署第25届理事会会议审议通过《国际城市与区域规划准则》，为完善全球的政策、规划、设计和实施进程提供框架，提出建设更紧凑、更包容性、更和谐和相互连通的城市与区域，促进城市可持续发展，提高应对气候变化的能力等全球城市与区域的规划准则。

另外，中国城市通过举办相关国际活动，与联合国等国际组织开展合作，参与到国际准则的编制中，将中国城市规划的研究成果和实践经验推广到全球，为全球城市发展提供中国智慧。例如，2010年上海世博会期间，为使中国上海世博会的精神遗产得以保存和流传，联合国、国际展览局和世博会组委会在《上海宣言》中共同提议，将上海世博会展览展示、论坛和城市最佳实践区的思想成果总结编撰成《上海手册》，并在全球范围内进行推广。第一版手册于2011年全球发布，得到了国际社会的广泛好评。经与联合国人居署协商，2016版手册由联合国、国际展览局、中国住房和城乡建设部及上海市政府四方共同主编，还邀请复旦大学、同济大学、上海社科院、上海国际问题研究院、上海城市规划设计研究院等上海科研院校和智库相关领域的知名专家学者组建了编写团队，开展了各章节内容和入选案例的撰写工作（图2-1）。同时，2017年由联合国、国际展览局和中方共同主编的《上海手册·21世纪可持续发展指南·2017年度报告》发布，聚焦城市治理，在阐述城市治理的概念内涵、城市治理发展的不同范式以及城市治理发展趋势的基础上，从全球城市治理的实践角度分析其存在的问题和面临的主要挑战。

同时，中国专业学者也积极参与国际标准化组织（ISO）相关标准组织的工作。中国城市领域的学者积极参与ISO/TC 268相关工作，其中，中国学者万碧玉担任了ISO/TC 268/SC 1分技术委员会的副主席，ISO/TC 268/TG 2工作小组召集人为中国学者杨峰，重点关

图2-1　世博会2011版《上海手册》和人居三2016版《上海手册》

注收集智慧城市的良好案例，中国专家学者在ISO的工作都贡献了中国智慧，也为中国标准融入国际标准提供了机遇。

2.2.3 参与"一带一路"沿线国家城乡规划建设与标准制定

"一带一路"倡议推动了中国资本、企业和建设工程走出去，城乡规划机构和企业也开始开拓国外市场，或参与中国海外援建项目，开展临港地区、工业园区、住宅区等海外规划服务项目实践，加快了城乡规划及标准的国际化进程[22]。

在国家发布的《标准联通共建"一带一路"行动计划（2018—2020年）》等文件中，智慧城市、境外产业园区、经贸园区等规划建设相关领域的标准合作也被纳入重点任务和专项行动，要求深化基础设施标准化合作，支撑设施联通网络建设，开展标准外文版制定；开展国家间标准互换互认行动，进一步推进与英国、法国等在城市可持续发展、智慧城市等领域的标准一致性提升合作，促进国家间标准体系相互兼容；推进中国标准国际影响提升行动，推动建设标准化海外示范工程，加强境外产业园区、经贸园区标准化建设。

在"一带一路"倡议引领下，中国高校等研究机构积极参与到城乡规划建设标准国际化的工作中，为城乡规划走出去实践提出指引建议。例如，东南大学等机构共同开展了国家重点研发计划项目重要的技术研发任务——江苏省工程建设标准"江苏省海外园区规划编制规程"编写工作，针对江苏省的海外园区建设任务，编制体现海外园区规划程序性、技术性、特殊性和先进性的规划标准。2019年，中国城市规划学会标准化工作委员会对东南大学研究团队主持的《"一带一路"沿线中国境外产业园区规划编制指南》团体标准项目进行立项，进一步为中国产业园区规划及标准走出去提供了有力支撑。

同时，一些中国的城乡规划建设设计单位也积极参与到"一带一路"沿线国家和地区的城乡规划项目中，将中国规划实践经验介绍到沿线国家。例如，武汉市土地利用和城市空间规划研究中心和联合国人居署合作，在尼泊尔开展了《必都城市综合发展规划（2017—2035年）》编制工作，基于尼泊尔发展情况和自身标准，结合中国城乡规划发展和国际相关国家和地区标准经验，指导当地规划和建设。近年来，中国（深圳）综合开发研究院在海外大力推广深圳特区经验，提出了海外产业园区"123"前期规划工程，为海外产业园区开发商提供包括投资决策咨询、开发建设、招商引资、管理运营等规划咨询服务。

2.3 我国城乡规划与建设标准走出去的路径与形势

2.3.1 我国城乡规划与建设标准走出去的主要路径

从城乡规划与建设项目委托主体的差异，城乡规划与建设标准的走出去主要路径主要有以下三种。一是规划设计企业和中国大型企业合作，作为规划设计单位，参与企业对外投资的项目或承担的国家援建项目。例如，深圳市蕾奥规划设计咨询股份有限公司，与中国铁建股份有限公司、中国交通建设集团有限公司、中国土木工程集团公司等大型工程综合服务商，以及碧桂园等房地产企业进行合作，为这些企业在东南亚、中东欧、南亚等国家的建设项目提供规划咨询服务，开展规划设计工作。其中，深圳市蕾奥规划设计咨询股份有限公司负责的《尼日利亚莱基自贸区城市设计》项目地点，即位于中国土木工程集团公司、中国铁道建筑总公司等企业投资建设的尼日利亚莱基自由贸易区，规划团队基于中国开发区的规划管理建设经验，结合莱基自贸区的实际情况，针对性提供了规划技术咨询服务。二是规划行业受到政府部门、国际组织等邀请，在"一带一路"沿线国家承接项目。例如，中国（深圳）综合开发研究院为例，受到商务部、外交部等政府部门，以及世界银行等国际组织邀请，参与了《埃塞俄比亚工业园区（特殊经济区）》《刚果黑角经济特区综合咨询服务》《肯尼亚kilifi商贸物流园综合咨询服务》等"一带一路"沿线国家的产业（工业）园区规划咨询项目。三是，也有一些规划设计机构，与国外企业开展合作，直接参与国际竞标，提供城市设计、交通规划、产业规划咨询等服务。

从城乡规划与建设项目类型的差异来看，城乡规划与建设标准的走出去主要路径主要包括参与产业园区、新城和基础设施建设项目三类。其中，产业园区项目主要为物流合作园区、经贸合作园区等园区提供产业咨询和规划建设服务，新城项目主要为新城新区、临港地区等城市地区提供综合型的规划建设服务，基础设施项目主要是高速公路、铁路、轻轨、港口、码头等基础设施提供系统的规划和建设服务。

2.3.2 我国城乡规划与建设标准走出去的整体格局

（1）在中东欧、中亚、西亚部分国家的标准应用相对困难

当前，很多中东欧国家都直接采用欧盟的技术法规和标准，中国城乡规划与建设标准在波兰、立陶宛、爱沙尼亚、拉脱维亚、捷克、斯洛伐克等中东欧国家的应用相对困难。例如，克罗地亚对于工程质量标准及验收、免责的相关规定均采用欧盟标准，中国城乡规划与建设相关标准在克罗地亚并不适用。

部分曾属于苏联的中东欧、中亚、西亚国家，其规划建设规范体系和技术参数基本沿用苏联标准，尽管与我国规划体系和技术标准管理有一定的相似性，但我国在这些国家的海外建设工程仍主要使用当地国家标准，只有使馆、援建项目等相对较小的项目会较多采用中国标准。例如，亚美尼亚交通规划体系与我国较为相似，包括城市规划的交通部分及城市、区域、村镇等交通专项规划。但由于中亚两国交通规划和建设管理方式存在差异，我国分散的交通规划和建设技术规范不能适应当地统一系统规划和建设的需求，而且交通设施等级、功能和设计参数等内容方面都存在一定的差异，因此尽管我国技术标准更加系统、精度更高，也很难在当地使用。而中国在亚美尼亚承建的中国驻亚美尼亚使馆馆舍、援亚美尼亚中文学校等项目大量使用了《建筑设计防火规范》GB 50016—2014、《民用建筑设计通则》GB 50352—2005、《无障碍设计规范》GB 50763—2012、《中小学校设计规范》GB 50099—2011、《中小学校体育设施技术规程》JGJ/T 280—2012等中国工程建设标准，仅根据中亚两国在消防和抗震等标准的差异规定进行局部针对性调整。

中国城乡规划工程建设标准在沙特阿拉伯、也门、阿曼、阿联酋、巴林等西亚国家的应用也相对困难。由于历史发展原因，部分西亚国家城乡规划和建设管理制度、规划法规、技术标准受到欧美发达国家的影响较大，倾向于参考借鉴欧美发达国家的经验，或者邀请欧美发达国家的相关机构和企业提供技术支持，制定技术法规和标准。例如，在中国企业负责的西亚国家项目中，中国企业具有相对独立的规划设计、开发建设资格，项目规划建设能够采用中国工程建设标准，例如中国—阿曼（杜古姆）产业园项目、中国—沙特吉赞白石滨海开发项目、中国—阿联酋阿布扎比港口建设项目等。在部分中外合资项目中，中国企业需获得合作企业、当地政府的同意，才能够应用中国工程建设标准。例如，在中国广州开发区、银川开发区和沙特阿拉伯石油公司三方合作建设的中国—沙特吉赞经济城产能合作项目中，合资公司共同负责当

地规划建设，提供投资招商及管理咨询等服务。

（2）在东南亚、南亚国家应用相对顺利

在东南亚国家，除了新加坡、马来西亚等优先采用英标的国家之外，中国规划和建设标准在印度尼西亚、缅甸、泰国等国家应用相对顺利。例如，中国企业在老挝负责的工程项目，包括老挝会议中心、老挝靶场项目、老挝万象卫星地面站基建升级改造项目等，主要采用中国工程建设标准；由于越南暂时还没有形成较为完善的规划和建设标准体系，当地规划和建设企业公司一般参照欧美标准，中国企业在越南援建和承担的城乡规划项目也可以按照中国规划和建设标准进行设计和施工验收。

在巴基斯坦、斯里兰卡、尼泊尔等南亚国家中，中国规划和建设标准应用也相对顺利。例如，由于尼泊尔自身的规划标准还处于逐步建立阶段，体系性相对较弱，内容也不完善，我国武汉市土地利用和城市空间规划中心和联合国人居署在尼泊尔努瓦科特省必都市合作开展的《必都综合发展规划（2017—2035）》项目，在采用尼泊尔自身标准的基础上，参考使用了中国城乡规划标准。其中，在用地分类管理方面，《必都综合发展规划（2017—2035）》项目参照我国标准，在既有土地功能区划的基础上，结合全要素全域土地及资源管理理念，根据尼泊尔实际情况，按照复合利用的理念，形成11类城市功能区和4类生态功能区，参考了世界不同收入水平国家的人均建设用地情况，引入了用地平衡表概念和人均建设用地指标；在公共服务设施配套方面，基于尼泊尔公共服务设施配建标准《Planning Norms and Standards 2013》，参考中国、印度等发展中国家经验，按照基本公共服务设施均等化的需求，构建"市级—社区级"两个级别的公共服务体系；在市政基础设施方面，给水、排水、污水、电力、通信等基础设施规划指标结合了尼泊尔标准以及中国标准，例如给水量预测、给水管径采用了我国的《城市给水工程规划规范》GB 50282—2016。

专栏

我国在尼泊尔《必都综合发展规划（2017—2035）》
中标准国际化经验：[23]

2015年尼泊尔大地震后，百废待兴。左翼联盟重组政府组织构架，颁布新宪法，更新并

完善了当时的规划政策框架，结束了过去标准混杂的局面，初步形成了以法律法规、标准政策、实施规划为主体的政策框架，指导城市各类建设。目前，尼泊尔正处于建立规划建设标准体系的探索期。尼泊尔城乡规划领域初步建立了以《规划规范和标准》国家标准为统领，《尼泊尔道路标准》《环境标准》等专项标准为支撑，《土地利用政策》《工业政策》等政策为补充的规划建设标准体系。《规划规范和标准》是城乡规划的主干标准，包括城镇规模、土地功能区划、城市基础设施标准和道路设施建设标准四大内容，配套《基础设施规划标准》《土地利用规划标准》和《城市形态规划标准》三大文件，目前仅有《基础设施规划标准》于2013年正式出台。

目前，我国在尼泊尔参与项目主要包括医院、学校等建筑项目以及通信设施、道路等基础设施项目。城乡规划项目为武汉市土地利用和城市空间规划中心与联合国人居署合作的、在努瓦科特省必都市开展的《必都综合发展规划（2017—2035）》。《必都综合发展规划（2017—2035）》项目中国团队的工作内容，包括现状调研与分析、发展目标及战略、城市发展格局、城市发展格局判断、空间布局、五年行动计划、土地利用实施指引等内容，涉及的城乡规划工程建设标准基于尼泊尔自身标准，并结合中国城乡规划发展和国际相关国家和地区发展经验，推广中国标准，实际指导当地城市发展。

资料来源：武汉市土地利用和城市空间规划研究中心

2.4 我国城乡规划与建设标准国际化的困难与挑战

2.4.1 中国标准在不同国家地区的应用存在不确定性

（1）经济发达、标准成熟国家对中国标准的认可度不高

"一带一路"沿线中东欧、西亚、东南亚等经济较为发达的国家，其规划管理体系、规划和建设技术标准相对完善，对国际标准、欧美标准的接受度较高，往往对中国标准缺乏了解和信任。

例如，在城乡规划发展历史较长的中东欧国家，其本土城乡规划工程建设标准较为成熟和完善，标准执行力度强，且随着越来越多的中东欧国家加入欧盟，更倾向在欧盟的管理体制下，直接采用欧盟标准，或以此为基础制定本国标准，而对发展中国

家的标准在主观上存在不信任感。中国企业在这些地区开展城乡规划和建设工作，需要对当地标准、欧盟标准和国际标准都有充分的认识和了解。

又如，在西亚的一些国家，目前其规划建设市场由欧美国家主导，英美标准和技术规范占据垄断地位，中国的规划建设服务及标准未被广泛了解和接受。在西亚海湾阿拉伯国家合作委员会成员国认定的建设标准中，58%为国际标准化组织（ISO）标准，18%为欧洲标准委员会（CEN）标准，16%为美国材料与试验协会（ASTM）标准，8%为海湾国家（GSO）标准，西亚国家工程建设仍然主要采用国际标准和欧美标准。

（2）部分欠发达国家对中国标准接受度较高，仍需与当地及其他外来标准充分协调

部分欠发达国家的工程建设标准基础较为薄弱，中国城乡规划和建设标准在当地的接受度相对较高。例如，尼泊尔、不丹等一些欠发达的国家，尚未形成完善的规划编制体系和规划建设管理制度，缺少独立的规划标准制定和管理部门，未构建起完善的标准体系。这些国家对中国城乡规划和建设标准的接受度较高，一些与中国合作或者直接由中国援建的项目会直接采用中国标准。

在这些国家，中国城乡规划和建设标准尽管接受度较高，但仍面临着当地及其他标准充分协调，并进行在地化修正的问题。由于部分欠发达国家本地的规划师、设计师等专业团队的技术能力相对不足，项目设计和施工通常需要外来规划团队提供技术支持，尤其是部分援建项目由多个国家团队参与的情况比较常见，不同来源规划和建设标准冲突问题时有发生，且由于当地标准评价和协商机制并未建立，中国标准与国际标准、欧美标准的有效充分协商存在一定困难。例如，越南当前工程标准尚不完善，存在同时使用中国、法国、日本等不同国家标准的情况，交通设施、市政设施等规划建设标准的衔接问题较为突出。又如，尼泊尔长期以来在基础设施、道路等工程建设领域多参考英国、美国、德国、印度、日本五国的标准，由于标准冲突协商机制未建立，一旦中国标准与其他国家标准之间对接不畅，或者与其他援建方、合作方采用的标准产生冲突，就只能依据个案情况进行裁量，导致标准协商结果存在一定的不确定性，影响项目效率，也直接影响中国城乡规划和建设标准在当地的使用情况。另外，在老挝等一些国家，中国工程建设标准在某些领域的要求相对较高，当地技术人才缺乏、建设材料受限等情况也会导致中国标准难以有效落实，需要在具体操作中进行本地化处理（表2-1）。

尼泊尔《Planning Norms and Standards》参考来源一览表 表2-1

标准参考来源	选取标准	内容
南非标准	南非人居规划设计，2000	供水、固体废弃物、公共空间/公园
印度标准	德里总体规划，DDA，2001	医疗设施、共空间、警察局、宗教机构、福利设施、展览中心、集市、综合体育馆
巴基斯坦标准	国家Ref. P/I服务手册。巴基斯坦，1986	消防站、公共大厅、电影院、机场
尼泊尔自身标准	编制城市规划手册，2007 PPUD部门会议，2013 莱克纳特周期计划，2063 综合设计报告，Report，STIUEIP，2012 ……	卫生/排水、电力设施、通信、教育设施、医疗设施、图书馆、宗教机构、博物馆、停车场、运输系统等

资料来源：武汉市土地利用和城市空间规划研究中心。

（3）东道国的政治环境、管理体制影响标准应用的稳定性和持续性

在政治环境相对复杂、经济社会不稳定因素较多的东道国，中国工程建设标准在当地的应用存在困难。例如，在一些西亚国家，国内政治运动、邻国政治经济争端、恐怖主义威胁等风险，都对中国参与当地规划和建设项目，应用规划和建设标准带来很大困难。例如，中国交通建设股份有限公司投资开发的斯里兰卡科伦坡港口城项目作为"一带一路"重点项目之一，将打造集商业、商务（金融）、旅游、居住等功能为一体的高端城市开发项目，却在2015年斯里兰卡新政府上台之后，以"缺乏相关审批手续""审批环境评估"为理由被叫停，中国城乡规划和建设标准在当地的应用随着项目暂停而停滞。

东道国的城乡规划发展历史、管理体制也会直接影响到中国规划和建设标准在当地的应用。例如，立陶宛、乌克兰等中东欧国家的文化自信较强，对固有标准坚守度较高；而加入欧盟的国家往往也会被要求使用欧盟标准；部分曾属于苏联的国家，其规划管理体制受到苏联影响较大，规划管理和协商机制较为严苛，更多延续已有的标准，中国城乡规划和建设标准较难落地。又如，马来西亚等国家在项目中采取注册规划顾问制的规划管理和认证制度，标准冲突需要通过与规划顾问[①]协商的方式解决，其协商弹性相对较大，也使中国规划标准在当地应用存在一定的不确定。

[①] 规划顾问是受过高等教育的规划专家，通过严格考核获得从业资格，由地方政府或者中方投资开发商聘请，帮助政府把关项目或者帮助投资开发商在当地落成项目，对规划项目有审批权和终身责任制。

2.4.2 中国标准与国际标准、当地标准衔接不畅

（1）中微观实施型项目容易产生标准冲突

一般而言，前期战略、策划类型的城市规划项目并无强制性的技术要求，中外标准冲突较少，中国标准的应用不存在太大困难，中国标准在一些援建项目、超大型项目和中方投资项目中具有优势。但是，在详细规划等一些相对微观的、面向实施的项目中，由于涉及具体用地、公共设施等规划和建设标准，由于中国与当地的文化、气候等情况存在差异，容易产生标准冲突，中国标准的适应性相对较弱，应用存在一些困难。

（2）中外标准衔接不畅

在我国城乡规划与建设标准的海外应用中，由于语言文字、度量单位、应用软件等存在的差异，使中外标准衔接不畅，导致交流障碍较多，影响标准使用和项目开展。同时，目前大部分中国城乡规划工程建设标准的语言文字、度量单位的翻译和转换工作尚未针对性开展，缺少准确、专业的英文译本和高效的度量衡制度转换措施，导致标准难以充分对接国际通用形式，一些设计软件兼容性较差，使得中国标准不能及时满足海外项目需求，直接影响标准顺利协商和有效落地。

（3）基本术语的定义差异影响标准对接

中国与东道国在城乡规划术语的认定和理解存在差异，导致标准无法与当地需求进行有效对接和沟通，造成中国标准的推广和应用存在一定的障碍。例如，在尼泊尔开展的城乡规划项目中，中尼相关标准的城乡规划基本术语的定义存在差异，如我国目前用地分类标准将土地分为建设用地和非建设用地两大类，建设用地里再细分为居住、公共管理与公共服务设施、商业服务设施用地、工业用地、物流仓储等类型，而尼泊尔标准并未严格区分建设用地和非建设用地，而是按照混合功能分区的方式对用地类型进行细化。

2.4.3 中国企业及人员的标准推广能力不足、主动性不强

（1）中国规划企业在海外影响力较弱，资质认证要求阻碍中国标准应用

我国规划咨询设计类企业的国际影响力较弱，受制于国际或者当地的资质认证要

求，在海外承包工程项目的前期规划设计环节的实践参与度较低，导致我国标准在当地的应用难以有效推动。一般情况，只有部分中方企业投资的产业园区、港口等项目才被允许由中国团队进行规划设计，合同条款也难以明确采用中国标准。例如，西亚国家对咨询设计类公司要求较高，咨询设计类项目业主往往不采用公开招标，而是采用短名单邀请和资格预审的方式进行招标，需要承担咨询类业务的公司在当地进行注册，同时进入业主的短名单，若中资企业没有受到邀请则不被允许参加招标，也无法参与到当地的城市规划建设中。又如，沙特阿拉伯法律对本国的企业比较偏袒，沙特阿拉伯《投标法》规定沙特阿拉伯籍公司或沙特阿拉伯方面投资的合营公司享有优先中标权，地方企业保护政策也对中国企业在国外采用中国标准造成了一定的障碍。另外，沙特阿拉伯要求承担工程建设、规划设计的外资公司必须具备GES+（General Engineering Service Plus）资质，外国工程公司只有和本地工程公司成立合资公司，并且具有招聘、培训、转移专业知识给沙特阿拉伯工程师的计划后，才能获得GES+资质认证，才可以进一步开展工程建设和规划设计事务。

（2）中国企业应用中国标准的难度较大，积极性不高

"一带一路"沿线工程建设项目涉及的规划和建设标准领域较多，标准对接协商的内容多元且分散。而相对于欧美国际规划咨询公司，中国企业仍存在技术人员底子薄、人力资源短缺、项目管理体系不健全、标准执行能力较弱等问题，对当地设计标准和当地设计习惯不熟悉，又难以独立在短期内展开对当地和国际规则标准的系统前瞻性研究，再加上中国标准的国际化程度和国际认可度相对不高，一些沿线国家工程主管部门人员多曾留学欧美发达国家，对欧美发达国家标准信赖度更高，中国与当地及国际规则标准的协调存在成本高、纠纷多、仲裁难等问题，导致中国标准在海外的应用难度较大，中国企业推广中国标准的积极性不高。

（3）中方技术人员缺乏对当地情况的了解，标准推广意识不强

在海外开展的工程建设项目中，一些中国企业技术人员由于对当地语言不熟悉、对设计标准和需求不够了解、对管理流程缺乏认识等原因，缺乏对标准适应性和先进性的考虑，未能对中国适合当地的先进标准进行针对性推广和应用，而是盲目将国内设计标准和方法直接套用于当地项目，或简单地沿袭使用国际标准或欧美国家标准，导致项目在前期设计阶段即产生不适应当地需求、不利于后期施工等问

题，影响了项目开展的进度和质量，也阻碍了中国城乡规划和建设标准的推广和
落地。

2.5 我国城乡规划与建设标准国际化面临问题的主要原因

2.5.1 发展阶段不尽相同

（1）经济发展水平

"一带一路"沿线国家和地区的经济发展水平不同，工业化、城市化阶段也存在
差异。根据世界银行按收入水平划分的最新国别分类（2020—2021），"一带一路"沿
线既有阿富汗、也门等低收入国家，也有印度、尼泊尔、泰国等中等偏下收入国家，
还有伊朗、马来西亚、塞尔维亚等中等偏上收入国家和新加坡、意大利、罗马尼亚等
高收入国家。以中国和尼泊尔为例，中尼两国城市发展阶段不同使我国标准在尼泊尔
的应用存在障碍。我国城镇化率2019年已经突破60%，处于城镇化中期向后期的发展
阶段，进入了"量质并举"的转型期；而尼泊尔为农业国，2019年城镇化率约20%，
处于城镇化初级阶段，经济发展较为落后，被联合国列入了全球最不发达国家名单
（表2-2）。在我国伴随快速城市化阶段需求建立的标准体系中，城市规划建设标准较
多，而乡村规划建设的要求相对较少，尼泊尔这种尚未进入大规模的城市化阶段的国
家，并没有严格的城市和乡村的地理概念划分，我国的标准并不能完全适合尼泊尔的
规划建设需求。

尼泊尔的城镇人口及城镇化率 表2-2

年份	城镇人口（万人）	城镇化率（%）
1960	35.17	3.48
1970	47.77	3.96
1980	91.46	6.09

续表

年份	城镇人口（万人）	城镇化率（%）
1990	167.39	8.85
2000	320.74	13.40
2010	452.96	16.77
2019	576.55	20.15

资料来源：世界银行。

（2）社会发展水平

根据联合国开发计划署《2019年人类发展报告》，"一带一路"沿线的欧洲国家和部分西亚国家处于极高或者高人类发展水平，其余大部分都处于中等或者低人类发展指数[①]组别，这些国家的经济社会发展水平相对较低，人均国民总收入有待提升，教育、医疗等公共服务能力存在短板。同时，这些处于中低人类发展水平的"一带一路"沿线国家，往往贫富差距较大，国民受教育水平也差别较大，有决策权的官员和企业负责人多半受过西方高等教育，受欧美思维方式影响深刻，更倾向欧美规划管理体制和欧美标准，对欧美标准与本地社会经济发展阶段和居民需求不相匹配的问题缺乏考虑。而这些国家的本地民众教育水平不高，规划教育和培训体系缺位，规划专业技术人才尤为缺乏，导致难以有效判别外来标准优劣，也阻碍了中国标准在当地的应用推广。

2.5.2 基本国情存在差异

（1）自然气候条件

自然气候条件差异导致"一带一路"沿线国家城乡规划和建设标准的重点应用领域、规定要求和指标值等内容存在根本性差异。"丝绸之路经济带"途径欧亚大陆腹地，属于典型的温带沙漠、草原大陆性气候，干旱少雨；"21世纪海上丝绸之路"沿线地区属热带季风、雨林气候，其特点是夏季炎热多雨，冬季温暖湿润，降水的季节

---

① 人类发展指数（Human Development Index，缩写为HDI），是联合国开发计划署从1990年开始发布用以衡量各国社会经济发展程度的标准，并依此将各国划分为：极高、高、中、低四组。指数值根据出生时的预期寿命、受教育年限（包括平均受教育年限和预期受教育年限）、人均国民总收入计算出，在世界范围内可作各国之间的比较。

变化和年际变化大。自然气候条件差异进而导致设施供给标准存在差异。例如，格鲁吉亚、阿塞拜疆和亚美尼亚同属外高加索地区，在气候、生活习惯上与俄罗斯接近，其给水、排水、电力、燃气和供热等专业的需求定额指标与俄罗斯标准更接近，而我国相关设施规划和建设规范为了兼顾中国南北方的差异，指标选取上更宽泛，指标值也有较大差别，导致中国部分标准在当地的推广应用较为困难。

"一带一路"沿线一些地区受极端天气变化的影响显著，南亚和东南亚地区尤为突出，对防灾、避难等领域标准提出更高要求。根据非政府组织德国观察（Germanwatch）发布的《全球气候风险指数2018》（Global Climate Risk Index 2018）报告，缅甸、菲律宾、孟加拉国、巴基斯坦、泰国、越南等"一带一路"沿线国家位列1997—2016年全球受极端天气事件影响最严重的国家前十位。以东南亚国家为例，其热带及海洋岛屿气候特征，整体炎热，四季不分明，旱季和雨季差异显著，与中国大部分的内陆城市有较大区别，也与东南沿海城市存在差异。因此，东南亚国家面临较多的洪水、内涝、台风等自然灾害问题挑战，城乡规划和建设标准会对开放空间、基础设施、建筑物等防灾、避难等提出更高要求。

（2）国家发展历史

"一带一路"沿线的一些国家在历史上曾经是殖民地，基于语言文字、管理机制等习惯，倾向沿袭原宗主国标准，对其他标准的接受程度相对较低。例如马来西亚等原英属殖民地国家的规划和建设活动，更加倾向采用英国标准。同时，沿线的一些国家曾经得到一些发达国家的援助和援建，本地规划和建设管理受这些发达国家的影响较大，对这些发达国家的标准认可度较高，就会更倾向采用之前进行援建国家的标准。

（3）政治社会环境

"一带一路"沿线国家的政治制度、社会环境存在差异，绝大多数都是宗教氛围浓厚的地区，存在较多的政治和宗教冲突风险，部分国家和地区政治社会环境形势较为动荡，对中国在当地的投资和建设产生显著影响。例如，沙特阿拉伯是政教合一的君主制国家，王室、宗教、部落对国家管理、经济发展和社会民生都会产生影响，社会稳定性直接影响到我国规划和建设项目在当地的开展及标准的应用。在"一带一路"沿线的西亚、南亚等地区，动荡的政治局势和复杂的社会环境，容易使项目推进和标准应用面临地缘政治风险与大国博弈风险，对中方企业规划与建设项目的开展推进及标准在当地的推广应用都会造成较大阻碍。

（4）文化宗教信仰

"一带一路"沿线国家和地区的社会结构相对复杂，信仰、种族较多，几乎聚集了全球所有的宗教类型，有宗教信仰的人口大约占总人口的80%。因此，在"一带一路"沿线国家和地区，文化宗教信仰对当地居民生活具有较大影响，使得人们在城乡建设、环境营造、空间类型等方面的需求与中国不尽相同，城市规划和建设标准的规定内容也不同，风俗禁忌、交往礼仪等方面的差异也较易引发标准冲突，影响我国标准在不同的文化背景环境中的推广使用。

例如，尼泊尔是一个多民族、多宗教信仰的国家，居民生活习惯、居住方式、邻里关系、生产方式具有鲜明的宗教特征，对宗教相关空间和设施的需求较为多元。又如，在马来西亚的相关规划和建设项目，当地规划管理部门提出在社区中心增加祈祷室和独立占地的伊斯兰教堂等配套设施的要求，以满足当地居民的宗教和文化需求。我国的城乡规划和建设标准多强调高效的现代生产生活方式，对宗教文化空间和社会的关注较少，在"一带一路"沿线国家和地区的标准推广和应用过程中，需要充分考虑当地的宗教信仰和文化习俗，进行在地化的适应性改造。

（5）交通出行习惯

中国与"一带一路"沿线国家和地区的交通出行模式和行为习惯也存在差异，对中国标准在当地的推广应用产生一定影响。例如，东南亚地区的一些原殖民地国家，由于殖民时期沿袭欧洲原宗主国的建筑风格和街区形式，较多采用密路网的建设形势，居民具有使用摩托车实现机动化出行的习惯，形成了迥然不同的城市交通景观和管理体系，其交通出行规划标准与中国标准有较大差别。我国交通规划领域的标准，在海外的推广应用势必要受到当地居民交通出行习惯的影响，不能盲目将中国规划标准直接在当地应用。

（6）语言文字情况

"一带一路"沿线64个国家使用的语言有1000余种，其中官方语言及国语总共约60余种[24]。其中，沿线国家和地区使用的三大语种分别为英语、俄语、阿拉伯语，而使用小语种的国家主要聚集在中东欧、中亚等地国家。但是目前，我国高校教学尚未完全覆盖这些官方语种，相关人才储备状况堪忧，国际化语言翻译人才仍比较缺乏。即便是中国标准的英文版本也极为缺乏，我国现有的36000多项国家标准中，被翻译成英文并公开出版发行的国家标准英文版只有约不到1.5%[25]，行业标准或其他标准的英文版更是少之又少，严重制约了相关标准在境外宣传推广与应用，导致中国标准难以在东道主国家应用，难以与国际标准衔接，对我国标准在国外的使用造成了一定困难。

2.5.3 管理制度有所不同

（1）规划管理制度

中国与"一带一路"沿线国家和地区在城乡规划管理制度存在差异，规划政策法规、认证体制、编制程序、审批机制以及许可制度等都有所不同，因而基于规划管理制度的规划标准体系也不尽相同，我国标准在国外应用面临十分复杂的情况。例如，在"一带一路"沿线中白产业园的规划和建设中，由于中白两国存在管理体系和观念差异，双方在标准衔接中存在规范对接不畅、技术指标冲突、审批手续烦琐等问题，从而导致工程建设成本增加、工期延长，甚至产生纠纷。

（2）土地管理制度

中国与"一带一路"沿线国家和地区的土地管理制度存在差异，导致土地规划开发相关标准的落实和监督路径具有根本性不同。根据《中华人民共和国土地管理法》，我国实行土地的社会主义公有制，即全民所有制和劳动群众集体所有制，政府对土地开发使用具有相对强大的管理话语权。而"一带一路"沿线国家和地区则大多数是土地私有制国家，私有土地所有人对土地规划建设具有较为强势的主导权利。

例如，尼泊尔是土地私有制的国家，土地资源较为分散，土地管理和供给效率较低，政府对交通设施、市政设施、公共空间等需要独立占地的城市公共设施规划和建设力度相对较弱。中国以土地公有制为基础建立的规划和建设标准，在"一带一路"沿线土地私有制国家，存在缺乏实施和监督路径、难以有效落地等问题，适应性不足，为标准的衔接推广带来了一定的障碍。

（3）营商管理制度

"一带一路"沿线部分国家存在治理能力弱、政策多变、法治不健全、管理腐败等问题，营商环境质量不高，会影响中国标准在当地的应用和协商。根据世界银行近年的营商环境报告，目前中东欧整体营商环境水平较高，东南亚部分国家营商环境良好（新加坡、泰国、马来西亚），南亚营商环境普遍有待提升。而根据非政府组织"透明国际"历年发布的各国清廉指数（Corruption Perceptions Index，CPI），"一带一路"沿线国家得分普遍较低，政府管理腐败问题也会影响中国规划和建设项目开展及标准应用。一些沿线国家存在的行政管理体系不健全、配套法规和制度缺失、政府行政管理效率低下等问题，对中国在当地的规划和建设项目推进造成不利影响，也会对标准的推广应用与软联通带来不确定性。

2.5.4 标准联通基础薄弱

（1）标准联通机制缺乏

目前，尽管"一带一路"建设领导小组办公室编制印发了《标准联通"一带一路"行动计划（2015—2017）》和《标准联通共建"一带一路"行动计划（2018—2020年）》等文件，指引和保障我国标准走出去，鼓励在我国企业在海外投资项目和工程承包项目中优先采用中国技术标准。但由于相关政策出台时间有限，标准联通的标准信息服务平台建设、标准适用性研究、标准外文版翻译、国际标准化人才培育等工作仍有待开展，"一带一路"国际规则标准软联通缺乏统筹，标准走出去的政策、资金、法制保障存在不足，沿线国家之间的标准化合作机制尚未建立，标准应用和协商极容易受到国际关系和地缘政治影响。目前我国在很多"一带一路"沿线国家和地区的城乡规划和建设，以政府合作推动为主，还没有建立市场化机制，规划项目受双方政府合作意愿的影响显著。

（2）标准国际化程度不高

我国标准与国际通行、其他国家的标准体制和体系存在差异，标准类型和语境缺乏衔接，国际化程度有待提升。当前，中国国家标准分为强制性标准与推荐性标准两类，而美国标准体系、英法德为代表的欧盟标准体系、日本标准体系均由技术法规和自愿性标准两部分组成，中国标准跟国际较多国家通用的技术法规和技术标准的分类，存在一定出入。我国现行城乡规划及建设法律体系并没有技术法规这一类，与国际通行体系不相适应，标准当地的技术法规进行衔接时，要现行对当地技术法规与技术标准的使用和管理方式进行充分了解，才能更加规范地在境外推进我国规划和建设服务标准体系在当地的推广应用。

另外，中国城乡规划标准对当前可持续发展、公共健康、环境安全、包容友好等达成国际共识的规划建设理念关注不足，缺少与国际城市规划语境的衔接。在国际化视角下，中国城乡规划与建设标准理念的先进性不突出，标准化及标准国际化经验的缺乏，与国际规划语境相衔接的标准体系和标准内容需要尽快完善。

（3）针对性、适应性不强

我国城乡规划与建设标准体系复杂，规定内容较多，对当前适合走出去的先进标准和特色标准的梳理提炼不足，对先行走出去的规划类型支撑不强，在海外推广时的针对性、适应性不强。例如，国际通行的保障人身健康和生命财产安全、国家安全、生态环境安全等领域技术要求，分散在各类标准中，缺少纲领性、综合型的引导文件，难以实现与国际通行要求的快速衔接，标准先进性也容易被当地质疑。与此同时，目前我国城乡规划领域在海外开展的实践相对较少，经验不足，对当地的城乡规划和建设需求缺乏了解，即便是产业园区、新城等我国在海外开展城乡规划和建设的主要领域，也尚未有效整合出统一的国际化标准。宏观层面和关键领域的城乡规划和建设标准支撑的缺位，都使得我国城乡规划和建设的国际化无法很好适应当前走出去的需求，也难以针对需求形成合力。

3

"一带一路"沿线国家
城乡规划与建设
标准特征

　　基于当前 "一带一路" 沿线国家的城乡规划项目和我国标准潜在被采用的地域，本书对 "一带一路" 沿线东亚、西亚、南亚、中亚、东南亚、中东欧65个国家的城乡规划和建设情况进行梳理和总结，重点了解 "一带一路" 沿线国家城乡规划与建设标准特征（表3-1）。

本书重点研究的 "一带一路" 沿线国家 　　　　　表3-1

地域	国家
东亚	蒙古
西亚	伊朗、伊拉克、土耳其、叙利亚、约旦、黎巴嫩、以色列、巴勒斯坦、沙特阿拉伯、也门、阿曼、阿联酋、卡塔尔、科威特、巴林、塞浦路斯、埃及、亚美尼亚、格鲁吉亚、阿塞拜疆
南亚	印度、巴基斯坦、孟加拉、阿富汗、斯里兰卡、马尔代夫、尼泊尔、不丹
中亚	哈萨克斯坦、乌兹别克斯坦、土库曼斯坦、塔吉克斯坦、吉尔吉斯斯坦
东南亚	新加坡、马来西亚、印度尼西亚、缅甸、泰国、老挝、柬埔寨、越南、文莱和菲律宾
中东欧	俄罗斯、乌克兰、白俄罗斯、摩尔多瓦、波兰、立陶宛、爱沙尼亚、拉脱维亚、捷克、斯洛伐克、匈牙利、斯洛文尼亚、克罗地亚、波黑、黑山、塞尔维亚、阿尔巴尼亚、罗马尼亚、保加利亚、北马其顿、希腊

3.1 城乡规划法律法规与标准体系

　　对于大多数的国家而言，城乡规划既是一门综合学科，更是一项政府的行政职能，本质上是一个以空间为核心的公共政策，尤其是法定规划在一定程度上具有法律效力。因此，城乡规划的编制与实施需要健全的城乡规划法律法规体系进行保障，并在此基础上通过城乡规划标准体系来对技术方法、指标等进行科学规范，城乡规划法律法规和技术标准一直都是各国城乡规划领域重要的约束性和指导性文件。

　　1848年，英国《公共卫生法》诞生，拉开了现代城市建设和管理法治建设的序幕。1909年，英国制定了世界上第一部有关城市规划的国家级法律《住房、城镇规划诸法》，开创了现代城市规划法系建设的纪元。在此之后，各个国家都在不断加强城

乡规划的法制性和科学性，将颁布《城乡规划法》这一主干法，作为构建完善的城乡
规划法律法规体系的关键性基础工作。

对于"一带一路"沿线国家而言，各个国家发展阶段不同，城乡规划法律法规及
技术标准的完善程度，以及内部的体系构成关系存在差异。基于"一带一路"沿线国
家城乡规划法律法规和标准体系的分析，可以发现，法律法规体系按照是否颁布城乡
规划法为标准，大致分为专门颁布城乡规划法作为主干法、未颁布城乡规划法但颁布
含城乡规划相关法律、未颁布与城乡规划编制与管理直接相关的法律三类（表3-2）。

"一带一路"沿线部分国家城乡规划主干法 表3-2

类型	区域	国家	法律
专门颁布城乡规划法作为主干法	西亚	以色列	《规划和建筑法（Planning and Building Law of）》，1965
		巴林	《城市规划法（Urban Planing Law）》
	南亚	印度	《区域和城市规划和发展法（Model Regional and Town Planning and Development Law）》，1985
		巴基斯坦	《国家规划和基础设施标准参考手册》，1986
		斯里兰卡	《城乡规划法（Town & Country Planning Act）》，2000修订
	中亚	哈萨克斯坦	《建筑、城镇规划和建设活动法（On architectural, town-planning and construction activities in the Republic of Kazakhstan）》，2001
		土库曼斯坦	《土库曼斯坦城市规划建设法》《土库曼斯坦建筑（设计）活动法》
		乌兹别克斯坦	《城市建设（规划）法》，2002
	东南亚	泰国	《城镇规划法（Town Planning Act）》，1975
		新加坡	《规划法》，1990
		马来西亚	《城乡规划法》（第172号法）
		印度尼西亚	《空间规划法》（UU No.27/2007）
		老挝	《城市规划法》，1999
	中东欧	格鲁吉亚	《空间安排法和城市建设依据》，2005
		阿塞拜疆	《规划和建筑法》
		摩尔多瓦	《城市和建设草案》
		亚美尼亚	《城市发展：城乡规划和建设规范（30-01-2014）》
		立陶宛	《国土规划法（Republic of Lithuania Law on Territorial Planning）》，1995

续表

类型	区域	国家	法律
专门颁布城乡规划法作为主干法	中东欧	匈牙利	《国家建筑法典（OTEK）》，1997
		爱沙尼亚	《规划法典》，2003
		罗马尼亚	《城市和国土规划法》，2001
		波兰	《关于空间规划和管理的约束性法案》
		捷克	《规划和建筑法》，2006
		斯洛伐克	《建筑法》（第50号/1976）
		拉脱维亚	《区域发展法（Regional Development Law）》，2002和《城乡空间规划法（Physical Planning Law）》，1998
		斯洛文尼亚	《空间规划法》（2002，2007）
		克罗地亚	《实体规划法（Physical Planning Act）》，2014
		阿尔巴尼亚	《国土规划和发展法》（第107号，2014）
		保加利亚	《空间规划法》2001、《区域发展法》2008
		北马其顿	《空间和城市规划法》（2005）
		希腊	《城市规划法》，1923；欧盟《国土和区域空间规划法》，1999
未颁布城乡规划法，但颁布含城乡规划相关法律	西亚	沙特阿拉伯	《地区法》（the Regions Act）、《市政法规》（the Munic-ipalities Statute）、《建筑法》（the Building Act）
	南亚	阿富汗	《市政法（Law on Municipalities）》，1999（含总体规划的相关规定）；2012年，美国国际开发署（USAID）提出制定《城市规划法》的指导原则和建议框架
		尼泊尔	《区域发展计划（实施）法，2013（2056）》《建筑业规则，2056（2000）》《土地法规-2021-2064》
		不丹	《市政法（Municipal Act）》，1999（含规划与土地利用的相关规定）；2015年，起草《空间规划法（Spatial Planning Act）》
	东南亚	柬埔寨	《土地使用规划、城市化与建设法》
		越南	《建设法》
未颁布与城乡规划编制与管理直接相关的法律	东亚	蒙古	城乡规划编制与管理的法律法规体系尚不健全
	西亚	阿曼	仅公布关于土地的法律，包括《土地法》《土地使用法》《政府土地权利法》《土地登记法》
		阿联酋	仅发布相关技术标准，以及各个酋长国制定的标准文件
		也门	仅在《也门土地转让法》中有部分关于土地性质认定及土地利用的描述
		科威特	仅有关于国家土地的法规，及其修正法案
	南亚	马尔代夫	仅有旅游规划和环境管理办法

资料来源：作者整理

3.1.1　以城乡规划法作为城乡规划法律法规体系主干法的国家

在"一带一路"沿线国家中，颁布了城乡规划法的国家包括西亚的以色列和巴林，南亚的印度、巴基斯坦和斯里兰卡，中亚的哈萨克斯坦、土库曼斯坦、乌兹别克斯坦，东南亚的泰国、新加坡、马来西亚、印度尼西亚，中东欧的格鲁吉亚、阿塞拜疆、摩尔多瓦、亚美尼亚等绝大部分国家。这些国家与我国类似，城乡规划法作为主干法，明确规定了本国城乡规划制定、实施、修改、法律责任等方面内容。

例如，立陶宛于1995年12月通过《国土规划法（Republic of Lithuania Law on Territorial Planning）》，对国土综合规划、特殊地区规划、国家重大项目地区规划、国土规划过程、国土规划的公开、国土规划文件登记、国土规划文件起草者和市政首席建筑师、违法个人和其他实体的法律责任等内容均进行了相应规定。

第一章 总则
第一条 法律的目的和目标
第二条 定义
第三条 国土规划的目标
第四条 国土规划的级别
第五条 国土规划文件的类型
第六条 国土规划的组织者和启动权力
第七条 国土规划政策的制定和实施
第八条 国土规划的公共利益
第九条 国家对国土规划的监督和申诉或报告的审查

第二章 国土综合规划
第十条 综合国土规划文件
第十一条 国家级综合规划及其目标和任务
第十二条 使用国家一级综合规划确定的领土的强制性规定
第十三条 国家综合规划的实施
第十四条 市、地一级综合规划及其目标和任务
第十五条 使用市级和地方一级综合规划确定的领土的强制性要求
第十六条 市级和地方一级综合规划的实施
第十七条 详细规划及其目的和任务
第十八条 关于使用详细规划中确定的领土的规定
第十九条 详细规划的实施
第二十条 建设和实施土地征用项目的权利

第三章 特殊地区规划
第二十一条 特别地区规划的目标和任务
第二十二条 特别地区规划文件的法律效力

第四章 国家重大项目地区规划
第二十三条 国家重大项目地区规划文件的编制、协调、修改、审查、批准、有效性和公示程序，以及争议解决程序

第五章 国土规划过程
第二十四条 国土综合规划文件的编制组织
第二十五条 国土综合规划过程
第二十六条 国土综合规划文件的协调和核查
第二十七条 国土综合规划文件的批准和生效

第二十八条 国土综合规划文件的修改和调整
第二十九条 国土综合规划文件的实施监督
第三十条　编制特别地区规划文件的一般要求

第六章 国土规划的公开
第三十一条 国土规划的公开
第三十二条 国土规划的公开程序
第三十三条 信息提供的方式
第三十四条 国土规划启动告知
第三十五条 熟悉准备好的国土规划文件
第三十六条 咨询
第三十七条 提案提交和审议
第三十八条 公开讨论

第七章 立陶宛共和国国土规划文件登记册
第三十九条 立陶宛共和国国土规划文件登记册

第八章 国土规划文件起草者和市政首席建筑师
第四十条 国土规划文件起草者、认证程序和资格要求
第四十一条 市政府首席建筑师

第九章 违法个人和其他实体的法律责任
第四十二条 法人在编制国土规划文件中从事权利以外活动的责任
第四十三条 法人违反组织国土规划文件程序，违反协调程序采纳决定，解决方案不符合国土规划的法律要求或不符合高层级国土规划文件的责任
第四十四条 法人无效拒绝协调国土规划文件，未在本法规定期限内协调国土规划文件的责任
第四十五条 本法第四十二条、第四十三条、第四十四条规定的违法行为的责任和审查程序

第十章 最后条款
第四十六条 补偿和赔偿
第四十七条 信息系统的使用
第四十八条 违反本法的责任
第四十九条 撤销不符合本法和其他法律规定的行政决定
第五十条 国土规划过程的连续性

图3-1　立陶宛《国土规划法》目录
资料来源: https://e-seimas.lrs.lt/portal/legalAct/lt/TAD/dde75b13095011e78dacb175b73de379?jfwid=wny8rfncr

又如，印度尼西亚共和国于2007年通过的《空间规划法（UU No.27/2007）》，取代了1992年苏哈托独裁时期的《空间规划法律（UU No.24/1992）》，是当前印度尼西亚空间规划中最根本的法律依据。该法根据1998年后颁布的关于"去中央化""分权"等的法律（包括《区域自治法（UU No.32/2004）》《财政分权法（UU No.33/2004）》等）制定了更多赋予地区政府更广泛权力相关的内容，由之前国家直接为省级单位制定空间计划转化为省级、市级都拥有制定空间规划的权力，上级单位只有指导的权力。《空间规划法（UU No.27/2007）》明确规定，印度尼西亚编制国家、省、市三级空间规划，规划期限为20年，且每5年评估一次，规划成果包括空间规划（RTRW）与详细空间规划（RTR）两份规划文件。其中，空间规划（RTRW）包含国家总体空间规划（20年）、省级长期空间规划（20年）和市级空间规划（20年）；详细空间规划（RTR）包含岛屿、群岛以及国家战略区域的国家级详细空间规划，以及省级战略区域的详细空间规划、城市级战略区域详细空间规划、城市级详细空间规划等。另外，《国家发展计划法（UU No.25/2004）》与《空间规划法（UU No.27/2007）》明确了长期发展计划（RTJP）、空间规划（RTRW）与详细空间规划（RTR）的对应指导和衔接关系。

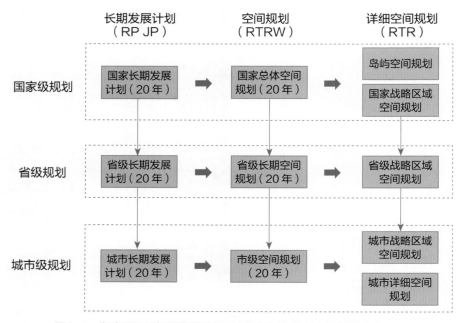

图3-2 印度尼西亚长期发展计划、空间规划和详细空间规划的关系
资料来源：作者自绘

专栏

印度尼西亚《空间规划法》的主要内容

1. 规划管辖

《空间规划法》中第一条的第五节指明，空间管理（spatial management）是空间规划程序、空间利用与空间利用控制的一个系统。对空间管理的管辖（administration of spatial management）通过一系列规则制定、执行以及监督公建管理的活动进行。

《空间规划法》中第九条指出，空间规划的管理由部长负责。

2. 规划许可

空间利用的控制通过分区法规（zoning regulation）、空间利用许可（permit）、激励与抑制机制，以及惩罚机制达成。

分区法规的制定是为了控制空间利用，根据详细的空间规划明确划分出不同空间利用区，同时分区法规也受国家、省级、市级政府为指导分区颁布的法规约束。

3. 规划监督

《空间规划法》中第七章有详细的对空间规划监督的内容。

资料来源：https://www.jogloabang.com/pustaka/uu-27-2007-pengelolaan-wilayah-pesisir-pulau-pulau-kecil

3.1.2 未颁布城乡规划法、但颁布规划相关法律的国家

在"一带一路"沿线国家中，一些国家尽管未颁布城乡规划法，但是政府已经颁布或即将颁布含城乡规划编制与管理内容的法律，包括西亚的沙特阿拉伯，南亚的阿富汗、尼泊尔、不丹，以及东南亚的柬埔寨和越南等。

例如，2012年，阿富汗在美国国际开发署（USAID）指导下，出台了《城市规划法（Urban Planning Law）》的指导原则和建议框架，对城市规划编制的目标、机构、类型、过程和修改审查做出了详细规定。美国国际开发署与前阿富汗土地局、城市发展事务部（MUDA）、地方治理独立局（IDLG），以及最高法院和贾拉拉巴德市政府合作，开展了一个土地改革项目（LARA），旨在建设一个强大、持久的土地市场框架，鼓励投资和生产力增长，解决或减轻基于土地的冲突，建立对政府合法性的信心，从而增强阿富汗社会的稳定性。该项目提出了制定《城市规划法》的指导原则和建议指南，即建立一个透明的参与体系，可持续的规划系统，以及一个一致的系统，对阿富汗的城市规划编制和管理制度的建立起到一定的支持作用。

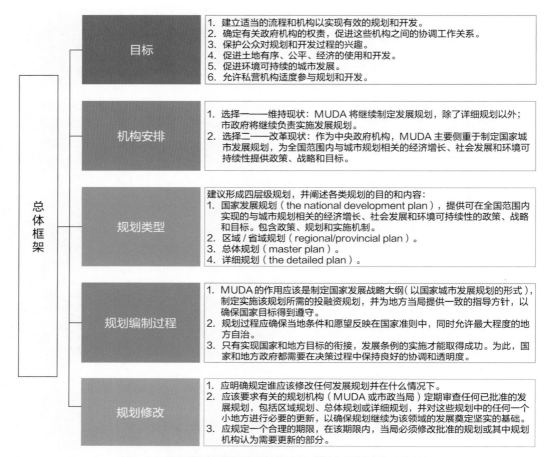

图3-3　美国国际开发署建议的阿富汗《城市规划法》总体框架
资料来源: https://www.usaid.gov/news-information/fact-sheets/land-reform-afghanistan-lara

3.1.3　未颁布与城乡规划直接相关法律的国家

在"一带一路"沿线国家中,还有一些国家目前尚未颁布与城乡规划编制和管理直接相关的法律,包括东亚的蒙古,西亚的阿曼、阿联酋、也门、科威特以及南亚的马尔代夫。这些国家目前还未建立起完善的城乡规划编制和管理体系,法律法规和技术标准体系基本都处于逐步完善的过程中。

以阿曼为例,城市规划法律法规和技术指南均处于缺失状态。阿曼法律事务部(Ministry of Legal Affairs)公布了《土地法》《土地使用法》《政府土地权利法》《土地登记法》等与土地相关的法律,但并未颁布指导规划编制和管理的法律法规。同时,尽管阿曼通过最高规划委员会制定了一系列城市规划指南,但这些指南对城乡规划约束性不大，甚至当地规划机构也不知道城市规划指南的存在，在阿曼城市规划中并未发挥太大作用。

3.2 城乡规划编制体系

"一带一路"沿线国家大多采用多层级的城乡规划编制体系，根据体系的层级，可将编制体系大致可分为二/三/四/五等级体系等四种类型。其中，二等级体系以西亚的阿联酋为代表，包括国家层面的战略规划和总体建设规划，以及各酋长国的空间规划和城市总体规划；三等级体系一般包括国家、区域/省域、地方三个层级，如匈牙利；四等级体系基本包括国家总体规划/空间规划、区域/省域规划、城市总体规划/结构规划、城市详细规划等层级，如沙特阿拉伯；五等级体系在四等级体系的基础上增加了开发规划、分区规划等层级，如泰国。另外，有部分国家尚未形成完整体系，包括西亚的也门、巴林，南亚的斯里兰卡、马尔代夫等（表3-3）。下面本书将对应用较为广泛的三/四/五等级规划编制体系，选取典型案例进行详细介绍。

"一带一路"沿线部分国家城乡规划编制体系   表3-3

类型	区域	国家	体系
五等级规划编制体系	东南亚	泰国	国家/区域/次区域规划、省域/地区规划、总体规划、详细规划、开发规划
	中东欧	爱沙尼亚	全国规划、区域规划、综合规划、专题规划及细节规划
	西亚	以色列	全国规划大纲、区域规划大纲、地方规划大纲、地方建设规划或详细规划、规划应用
四等级规划编制体系	西亚	沙特阿拉伯	国家空间战略、区域规划、地方规划、地方详细规划
		阿曼	
		伊朗	国家规划、地区（省级）规划、亚地区规划、地方规划
	南亚	阿富汗	国家发展规划、区域/省域规划、总体规划、详细规划（根据美国国际开发署《城市规划法（Urban Planning Law）》建议稿）
		印度	远景规划（Perspective Plan）、区域规划（Regional Plan）和地区规划（District Plan）、城市发展规划（Development Plan）、本地规划（Local Area Plan）

续表

类型	区域	国家	体系
四等级规划编制体系	东南亚	老挝	国家级城市规划、区域级城市规划、省级城市规划、县级城市规划
	中东欧	希腊[26]	（全国）空间规划与可持续发展纲要、（区域）空间规划与可持续发展区域纲要、（城市）城市总体规划/总体规划纲要、（街区）控制性城市规划/实施和土地供应规划
		罗马尼亚	领土战略规划（PATZR）、城市总体规划（PUG）、片区规划（PUZ）、详细规划（PUD）
三等级规划编制体系	东南亚	新加坡	概念规划、总体规划和开发指导规划（DGP）
		马来西亚	国家空间规划、州级结构规划和区域规划、地区规划和特别区域规划
		印度尼西亚	国家空间规划、省级空间规划、城市空间规划
		越南	地区建设规划、城市建设规划、农村居民点的建设规划
	南亚	不丹	国家土地使用和分区规划；区域发展规划；宗卡（Dzongkhags）谷地开发规划、结构规划、地区规划（Local Area Plan，LAP）（根据《全国人类住区政策草案（National Human Settlements Policy）》）
	中东欧	格鲁吉亚	领土空间总体方案、市政区域空间发展计划、定居点（市、镇、村）的城市规划
		阿塞拜疆	区域规划、总体规划、详细规划
		立陶宛	国家级综合计划、市级综合计划、地方级综合计划
		波兰	国家、区域、地方
		匈牙利	国家战略+空间规划、州域战略+空间规划、地方战略+空间规划
		拉脱维亚	国家规划、区域规划、市级规划
		斯洛文尼亚	国家规划、区域规划、地方规划
二等级规划编制体系	西亚	阿联酋	国家层面的战略规划和总体建设规划、各酋长国的空间规划和城市总体规划
	南亚	巴基斯坦	总体规划、分区规划

资料来源：作者整理

3.2.1　五等级规划编制体系

　　五等级规划编制体系的国家数量较少，一般都是增加及面向实施的开发类规划。例如，泰国于21世纪初期，由内政部公共工程和城乡规划局制定了50年的国家空间发

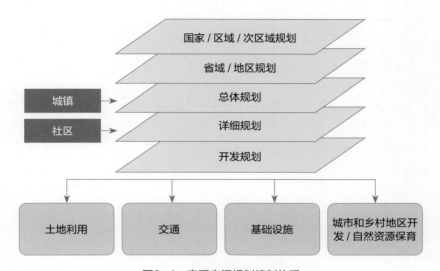

图3-4 泰国空间规划编制体系
资料来源 https://www.mlit.go.jp/kokudokeikaku/international/spw/general/thailand/index_e.html

展规划（Thailand National Spatial Development Plan 2057），并制定了5年（2012），10年（2017）和15年（2022）的紧急战略计划，覆盖了泰国76个省的所有地区，包括国家计划和六个广域区域计划，涵盖了土地使用和开发、农业、城乡发展、产业、旅游、社会服务、交通、能源、信息工程、通信、自然灾害保护等领域内容。在此基础上，泰国构建了包括国家/区域/次区域规划、省域/地区规划、总体规划、详细规划、开发规划五个层级的规划编制体系，指导各个层级的规划和建设。

3.2.2 四等级规划编制体系

"一带一路"沿线较多国家采用四等级规划编制体系，基本包括国家总体规划/空间规划、区域/省域规划、城市总体规划/结构规划、城市详细规划四个层级。以沙特阿拉伯为例，编制体系规划编制体系包含国家空间战略（National Spatial Strategy）、区域/省域规划（Regional Planning）、地方规划（Local Planning）和地方详细规划四个等级。

其中，沙特阿拉伯国家空间战略由国家最高规划部门协商制定，以实现经济增长作为总目标，确定增长中心、发展走廊、经济资源、交通设施等内容，实现地区发展平衡并减少区域差距。

専栏

沙特阿拉伯国家空间战略提出的 9 个发展目标

（1）在国家空间中促进人口分布的空间平衡模式。

（2）尽量减少大城市人口持续增加的不利后果。

（3）确保已有基础设施和公共服务的有效利用。

（4）支持中小城市的整体发展。

（5）加大力度实现不同地区经济基础的多元化，充分利用各自的经济基础现有和潜在资源。

（6）支持选定的定居点充当能够传输和协调增长中心发展的周边地区。

（7）支持对农村和城市一体化作出积极贡献的新活动区。

（8）改善选定增长中心的行政结构，准确界定其增长服务区。

（9）促进边境城市的发展，维护国家安全。

资料来源：中国建筑设计院城镇规划设计研究院

沙特阿拉伯的区域/省域规划由区域议会制定，以国家空间战略规划为基础，统筹经济、社会和空间的发展。沙特阿拉伯将不同层次的城市规划连接起来，并制定详细的实施计划，实现区域层面的统筹发展。例如沙特阿拉伯下设13个行政区并分别编制区域规划，规划面积从15000平方公里到71000平方公里不等，规划内容主要包括区域的土地利用、增长中心体系、发展区域规划、公共服务设施布局、区域道路系统等。

専栏

沙特阿拉伯盖西姆省（AlQassim）省的省级空间规划

盖西姆省（AlQassim）省的区域规划以国家空间战略、第8次发展计划（2005—2010年）、调查和研究成果为基础，统筹经济、社会和空间的发展，该规划遵循国家空间战略，提出三种不同的发展目标，每个目标都致力于解决当前面临的发展挑战。区域规划主要内容包括以下方面：

区域土地利用——至2030年，城市用地达到1713.18平方公里，是目前的两倍，农业和牧场用地占全省的21.2%，矿产用地占全省的5.3%，道路网络达到1350公里。

增长中心——基于人口规模、位置、基础设施、经济活力、发展潜力等将城市中心分为5个不同的类别，包括国家级增长中心、区域增长中心、地方增长中心、乡村中心、村庄。

发展地区——增长中心所在的区域，综合考虑经济资源、社会发展潜力、管辖范围等多种因素，分为三个区域——Alderee Alarabi、Alnofood和Buraydah & Unayzah走廊。

公共服务设施的空间布局——按照每个增长中心的规模和人口增长情况，配置学校、医院、警察局、邮局、宗教场所等。同时对主要城市地区、城镇和村庄进行差异化考虑。

区域道路交通规划——区域道路是未来经济发展和商业活动的重要支撑。Alqussim和首都之间的高速公路仍是最重要的高速公路系统。乡村中心也应与主要的城市中心进行连接。同时规划也考虑了新建机场和现有机场的升级改造。

资料来源：中国建筑设计院城镇规划设计研究院

沙特阿拉伯的地方规划以城市为单元制定结构规划、土地计划和综合部门计划，并与上位规划进行对接，确定人口规模、土地分配、土地使用、设施配套和道路网络等内容。沙特的阿拉伯地方规划由当地负责各个地区城乡规划制定和实施的机构Amanah和市政府协商制定，并交由市议会、城乡事务部批准。

沙特阿拉伯的详细规划则负责协调地块面积等城市规划要素，重点关注城镇或村庄的具体发展，为主要设施和地标提供基本的基础设施，保障可达性。沙特阿拉伯的详细规划由当地负责城乡规划制定和实施的机构Amanah制定，并交由城乡事务部批准。这一层级的规划与我国的详细规划层级对应。

专栏

沙特阿拉伯巴哈市的地方规划

规划目标：保护城市特色，塑造符合区域定位、吸引投资的城市环境；构建与地形相适应的、高效的公交网络结构；支持城市的旅游功能；在问题解决方案制定中加强社区参与，促进可持续发展。

土地细分和管理：制定土地管理计划，为未来发展预留41%的空间，并提出土地管理政策，如加强航空测量形成精确的城市地图、从农业部等部门获取信息、完善土地所有权管理等。

水和能源消耗：提高人口密度，在偏远的山谷区使用可再生能源以减少能源消耗。

可持续公共交通：确保土地使用规划和开发与多式联运的交通网络相适应；在重要道
路规划公共交通线路，减少对私人小汽车的依赖；除了重要站点，轨道交通和公交线路不
相交。

可持续和智能城市：提高城市的竞争力水平，吸引本地和国际投资，通过精明增长减少
能源消耗，提高服务的质量和效率。

资料来源：中国建筑设计院城镇规划设计研究院

3.2.3 三等级规划编制体系

三等级规划编制体系一般是在四等级体系的基础上进行简化，东南亚的新加坡、
中东欧的波兰、拉脱维亚、匈牙利等国家基本采取三级规划编制体系。例如，匈牙利
在发展战略的引导下形成三等级的规划编制体系，具有网络结构特征。国家层面规

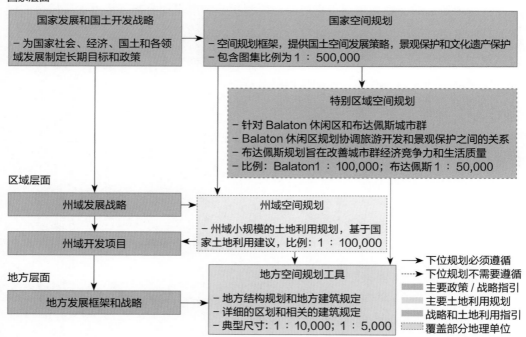

图3-5 匈牙利规划编制体系
资料来源：OECD. Land-use Planning Systems in the OECD: Country Fact Sheets［R］. 2017.

划，主要是国家发展和国土开发战略及其指导下的国家空间规划，内容主要包括国家的空间政策以及关于可持续发展、区域、景观、生态和环境的国家和区域土地利用分区特征、价值引导、资源保护等，是区域和地方规划以及部门发展框架的基础和主要指南；区域层面规划是州域发展战略及其指导下的州域空间规划；地方层面规划是地方发展框架和战略及其指导下的地方空间规划工具，包括地方结构规划、详细规划等。

3.3 城乡规划与建设标准的管理体制

3.3.1 城乡规划及标准化工作的负责部门及相关情况

（1）城乡规划行政的横向体系

"一带一路"沿线国家在国家层面的城乡规划主管部门大致可分为六类（表3-4）：一是城乡规划主管部门单独设立，例如东亚的蒙古，西亚的沙特阿拉伯、阿曼、科威特，南亚的尼泊尔、巴基斯坦，中亚的土库曼斯坦、乌兹别克斯坦，东南亚的新加坡、柬埔寨、越南、马来西亚、印度尼西亚，中东欧的阿塞拜疆、白俄罗斯、摩尔多瓦、捷克、斯洛伐克、克罗地亚、罗马尼亚、阿尔巴尼亚等；二是城乡规划事务属于内政部主管，以以色列、泰国和爱沙尼亚等国家为代表；三是由经济部门主管城乡规划事务，以哈萨克斯坦和匈牙利等国家为代表；四是城乡规划与环境事务属于同一部门主管，例如包括西亚的卡塔尔，中东欧的拉脱维亚、希腊、斯洛文尼亚、立陶宛、北马其顿等；五是城乡规划与住房事务属于同一部门主管，例如叙利亚、印度、斯里兰卡、阿富汗、马尔代夫、俄罗斯、乌克兰等；六是城乡规划与基础设施事务属于同一部门主管，例如西亚的阿联酋、巴林、伊朗，南亚的不丹，东南亚的老挝，中东欧的波兰、保加利亚等。

"一带一路"沿线部分国家层面城乡规划主管部门   表3-4

类型	区域	国家	部门
单独设立	东亚	蒙古	建设部和城市发展部
	西亚	沙特阿拉伯	城乡事务部（Ministry of Municipal and Rural Affairs）
		阿曼	最高规划委员会（Supreme Committee for Town Planning）
		科威特	规划发展部
	南亚	尼泊尔	城市发展部（Ministry of Urban Development）
		巴基斯坦	计划发展和改革部
	中亚	土库曼斯坦	建设与建筑部
		乌兹别克斯坦	国家建筑与建设委员会
	东南亚	新加坡	国家发展部（Ministry of National Development，MND）及其下属城市重建局（Urban Redevelopment Authority，URA）
		柬埔寨	土地管理、城市规划与建设部（Ministry of Land Management, Urban Planning and Construction）
		越南	建设部（Ministry of Construction）
		马来西亚	国家城乡规划部
		印度尼西亚	国家发展计划部、土地事务和空间规划部/国家土地局、国家公共工程部与公共住房部
	中东欧	阿塞拜疆	城市规划和建筑国家委员会
		白俄罗斯	建筑和建设部
		摩尔多瓦	地区发展与建设部
		捷克	地区发展部（MMR）
		斯洛伐克	交通、建设和区域发展部
		克罗地亚	建设和空间规划部
		罗马尼亚	区域发展与公共行政部（Ministry of Regional Development and Public Administration））
		阿尔巴尼亚	国家地区规划局（AKPT）
与内政部门合设	西亚	以色列	内政部（Ministry of Interior）下设规划管理局（Israeli Planning Administration，IPA）
	东南亚	泰国	内政部（Ministry of Interior）下设公共工程和城乡规划司（Department of Public Works and Town & Country Planning）
	中东欧	爱沙尼亚	内政部（Ministry of the Interior）

续表

类型	区域	国家	部门
与经济部门合设	中亚	哈萨克斯坦	投资与发展部（Ministry for Investments and Development）
	中东欧	匈牙利	国民经济部（主管空间发展规划）、总理办公室（主管城市规划，物质环境规划）共同负责
与环境部门合设	西亚	卡塔尔	市政和环境部
	中东欧	拉脱维亚	环境保护和区域发展部（Ministry of Environmental Protection and Regional Development）
		希腊	环境、能源与气候变化部（Ministry of Environment, Energy and Climate Change）
		斯洛文尼亚	环境和空间规划部（Ministry of the Environment and Spatial Planning，MESP）
		立陶宛	环境部（Ministry of Environment）下设建设与国土规划司（Construction and Territorial Planning Department）
		北马其顿	环境和自然资源规划部、交通运输和通信部
与住房部门合设	西亚	叙利亚	住房建设部
	南亚	印度	住房和城市事务部（Ministry of Housing and Urban Affairs）
		斯里兰卡	住房建设部（Ministry of Housing and Construction）
		阿富汗	城市发展与住房部（Ministry of Urban Development and Housing），农村恢复与发展部（Ministry of Rural Rehabilitation and Development）
		马尔代夫	住房和基础设施部（Ministry of Housing and Infrastructure）
	中东欧	俄罗斯	建筑业、住房与公共事业部（Ministry of Construction Industry, Housing and Utilities Sector of Russia）
		乌克兰	地区发展、建设和公共住宅事业部
与基础设施部门合设	西亚	阿联酋	基础设施发展部（Ministry of Infrastructure Development）
		巴林	市政与农业部下设立城市规划与发展局（UPDA）
		伊朗	道路与城市发展部（Ministry of Roads & Urban Development）
	南亚	不丹	工程与人居部下设人居司（Department of Human Settlement, Ministry of Works and Human Settlement）
	东南亚	老挝	公共工程与运输部
	中东欧	波兰	发展部、基础设施和建设部
		保加利亚	区域发展与公共工程部

资料来源：作者整理

1）单独设立

部分国家单独设立主管城乡规划的部门。例如，沙特阿拉伯作为绝对君主制阿拉伯伊斯兰国家，在国王一级发布决定的最高机构包括皇家法庭、内阁和理事会，城乡规划的立法、协商、批准等工作由理事会和内阁负责。其中，沙特阿拉伯的部长理事会（The Council of Ministers）负责规划立法，协商理事会（Shura Consultative Council）负责部门协商，经济事务和发展委员会负责编制国家经济发展计划。内阁下设的相关部委负责实施国王层面的决策，城乡事务部为分管城乡规划的部委，负责全国、省层面的战略、政策和计划制定，是国家城乡规划管理体系中最重要的部分。

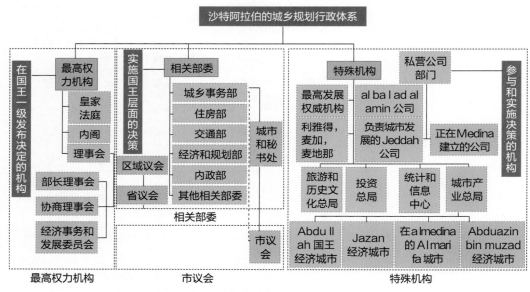

图3-6　沙特阿拉伯的城乡规划行政体系
资料来源：中国建筑设计院城镇规划设计研究院

专栏

沙特阿拉伯城乡事务部职能简介

城乡事务部负责处理随着沙特阿拉伯经济增长和繁荣带来的市政和农村事务，并制定了若干行政法规，其中最重要的法规是1978年颁布的《市政和村庄法》。该部门下设城市规划代理部及多个Amanah。

城乡规划代理部是城乡事务部的常设机构，负责制定国家宏观性、区域性城市计划并跟进实施，同时负责制定城市规划活动的技术标准和规范。该部门主要负责三个方面的事务：国家乃至地区层面的空间规划；国家乃至地区的发展战略、规划法规、规划设计；协调统筹规划编制、批准、实施部门的行政工作。目前城乡规划代理部主要由5个部门组成，包括城市设计部、城市研究部、城市规划部、地方规划部、项目协调部。

Amanah是负责各个地区城乡规划制定和实施的机构，向城乡事务部报告工作。沙特阿拉伯十三个地区中均设有Amanah。Amanah主要负责三个方面的事务：城市增长管理、启动发展项目、提供市政服务。

资料来源：中国建筑设计院城镇规划设计研究院

2）与内政部门合设

部分国家的城乡规划事务属于内政部主管。例如，2002年起，泰国内阁授权内务部的公共工程和城乡规划部门（Department of Public Works and Town & Country Planning）加速编制覆盖全国区域的城市规划。近年来，泰国公共工程和城乡规划司越来越多负责主导国家、广泛区域、分区（省）、城市和专项区域的空间开发和规划编制，以及相关技术标准的制定和管理。

专栏

泰国内政部公共工程和城乡规划司职能简介

该司的主要职能包括：提供城市规划和公共工程服务，支持、制定、监督满足适应可持续发展的社会、经济和环境需求的技术标准；帮助公私部门参与城市、地方和社区发展规划；制定、改善和促进与土地利用、城市规划和公共工程相关的法律，以保障人民的福利。

资料来源：中国城市规划设计研究院

3）与经济部门合设

部分国家城乡规划事务由经济部门主管。例如，哈萨克斯坦主管规划与建设领域活动的政府机构是哈萨克斯坦投资与发展部（Ministry for Investments and Development）[1]。该部下设的建设和住宅-公用事业事务委员会为建筑、城市规划建设

---

[1] http://kds.mid.gov.kz/ru/structure

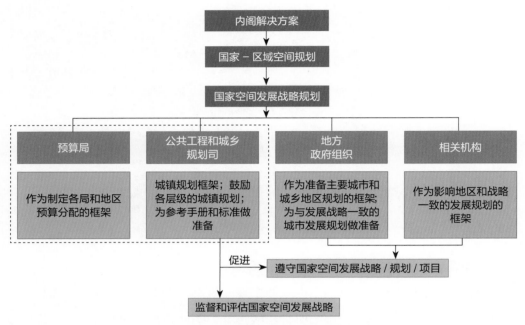

图3-7　泰国全国空间发展战略实施过程
资料来源：作者自绘

活动的专职管理机构，除了4位领导岗位（1位正职，3位副职），委员会还下设技术调节（监督管理）和标准化局、国家建筑建设管理局、许可证和鉴定监督管理局、建筑预算标准局、住房建设和发展局、住宅资源发展和住房关系局、供排水局、市政局等8个职能部门，以及住房建设和住宅公用事业经济分析局、政府采购局、内部行政局、财务会计局等4个其他功能机构。除政府机构外，委员会还管理"国立技术鉴定"、"国家城市建设规划和地籍（清册）中心"、"哈萨克建设和建筑科研设计研究院（所）"股份公司、"哈萨克住宅-公用事业现代化与发展中心"股份公司、"住宅-公用事业发展（开发）基金"股份公司等5家国有企业。

专栏

哈萨克斯坦投资与发展部建设和住宅-公用事业事务委员会职能简介

　　根据委员会总章规定，委员会的主要职责是履行法律规定的建筑、城市规划建设和其他建设活动、住房关系、市政等领域的管理职能。委员会的主要任务是实施国家在上述领域制

定的各项政策。其功能主要包括：对建设领域的地方执行机构进行监督管理，以及对法律规
定的该领域其他执行功能进行国家监督；对建设项目（维修、扩建、大修等）实施监察；对
委托进行技术监督的机构进行认证和注册；在法律规定的职权范围内对建设领域违法违规行
为行使处罚权；对国家建设检查人员进行认证评估；管理城建领域的许可证和执照等；对包
括非国有检测机构在内的设计和建设领域从事工程技术检测的专业人员进行认证；为开展建
筑、城市规划建设和其他建设活动以及管理国家城建清册的企业提供技术标准和方法保障；
与社会团体和组织就建设领域的设计和价格形成问题进行合作；样本设计文件制定和批准的
组织化工作。此外，委员会还有住宅建设、给排水和其他一些市政工程相关的投资、设计、
建设实施过程的监督以及信息保障等方面的职能。委员会章程还对其权利、活动的组织化建
设及各主管岗位的职责进行了规定。

　　资料来源：乌鲁木齐市城市规划设计研究院

4）与环境部门合设

　　部分国家城乡规划事务由环境部门主管。例如，立陶宛环境部（Ministry of
Environment）下设建设与国土规划司（Construction and Territorial Planning Department），
主管城市规划相关工作。该司设有住房局、建设标准局、建设过程和建设产品政策
局、空间规划局、国土规划局、城市发展和建筑局等6个直属部门，以及国家国土规
划和建设督察、国家企业建设产品认证中心、国家石头博物馆、公共住房能源效率局
等相关部门。

专栏

立陶宛环境部职能简介

　　根据立陶宛《国土规划法》，环境部在空间规划编制与管理方面的职能包括：制定国家
政策，协调其在国土规划、领土内聚力和城市发展领域的实施；组织编制国家国土综合规划
或国家部分地区国土综合规划和国家级特别地区规划文件；批准生物圈场地、恢复性地块和
遗传地块的边界规划，国家储备的管理计划，以及其他特别地域规划文件；制定涉及国土规
划政策编制和实施、编制国土规划文件的方法指示、方法建议和国土规划准则所必需的相关
法律；在本法规定的情况下，出具领土的国土规划条件；按照本法和政府规定的程序，向公
众提供有关国土规划和决策过程的信息，并使公众参与国土规划过程；开展国家国土综合规

划和国家部分地区国土综合规划的实施监测。履行本法、其他法律和法规规定的其他职能，包括：贯彻可持续发展原则；为合理利用、保护和恢复自然资源设定先决条件；确保向公众提供关于环境状况及其预测的信息；为发展建筑业和为居民提供住房创造条件；确保适当的环境质量，同时考虑欧盟的规范和标准。

资料来源：中国城市规划设计研究院

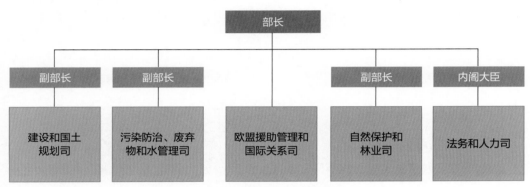

图3-8 立陶宛环境部组织架构
资料来源：作者自绘

5）与住房部门合设

部分国家城乡规划与住房事务属于同一部门主管。以斯里兰卡为例，斯里兰卡的规划管理建设部门设置较为混杂，多个部门都含有规划管理的职责。主管部门住房和建设部（Ministry of Housing and Construction）为核心，同时马哈维利发展部、国家政策与经济事物部、交通部、高等教育与高速公路部、城市规划与供水部、大都市与西部发展部、地政部、山区新村基础设施与社区发展部等8个部门同样拥有规划管理建设相关的职能。住房和建设部所辖的城镇定居发展司、国家住房发展局、公寓管理局、建筑材料公司、建设局、建筑工业发展局、国家发展及建设公司等7家管理部门和国家企业包揽了国家规划建设管理的大部分职责。此外，斯里兰卡注重对海洋环境的保护和西部开发等工作，因此针对性地设置了马哈维利发展部和大都市与西部发展部，执行边发展边保护的工作；另外在交通领域、供水领域、土地财政领域单独设置相应部门进行针对性的建设管理；对于农村和山区地区建设管理专门设置了山区新村基础设施与社区发展部（表3-5）。

斯里兰卡规划建设管理职能部门　　　　　表3-5

序号	承担规划建设管理职责的政府部门	机构设置
1	住房建设部	城镇定居发展司；国家住房发展局；公寓管理局；建筑材料公司；建设局；建筑工业发展局；国家发展及建设公司
2	马哈维利发展部	中央环保局；地质勘探及矿业局；国家宝石珠宝局；海洋环境保护局；海岸保护局
3	国家政策与经济事物部	国家规划局；斯里兰卡中央银行；外资局；项目管理与监测局；斯里兰卡证券交易委员会；信用信息局；国家保险与信托基金；斯里兰卡公共设施委员会
4	交通部	斯里兰卡铁路局；民用航空局；斯里兰卡机场航空服务有限公司
5	高等教育与高速公路部	公路发展局与其附属机构和协会
6	城市规划与供水部	国家给水排水局
7	大都市与西部发展部	城市发展局；斯里兰卡填海造地与开发公司；国家物理规划局
8	地政部	土地委员长局；土地安置局；用地政策规划局
9	山区新村基础设施与社区发展部	略

资料来源：武汉市土地利用和城市空间规划研究中心

6）与基础设施部门合设

部分国家城乡规划与基础设施事务属于同一部门主管。例如，不丹工程与人居部（Ministry of Works and Human Settlement）为分管城乡规划的部委，负责全国、省层面的战略、政策和计划制定。其职能包括：制定与该国基础设施有关的政策和规划；制定和实施与基础设施有关的法律、规章和标准；参与和协调国家技术人才资源建设；制定适度促进建筑业发展的政策；促进以保持技术、环境和传统价值之间相互协调的研究和开发；通过增长极制定适宜的人类住区计划和政策。工程与人居部下设人居司（Department of Human Settlement），主管城市规划和设计、区域规划和乡村规划、开发审查以及GIS和调查。

专栏

不丹工程与人居部人居司职能简介

准备人类住区政策和战略；研究、分析、确定潜在的增长中心并起草发展建议；统筹编制国家空间规划、区域规划和土地利用规划；制定空间和基础设施规划、详细规划以及发展控制规定；制定与人类住区有关的法律、法规、准则和标准草案；评估开发程序是否符合批准的开发规划或相关开发目标；开展规划方案和DCR的规划审查；为编制定居点发展规划进行详细的地形调查；开展GIS分析并建立GIS数据库，以支持编制发展规划和安置区管理；为解决人类住区问题向地方政府提供技术支持。

资料来源：中国城市规划设计研究院

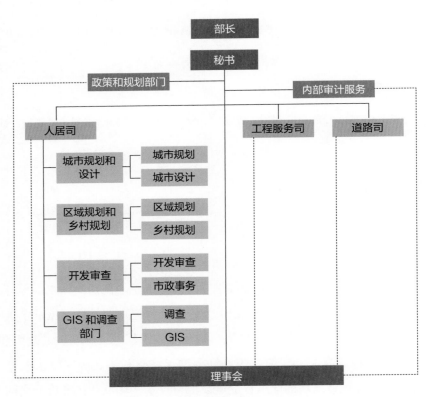

图3-9 不丹工程与人居部组织架构
资料来源：作者自绘

（2）城乡规划行政管理的纵向体系

"一带一路"沿线国家大多根据本国行政架构，在各个层级设置相应的城乡规划部门，负责本级的城乡规划工作，大多采取三/四等级的规划管理体系，即国家级、省/邦/州级、地方/市镇级，部分国家设置跨省/邦/州级机构，即区域一级。

以印度为例，城乡规划行政管理的纵向体系分为国家、邦、地区三个层级。国家层面，设置住房和城市事务部（Ministry of Housing and Urban Affairs），是制定住房和城市事务政策的机构。该部门负责协调各中央部委、邦政府和其他地区当局的规划建设活动，制订城乡规划相关法律法规、规范标准、政策文件等。其职能还包括大都市地区的规划和发展、国际合作和技术援助等相关事宜。同时，也参与制订城市交通系统、城市水资源等相关规划，并负责德里的总体规划，协调首都地区的规划实施工作等。

在邦层面，根据各邦的城乡规划法，印度大多数邦已经建立了城乡规划部门（Town and Country Planning Departments），但是这些部门并非全部由有资质的规划师所领导，部分由工程师和行政人员领导，因此在管理的过程中可能产生决策延迟、缺乏适当的规划策略和方案、拖延总体规划的编制等问题。

在地区层面，印度第74次宪法修正案赋予各联邦政府组建地区规划委员会（District Planning Committee）的权利。这些委员会负责地区发展规划的编制工作，但大多数的邦还没有组建相应的地区规划委员会。

3.3.2　城乡规划编制、涉及的认证制度

根据认证对象的不同，认证制度可以划分为执业机构资质认证和执业人员资质认证。执业机构资质认证方面，东南亚的马来西亚、印度尼西亚，中东欧的保加利亚等国家已经设立完善的认证制度，而中东欧的斯洛伐克、拉脱维亚、斯洛文尼亚等国主要通过国际标准化组织（International Organization for Standardization，ISO）进行认证。执业人员资质认证方面，东南亚的马来西亚、印度尼西亚、新加坡，中东欧的立陶宛、希腊、爱沙尼亚、罗马尼亚、匈牙利、波兰、阿尔巴尼亚等国家已设立完善的认证制度（表3-6）。

"一带一路"沿线部分国家层面规划主要负责部门   表3-6

区域	国家	执业机构资质认证	执业人员资质认证
东南亚	马来西亚	马来西亚规划协会	马来西亚城市规划师委员会（The Board of Town Planner，Malaysia，BTPM）
	印度尼西亚	印度尼西亚建筑服务营业执照（IZIN USAHA JASA KONSTRUKSI，IUJK）	印度尼西亚城市和地区规划师协会（Ikatan Ahli Perencanaan Indonesia，IAP）
	新加坡		专业工程师理事会（Professional Engineer Board，PEB）
中东欧	立陶宛		环境部资格认证委员会（The certification commission，Ministry of Environment）
	希腊		希腊技术协会（Technical Chamber of Greece）
	爱沙尼亚		爱沙尼亚规划师协会（Association of Estonian Planners）
	罗马尼亚		罗马尼亚城市规划师登记册（Romanian Register of Urban Planners，RUP）
	匈牙利		匈牙利建筑师协会（Hungarian Chamber of Architects）更侧重土地利用和建筑认证
	波兰		城市规划师协会
	阿尔巴尼亚		建筑师和城市规划师联盟
	保加利亚	建筑商协会	
	斯洛伐克	国际标准化组织（International Organization for Standardization，ISO）	斯洛伐克土木工程师会（Slovak Chamber of Civil Engineers，SKSI）[1]
	拉脱维亚		拉脱维亚土木工程师协会（Latvia Association of Civil Engineers，Lat ACE）[2]
	斯洛文尼亚		斯洛文尼亚工程师协会（Slovenian Chamber of Engineers，IZS）[3]

资料来源：作者整理

（1）执业机构资质认证

部分国家设立了较为完善的执业机构资质认证制度。例如，马来西亚规划协会是

---

[1] http://www.ecceengineers.eu/members/members/slovakia.php?id=39
[2] European Council of Civil Engineers. http://www.ecceengineers.eu/members/members/latvia.php?id=39
[3] European Council of Civil Engineers. http://www.ecceengineers.eu/members/members/slovenia.php?id=39

一家在商业注册处（Registrar of Business）的共同监督下拥有城市规划资质的企业，由马来西亚规划协会会员作为其独资经营者。在《商业法》或《公司法》下注册为合资企业的公司，只有在以下情况下才可认证为拥有城市规划资质的企业：所有有决定权的董事都是马来西亚规划协会会员，或企业内大多数的合伙人或董事都是马来西亚规划协会会员，其他股东可以是建筑师、测量师、工程师或马来西亚规划协会认证的其他类别合格的从业者，且马来西亚规划协会会员应对合资企业或法人团体的股份拥有控股权。

专栏

马来西亚规划协会资质认证要求

马来西亚规划协会会员应被允许在独资经营的前提下仅拥有一家城市规划资质的企业，而企业成员作为合资企业或法人团体，所形成的城市规划资质的企业的数量是没有限制的。

马来西亚规划协会不应该让任何拥有在政府部门从事全职工作或在另一家私人企业任职的雇员的企业认证成为拥有城市规划资质的企业。

所有在马来西亚规划协会获得资质认证的城市规划企业应在每年1月31日前续办更新手续。

所有拥有城市规划资质的企业的任何变更，包括所有权结构、地址等，都必须通知马来西亚规划协会。

所有申请获得城市规划资质认定的企业应按马来西亚规划协会规定的表格进行填写。

马来西亚规划协会有权拒绝任何不符合规定的城市规划企业的资质申请，或当企业违反上述规定时撤销其资质，并拒绝再为其提供资质认证。马来西亚规划协会保留向企业收取城市规划资质认证费用的权利。

资料来源：杭州市城市规划设计研究院

部分国家通过国际标准化组织（ISO）相关标准进行执业机构资质认证。例如，斯洛伐克对于从事规划行业的机构没有自行颁发从业资格或规划资质认证，各企业根据业务需求遵循相应的国际资质认证。涉及的主要认证机构为国际标准化组织，简称ISO，涉及的资质认证主要包括以下几项：

ISO 9001，为一类标准的统称，旨在质量管理体系认证流程，对企业的所有流程进行监控，以实现高质量的产出并最大限度地为客户带来收益。

ISO 14001，为由国际标准化组织制订的环境管理体系标准，为使用者（企业、事业、政府)提供了综合管理包括质量管理等体系在内的环境管理依据,规定了环境管理的准则要求。

OHSAS18000,为职业健康安全管理体系,是由英国标准协会(BSI)、挪威船级社(DNV)等13个组织于1999年联合推出的国际性标准,它是组织(企业)建立职业健康安全管理体系的基础,也是企业进行内审和认证机构实施认证审核的主要依据。

IEC 27001,其前身为英国的BS7799标准,该标准由英国标准协会(BSI)于1995年2月提出,并于1995年5月修订而成。包括BS7799-1信息安全管理实施规则及BS7799-2信息安全管理体系规范两个部分。第一部分对信息安全管理给出建议,供负责在其组织启动、实施或维护安全的人员使用;第二部分说明了建立、实施和文件化信息安全管理体系(ISMS)的要求,规定了根据独立组织的需要应实施安全控制的要求。

(2)执业人员资质认证

已设立相关职业人员资质认证的国家,大多通过规划委员会/协会/联盟进行从业资质认证。例如,马来西亚通过城市规划师委员会(The Board of Town Planner,Malaysia,BTPM)进行人员资质认证。根据《城市规划师法令1995年》(Town Planners Act 1995),马来西亚城市规划师委员会负责范围包括全国各地所有注册规划师(registered town planner)、准注册城市规划师(registered graduate town planner)和临时注册外籍城市规划师。另一方面,马来西亚规划师协会(Malaysia Institute of Planners,MIP)负责培养和确保符合标准的专业规划师能拥有恰当的知识、培训和技能,以促进马来西亚城乡规划的发展。马来西亚规划师协会还可以在大学课程认可的情况下,与马来西亚城市规划师委员会进行合作开设培训课程。马来西亚构建了一个全面的城市规划专业资格认证系统进行登记和从业执照发放。

专栏

马来西亚城市规划师委员会资格认证相关要求

城乡规划课程

一般来说,城市规划的课程是由马来西亚规划师协会下属的教育和职业发展委员会(Committee of Education and Career Development)进行认证的。该委员会亦就有关高等院校的城市规划课程提供建议、监督及评估，并与政府机构就认证、规划教育与专业化的认证事宜提供沟通协助平台。此外，注册城市规划师和建筑的认证，也由在马来西亚公共服务部门（Public Services Department Malaysia，JPA in Malaysia）的"评估和资格认证常务委员会"（Standing Committee Assessment and Qualification Recognition）进行管控和评估，该部门由高等教育部部长（Minister of Higher Education）以及马来西亚资质机构（Malaysian Qualifications Agency/MQA）管控。评估和资格认证常务委员会在1972年成立，替代国外资格评估委员会（Foreign Qualifications Assessment Committee），其功能作用是处理可行性评估和资质认证，使获得认证的人士可任职于行政部门。该委员会下属工程小组提供协助，负责城市规划和建筑课程的评审。

此外，地方高等院校/大学所提供的城市规划课程，强调专业城市规划人员在从业环境中所需的技术、策略、技能和能力。事实上，这些课程主要是为了教授学生规划师的原则，培养解决问题的能力、设计的创造力、分析和战略思维能力以及在研究和实践方面的能力。城市和区域规划的学术课程要求至少4年共137个学时。课程由核心技能课程（36.5%）、核心知识课程（33.6%）、辅助技能课程（13.1%）选修课程（5.1%）和其他课程（11.7%）所组成。从任何由马来西亚规划师协会认证的大学或高等院校毕业的学生，可以由讲师推荐成为马来西亚规划协会会员。

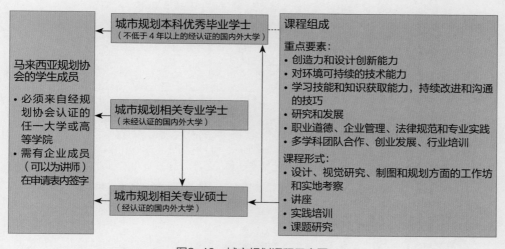

图3-10　城市规划课程示意图

城市规划师专业资格认证

成功获得高等院校/大学城市规划学位的学生，同时拥有至少一年相关从业经验者，可申请成为准规划师（即非注册执业规划师）。然而，那些来自未经认证的学院的学生，必须从经城市规划委员会认证的院校中取得硕士学位后才有资格申请准规划师成员。对于打算成为协会规划师（即注册执业规划师）的准规划师，他们必须拥有两年以上的工作经验且成为准规划师超过一年。申请将由申请人的审核者进行核实，审核者必须是城市规划协会成员。

    想要成为协会成员，申请人需要进行马来西亚规划协会为成员审核而准备的课程，包括四大模块：规划法律、土地法律和程序、公共与私营部门的规划实务、马来西亚规划管理制度及城市规划师职业道德与行为。随后将会有一场考试，要求考生在2个小时内作答3个问题，并进行面试。在成为协会成员后，规划师同样需要确保持续的专业效率，以每两年获得至少20个"持续专业发展（Continuing Professional Development，CPD）"得分来评核。

准规划协会成员认证要求
- 获得由协会认证院校的学士或硕士学位
- 一年以上城市规划相关从业经验

规划协会成员注册要求
- 马来西亚公民或永久居民
- 成为准规划协会成员至少一年
- 两年以上城市规划相关从业经验
- 递交含详细工作经历的申请表，申请表需得到同为协会成员的审查方的核实
- 学习协会会员课程：规划法律、土地法律和程序、公共与私营部门的规划实务、马来西亚规划管理制度及城市规划师职业道德与行为
- 通过课程考试。考试基于上述四部分的课程，每项考试考生须在2小时内作答3个问题，申请者如未通过考试将被要求重考
- 面试。申请者面试不通过的，需重新进行面试直至通过

根据规划协会的《职业行为准则》第九条，规划协会成员必须每两年获得20个持续专业发展得分，否则其会员资格将被终止

图3-11 准规划协会成员、规划协会成员、持续的规划协会成员关系列表

外籍注册城市规划师

    目前，想要在马来西亚成为注册城市规划师，必须是马来西亚公民或永久居民，并在申请日期前居住不少于6个月。而外籍注册城市规划师可以作为一个临时的认证，仅需满足以下要求：具备在其本国城市规划实践中已获得专业资格认证；拥有必要的专业知识；在马来西亚的实际逗留时长不少于一个自然年中的180天，或作为合资企业的外资方的常驻代表。

    临时注册可申请时长不超过1个自然年，可在符合规定的情况下进行续期。外籍城市规划师对临时注册申请被拒或续期申请被拒的情况有异议者，可于21日内向住房和地方政府部（Minster of Housing and Local Government）提出上诉。

    资料来源：杭州市城市规划设计研究院

3.4 城乡规划与建设标准发展的逻辑与趋势

3.4.1 "一带一路"沿线国家城乡规划及标准的影响因素

通过对"一带一路"沿线国家城乡规划法规标准体系、编制体系、管理体制的梳理和分析，可以发现其城乡规划及标准的发展历程与国家历史文化、社会经济制度、政治地缘环境等因素均密不可分，多种因素相互作用，共同促进各国的城乡规划及标准体系实现在地化、差异化发展。

（1）行政体制影响

"一带一路"沿线的诸多国家，特别是发展中国家，其土地资源管理和空间开发职能大都由各级政府所承担，并因各个国家法律和标准的健全程度与执行能力而异。行政体制及管理主体的法定地位、资源整合能力等，也是"一带一路"沿线国家未来城乡规划及标准发展的最直接影响因素。已建立相对成熟的城乡规划及标准体系的"一带一路"沿线国家，其规划层级与政府机构设置及其事权基本对应。以沙特阿拉伯为例，皇家法令发布成立城乡事务部，是国家最高规划部门，负责实施国王层面的决策，制定国家宏观性规划及批准地方规划。行政区划上，沙特阿拉伯设13个区域，分别为利雅得、麦加、麦地那、东部、卡西姆、哈伊勒、阿西尔、巴哈、塔布克、北部边疆、季赞、纳季兰、朱夫，由区议会编制本层级的规划。区域下设一级县和二级县，县下设一级乡和二级乡，由城乡事务部在13个区域下设的Amanah负责制定地方类的规划。在分层级的城乡规划管理体系下，沙特阿拉伯形成国家空间战略、区域规划、地方规划、详细规划四个等级的规划编制体系，与行政区划层级及机构设置形成清晰的对应事权关系（表3-7）。

沙特阿拉伯城乡规划等级体系　　　　表3-7

空间尺度	规划	负责机构
国家	国家空间战略（National-Spatial-Strategy）	城乡事务部
区域	区域规划（Regional-Planning）	区域议会

续表

空间尺度	规划	负责机构
地方	地方规划（Local-Planning）	Amanah和市政府协商制定，交市议会、城乡事务部批准
	地方详细规划	Amanah制定，交城乡事务部批准

资料来源：中国建筑设计院城镇规划设计研究院

（2）发展历史影响

由于"一带一路"沿线国家和地区多处于发展中或欠发达的发展阶段，受到强国影响、周边辐射、联合国等世界组织引领的特征较为显著。这些影响也与国家自身文明等因素相互作用，共同决定了各国的城市规划制度的发展，使城乡规划标准体系内容和管理制度之间存在着较大的差异。

根据孙施文的相关研究，由于不同国家对规划本质的不同理解和各国制度文化的差异，规划的作用范围及其内容以及运作方式也有所不同，因此从"范式"的角度，按照各国的规划体制按照其规划形式将各国规划形式划分为三种基本类型：一是以德国城市扩展规划为代表的建设规划，强调建设任务和物质环境的完形设计，通常被称为建筑学或工程学背景的城市规划；二是以英国二战后建立起来的发展规划体系为代表的发展规划，强调满足社会经济的发展需要；三是以源起于德国，后普及并成熟于美国城市中的区划法规为代表的规制规划，通常以通则式的地方法规形式对未来可能的开发建设进行规范和约束[27]。

总体来看，"一带一路"沿线国家和地区城乡规划发展历史一般都晚于几个欧美发达国家，最初体系的构建或多或少受到这三类基本规划"范式"类型的影响，且随着各国城乡规划理论和实践的在地化探索，各国综合借鉴和交叉运用这三类规划"范式"类型的情况也较为常见，进一步形成了自身独具特色的规划体系。

以匈牙利为例，第二次世界大战后匈牙利规划编制体系主要仿照苏联模式，城乡规划工作基本上与行政管理体系对应，进行分级编制，全国规划编制体系分为国家规划—州规划—城市规划—乡村规划四级。同时，匈牙利主要形成了城市发展规划、土地利用总体规划以及土地利用详细规划三种类型的规划，这三种类型的规划在当时能很好地适应国家社会主义时期的特殊发展模式，从规划"范式"的角度，更加倾向于依托建筑学或工程学背景的建设规划，注重完成建设任务和设计物质环境。随着匈牙利政治经济体制转轨，私有制的出现使得匈牙利的规划体系开始关注对私人开发进行公共干预的方式方法，由社会主义时期的建设规划，逐渐向英国、美国等土地私有制国家的规制规划和发展规划类型转变。1997年，匈牙利法案通过新的城市规划法后，明确了四项规划工具，即城市发展概念、结构规划（预备土地使用规划）、控制规划（有约束力的土地使用计划）和当地建筑规范。法定的规划体系自上而下依次包括国家发展和国土开发战略，国家空间规划和州域发展战略，州域空间规划、地方发展框架和战略、地方空间规划工具（地方结构规划、详细规划等）。总体来看，新的匈牙利规划制度类似发展规划和规制规划两种"范式"的混合体，既注重从满足社会经济发展的需要出发，统筹安排和组织未来发展的各项内容，对土地和空间资源进行配置，也注重立足地方法规的制度，通过立法推动规划修编、修改，并解决建设项目的管理以及由此产生的问题。

（3）经济体制影响

经济体制在一定程度上影响各国不同层级规划发挥作用的方式和效用。例如，东南亚大多数国家是市场经济国家，城乡规划体系相对完美，国家层面以纲领性的宏观规划引导为主，地方层面更多强调规划的法定程序和效用，更加注重市场化调节机制在城市规划和管理的作用。而一些西亚、中东欧国家曾是社会主义国家，国家层面的规划比较宏观，底层的规划比较具体。以捷克为例，捷克规划体系分为国家、区域和地方级，国家空间发展政策处于层级体系的顶端，包含规划的一般准则、可持续发展的具体要求，并概述了国家内部的重要空间关系和与之相关的发展目标，例如交通基础设施发展等；而地方层级包含地方领土规划和地方详细规划，地方领土规划是一项要求严格执行的土地利用规划，地方详细规划则针对特定的领域进一步规定了关于许可发展的细节。

（4）发展阶段影响

城乡规划是从自然、经济、社会和文化等综合条件出发，对未来的各种空间活动做出合理的安排，因此国家的发展阶段及特点也是城乡规划及标准的重要影响因素。目前，"一带一路"沿线大部分国家仍是发展中国家，处于城镇化阶段初期或中期阶段，其城乡规划体系和管理制度更多满足其所处阶段的经济社会发展需求。一方面，很多国家的城市化率水平较低，但城市化增速明显，因此城乡规划较多关注重大的城市土地利用改变及基础设施建设。例如阿联酋、伊朗、老挝等国家的城乡规划事务均由基础设施部门进行统筹管理，更需要发展建设规划这种类型，并通过规划与建设部门合并设置，为快速城市化阶段的规划建设提供支撑。另一方面，这些国家以第一产业或第二产业为主要经济成长动力，第三产业占比仍相对不足，规划体系和管理制度需要对重点发展产业进行保障。例如，巴林等国家在市政与农业部下设城市规划与发展局，越南将农村居民点的建设规划作为规划体系的一个层级，这些国家的规划类型和管理制度，都一定程度上与其社会经济的发展阶段密切相关。

3.4.2 "一带一路"沿线国家城乡规划及标准的发展趋势

（1）寻求多领域可持续发展理念

随全球环境问题的凸显、全球化竞争的加剧和现代价值理念共识的深入影响，"一带一路"沿线国家和地区城乡规划及标准的编制目的将从经济增长趋向可持续发展，内容也将从关注单纯的空间布局和设施建设，转向关注考虑经济、社会、环境等多元要素，寻求多个领域的可持续协调发展。规划编制和标准制定，越来越注重体现应对全球气候变化、保障人权、推动人与自然和谐相处等全球性价值共识。而随着人工智能、大数据、智慧社区等现代城市管理和规划技术的发展和普及，"一带一路"沿线诸多国家也进一步加强了城乡规划编制和管理工作的信息数据支撑和分析，创新型技术与城乡规划及标准的融合发展也将成为未来的重要发展趋势。

（2）注重因地制宜和多元发展

由于"一带一路"沿线国家和地区基本国情、资源禀赋、政治体制、经济社会制度等方面的基础差异，决定了各个国家城乡规划及标准将继续呈现本地化和多元化的特点。这些国家在学习引进国际和发达国家经验的同时，也都会根据本地发展特征和需求，进行先进城乡规划及标准体系内容及管理制度在地化处理。而随着"一带一路"沿线国家和地区城乡规划及标准的逐步成熟完善，这些国家也将结合更多当地具体问题的考虑，例如空间规模、强度、密度的增长问题，以及空间资源的合理保护和有效利用等问题，从空间效率提升、空间权利公平等方面，探索更加适合本地的规划及标准的编制、实施、管理与监督机制。

（3）优化规划及标准合作机制

目前，部分"一带一路"沿线国家和地区城乡规划标准存在执行力度不足、合作衔接不畅的问题。因此，加强标准与法规政策体系的衔接，提高规划和标准管理执行效力，促进不同国家规划及标准建立合作机制，也是"一带一路"沿线国家和地区城乡规划及标准发展的重要趋势之一。例如，在欧洲一体化的进程中，欧共体乃至欧盟的各主要条约对于区域规划方面的内容形成了明确的规定，并逐步在欧盟超国家层次上进一步完善了区域规划法律体系。尽管欧盟的相关法规对各成员国不具备法律的强制约束力，且实际上各成员国会根据欧盟有关法规的修正结合自身国家的情况对本国的规划法规也进行相应的调整和修正，但这种方式仍对解决欧盟内部不同成员国和不同区域之间的区域发展差距问题发挥了重要的作用。未来，随着"一带一路"沿线国家和地区之间的合作不断加深，城乡规划及标准的对接机制也将得到优化，衔接能力也会不断提升。

（4）强化地方规划事权与职能

城乡规划作为政府调控的重要手段，通常以高层政府的行为为主导自上而下地实施。但是随着规划主体的多元化及因地制宜的发展需求，规划管理体系也在不断修正完善，很多国家已经开始培育地方能力并将地方分权作为未来规划转型的重要方向。例如，德国在2006年的联邦制改革中对《宪法》进行了修改，进一步扩大了州级立法和执法机构在城乡规划方面的权利。而基于政治传统、发展阶段等原因，一些"一带一路"沿线国家地方规划能力的培育仍面临较大的挑战，但对于一些中东欧等国家，地方规划事权的强化仍是城乡规划发展不同忽视的趋势之一。以匈牙利为代表，从20世纪90年代起，匈牙利政治经济体制发生巨大转变，地方政府自治权得到极大保证，行政层级之间的隶属关系不复存在，只是在法律界限内有监督权。在匈牙利的城市规划中，即使是最小的城市也具有广泛的自由裁量权，只有在违反中央国家法令或政府法令的情况下，规划决议才可能被撤销。

（5）强调公众权益与公众参与

目前，在发达国家的城乡规划体系中，公众参与和公众意愿已经发挥着举足轻重的作用。例如，英国规划体系中的地方发展文件包括发展规划文件、规划文件附件以及公众参与文件，并建立了地方政府在准备方案、选择方案、规划评价以及发展决策等不同阶段公众参与的标准。尽管对于很多"一带一路"沿线国家和地区，由于其发展阶段和经济社会发展水平等原因，城市高效的规划和建设仍是当前工作重点，但公众参与作为保障公众利益的关键规划制度，也是国际组织所强调的重要规划理念，未来公众参与也将成为"一带一路"沿线国家和地区城乡规划及标准工作中需要考虑的重点方向，这种发展趋势势必将不断增强。

（6）重视规划研究支撑作用

未来，随着"一带一路"沿线国家和地区土地、环境、基础设施、住房、商业等不同部门深入参与到规划及标准制定，规划编制和管理涉及的要素将更加复杂和多元，对城乡规划的协调管控能力提出更高要求，需要更加广泛的科学研究进行支撑。目前，发达国家已有较多科学研究者及公共科研组织涉入城市规划前期研究并提供决策建议，但部分"一带一路"沿线国家和地区由于缺少资金来源、缺乏专业人员等原因，尚无法广泛开展前期规划及标准的研究工作。未来，随着"一带一路"沿线国家和地区社会经济水平不断提升，以及国际合作的深入开展，"一带一路"沿线国家和地区前期规划研究工作将获得更多资金、人员等要素支持，将有力推动当地城乡规划及标准的前期基础研究，为深入研判城乡发展的问题与趋势、提出适宜本地的解决路径提供有力支撑。

4

国外城乡规划与建设
标准研究

发达国家和地区的城乡规划通常已经经历了数十甚至上百年的发展，规划与建设标准深受其城乡规划、建设和管理特征的影响，并积累了丰富的编制和管理经验。本章重点对发达国家和地区的城乡规划和建设情况及相关标准进行研究，了解不同地区政治、经济、社会背景下先进城乡规划和建设标准的发展逻辑和趋势，为完善我国城乡规划与建设标准体系、促进我国城乡规划及标准国际化提供支撑。

4.1 欧洲国家和地区标准

4.1.1 欧盟

欧盟的历史可以追溯到二战之后，在经历了欧洲煤钢共同体、欧洲经济共同体和欧洲原子能共同体、欧洲共同体等阶段后，欧盟于1993年正式成立，实现了从纯粹的经济联盟向经济政治联盟的过渡。2020年1月31日英国脱欧之后，欧盟现由欧洲27个成员国组成[28]。欧盟的核心机构包括欧洲理事会、欧洲议会、欧盟理事会和欧盟委员会等。欧盟的立法主要涉及欧洲议会、欧盟理事会和欧盟委员会三个机构，这三个机构通过"普通立法程序"制定适用于整个欧盟的政策和法律。原则上，委员会提出新的法律，由议会和理事会通过，并由委员会和成员国实施[29]。在欧盟的成员国中，爱尔兰属于英美法系，其他国家都属于或倾向于大陆法系。欧盟法律融合了西方国家两大法系的传统，是在两大法系的强烈影响下建立和逐步发展起来的[30]。

（1）空间规划体系

作为国际经济政治联盟，欧盟对于其范围内国家和地区空间策略的影响主要体现为宏观方向的引导以及相关事务的原则性指引，而具体量化指标的确定则通常在一定地域范围内由其成员国根据实际情况和需求分别制定。

欧盟的空间策略与其对经济、社会、环境等诸多方面的考量是分不开的。在欧洲的各个区域，影响空间规划与发展的因素，或者说面临的问题和挑战都具有很强的独特性。例如在地中海沿岸，城市蔓延与环境恶化问题严重；在位于欧洲北部的核心城市和老工业区，城市拥挤与土地闲置则是主要问题。在欧洲范围内，空间政策与规划寻求解决的问题主要包括以下四个方面：一是社会与经济极化：经济活动在核心地区的集中加剧了拥挤，而与此同时，乡村地区却面临着衰败与人口流失的问题；二是土地性质发生变化：一方面，城市的蔓延导致农业用地逐渐丧失；另一方面，在城市内部则出现了土地闲置与污染的情况；三是生态环境正遭受破坏或面临严重威胁；四是废弃物产生量增加并带来回收、处置和污染等问题。

因此，欧盟在制定空间策略上非常注重平衡和可持续发展。最具代表性的空间政策《欧洲空间发展战略》（European Spatial Development Perspective，ESDP）由欧盟委员会于1999年发布，是为欧盟及其成员国空间部门提供的政策框架，也为区域和地方有关部门寻求平衡和可持续发展提供了指导。ESDP中提出了经济和社会整合、自然资源和文化遗产的保护和管理、实现欧洲地域范围内更加平衡的竞争态势三个基本目标，并希望这三个目标在欧盟的每个区域都得到公平实现。

专栏

《欧洲空间发展战略》的 13 项地域政策子目标

（1）欧盟多中心与均衡的空间发展

这个目标主要是为了避免进一步加剧由伦敦、巴黎、米兰、慕尼黑和汉堡都市区域组成的欧盟核心地区的经济与人口过度集中，以及让更多地区融入到全球的经济活动当中。ESDP为实现这一目标提供了五种政策选择：

1）通过实施跨国发展战略，强化欧盟区（包括边缘地区）若干大型、高素质、具备国际化功能与服务的全球一体化经济区域。

2）通过空间结构政策与泛欧网络（TENs）政策的紧密配合，通过改善国际、国家与区域、地方交通网之间的连接，发展多中心、日趋均衡的都市化地区系统、城市群体系和城市体系。

3）在跨国和跨行政区合作的框架内推动各欧盟成员国城市群（包括相关的农村地区和小城镇）整体空间发展战略的实施。

4）通过建立跨行政区和跨国网络，加强在空间发展领域特定主题的合作。

5）促进欧洲北部、中部和东部以及地中海地区国家城镇在区域、跨边界和国际层面上的合作，加强欧洲中部与东部之间的南北联系、北欧内部的东西联系。

（2）动态的、富有吸引力和竞争力的城市与城市化区域

（3）本土化、多样化与高效发展的乡村地区

（4）城乡合作伙伴关系

（5）改善交通条件和获得知识的综合手段

（6）多中心发展模式：提高可达性

（7）基础设施的高效与可持续利用

（8）创新与知识传播的基础

（9）作为可利用资源的自然与文化遗产

（10）自然遗产的保护与开发

（11）水资源管理——空间发展的一个特殊挑战

（12）富于创造性的文化景观管理

（13）富于创造性的文化遗产管理

资料来源：欧盟委员会

在ESDP发布前，欧盟已经持续进行了多年的研究。例如，1997年，欧盟委员会便组织撰写并出版过《欧盟空间规划体系和政策纲要》（EU Compendium of Spatial Planning Systems and Policies）这份研究报告，这份报告提出了商业、经济发展、环境管理等欧盟空间策略需要关注的十大方面，为ESDP提供了良好的研究基础。

在ESDP发布之后，欧盟也在根据形势的变化不断调整其空间政策。《欧盟2020领土议程》（Territorial Agenda of the European Union 2020）于2011年通过，该议程分析了全球化、欧盟一体化、地域差异化等为欧盟带来的全新挑战，并确定了促进多中心和均衡的地域发展、跨境和跨国功能区的领土一体化等六大方面的领土发展优先事项。

为了进一步推动ESDP的研究和执行，在欧洲区域发展基金（ERDF）的支持下，欧盟于2006年开展了欧洲空间规划观察网络（ESPON 2006）项目。ESPON 2006包含了36个子项目，主要内容是研究欧盟区域发展的政策基础和实施办法，以及未来同周边国家的空间关系。此后，ESPON又开展了2013和2020项目，相比2006项目，2013和2020项目的研究范畴更加多元，成果也更加丰富。ESPON2013项目完成了25项应用研究，对25个领域的发展进行了目标分析，搭建了12个科学平台，以及开展了7项跨国网络行动。ESPON 2020项目确立了区域经济、社会文化等10大主题，现已完成

19项应用研究、22项目标分析和9个科学平台的工作。

另外，包括法国、德国、荷兰、比利时等发展水平最高国家的中心区域，虽然曾经仅占欧盟领土面积的1/7，总人口的1/3，却产生了欧盟国家近一半的总收入，远高于外围以农业为主的边缘地区[31]。欧盟经济发展不均衡、贫富差距大的一个重要表征就是"边境现象"。因此近年来，加强领土凝聚力、推动成员国之间跨边境的空间合作也成为欧盟非常重要的空间战略之一。例如，《里斯本条约》将促进成员国之间经济、社会和领土凝聚力作为欧盟最重要的目标之一，《欧盟2020领土议程》（TA2020）将跨境和跨国功能区领土一体化列为欧盟发展中领土方面的优先事项之一。后来的一系列实践，诸如Interreg计划、跨欧洲运输网络（TEN-T）、海洋空间规划（MSP）等，以及用以资助相关项目的凝聚基金（CF）均体现了促进国家跨境合作的这一发展理念。

（2）规划管控体系

欧盟作为政治与经济联盟，其领导空间规划制定与实施的权限远弱于主权国家政府。尽管欧盟缺乏正式的规划管控能力，但通过的法律法规、资金激励、发展议程、空间规划方案等抓手，在各种欧盟与成员国间相互的影响过程中，也逐步对欧洲国家空间规划和领土治理体系产生影响，促进成员国之间的广泛合作，推动欧盟一体化发展[32]。

1）法律法规

欧盟的法律法规主要包括五个方面，约束力从强到弱分别为条例（Regulations）、指令（Directives）、决定（Decisions）、建议（Recommendations）、意见（Opinions）。其中空间领域的立法主要采取指令的形式，指令规定所有欧盟国家必须实现的目标。例如《关于控制涉及危险物质的重大事故危险的指令》（Directive 2012/18/EU of the European Parliament and of the Council of 4 July 2012 on the Control of Major-accident Hazards Involving Dangerous Substances）第13条关于土地利用规划的条款规定成员国应确保在各自的土地使用政策及其他相关政策中考虑预防重大事故和减轻重大事故对人类健康和环境产生后果的措施，应确保可能造成重大事故的设施与居住区、建筑物、公共用途区域、休闲区域、主要运输通道以及具有特殊自然敏感性或利益的地区保持适当的距离[33]。

2）空间政策

空间政策的编制主体、针对的区域和领域、效力都有较大的差异。最重要的是，空间政策往往是指导性的，并不像立法一样具有强制性，成员国可自行决定以何种形式、何种程度去执行欧盟制定的空间政策。空间政策中比较典型的例子有欧洲委员会发布的《欧洲空间发展战略》（ESDP）、泛欧网络（TEN-T），以及在各种会议上通过的宣言、宪章等。

3）成员国策略

各个成员国需要制定各自的法律法规、空间政策或规划标准等来落实欧盟的空间发展策略。例如，前述《关于控制涉及危险物质的重大事故危险的指令》中的相关条款在德国的《建筑规范》（Baugesetzbuch）第34条和《联邦防止污染法》（Bundes-Immissionsschutzgesetz）第50条中便做了更进一步的表述。对于欧盟TEN-T政策的实施，西班牙在国家层面的举措是制定了一个全国性的基础设施计划，同时在其区域协调总体规划（Planes Directores Territoriales De Coordinacion）中考虑了相关关系；而比利时、法国、荷兰三国则是为泛欧网络（TEN-T）的落实开展了跨边境的合作。

（3）代表性法规与标准

欧盟技术管理体系主要由强制执行的技术法规（指令）和非强制执行的协调标准构成，规划领域技术管理体系也基本可以分为技术法规和技术标准两类。例如，欧盟拥有非常丰富的海洋资源，根据《欧盟综合海事政策》（An Integrated Maritime Policy for the European Union），欧盟沿岸有大西洋和北冰洋两个大洋，波罗的海、北海、地中海和黑海四片海域，海岸线总长度约7万公里，40%的总人口居住在沿海地区[34]。欧盟国家的繁荣离不开对海洋的依赖，航运、渔业、海上能源开采、旅游业，以及新兴的蓝色生物技术、海底技术等每年都为欧盟带来巨额的收益。但是对海洋资源的不断开发，也带来了诸如沿海地区生态脆弱、沿海水域拥挤、海洋环境恶化等不可忽视的问题，迫使欧盟联合其成员国共同寻找解决的途径，对海洋空间进行统一的规划引导和管理。通过对相关文件的梳理，欧盟及其成员国指导制定和实施欧盟与海洋空间规划（Maritime Spatial Planning）的文件大体可归纳为两种类型，分别为技术法规和综合指导标准、专项指导标准、海域指导标准等技术标准。

专栏

欧盟建设技术法规与技术标准体制

欧盟是一个由欧洲国家组成的经济联盟，实行统一的内部市场。为了消除市场内部商品贸易和交流服务中的技术壁垒，保证产品和工程质量，促进经济发展和技术进步，欧盟实行了一整套由强制执行的技术法规（指令）和非强制执行的协调标准构成的技术管理体系。

欧盟的技术法规（指令）是法律文件，对所有成员国具有约束力。技术法规由欧盟委员会（行政机构）提出建议草案，经欧洲议会审议，并经欧盟理事会（由成员国部长级成员组成）批准后，由各成员国结合本国法律发布相应的执行指令来贯彻实施。在22本现行的欧盟技术法规中，有一本是关于建设工程及其产品的，名为《建设产品指令》89／106／EEC。在该技术法规中，包含了管理性条款和基本技术要求两部分内容。欧盟建设工程技术法规中的基本要求，只对有关人身与财产安全、人体健康、环境保护和公众利益等技术事宜提出了原则性要求。而实现这些要求的技术途径则由欧洲协调标准作出规定。

欧盟的建设工程协调标准，根据有关的指令和协议，由欧盟委员会授权欧洲标准化委员会（由各成员国标准化团体组成的欧洲社会团体）来组织制订和发布，并由欧盟委员会在其官网公布。欧洲协调标准由各成员国转化为本国国家标准后付诸实施；各成员国不得在欧盟协调标准发布后继续制订或采用本国的国家标准。

资料来源：邵卓民. 欧盟建设技术法规与技术标准体制［J］. 建设科技，2004（01）：54-56.

1）技术法规：《关于建立海洋空间规划框架的指令》

2014年7月，欧盟通过了《关于建立海洋空间规划框架的指令》（Directive 2014/89/EU of the European Parliament and of the Council of 23 July 2014 establishing a framework for maritime spatial planning）[①]，此指令简称MSP指令，并于2014年9月生效实施[35]。MSP指令是世界上第一个要求国家建立透明的海洋规划体系并与邻国展开合作的立法。MSP指令要求成员国将其转换为本国立法，在2016年9月前指定主管机构执行，在2021年3月前制定各自管辖海域的海洋空间规划，并在制定规划最后期限的一年之后，以及以后的每四年向欧洲议会和欧盟理事会提交一份概述执行MSP指令进展的报告。

MSP指令要求成员国在编制各自海洋空间规划时必须考虑海上能源、海上运输、渔业与水产养殖，以及环境保护与改善等四大方面，同时鼓励成员国在规划中追求其

---

① https://eur-lex.europa.eu/legal-content/EN/TXT/?uri=CELEX%3A32014L0089

他方面的目标，例如可持续的旅游和可持续原材料的提取。MSP指令提出了水产养殖区、渔业区、勘探区等Ⅱ类海洋活动分区，要求成员国在规划中考虑这些活动或功能之间的相互关系，还提出了利益相关者参与、跨境合作、采用生态的规划方法等七个编制海洋空间规划的最低要求。

MSP指令通过后，成员国各国纷纷通过了相应的本国立法，如爱尔兰于2016年通过了SI 352号法规，并在2018年10月由《规划与发展法》2018年修订案第5部分（Part 5 of the Planning and Development（Amendment）Act 2018）替代，根据本国情况增加了若干MSP指令要求之外的措施。

2）技术标准：综合指导标准——《综合海洋空间规划手册》

《综合海洋空间规划手册》（Handbook on Integrated Maritime Spatial Planning，IMSP）完成于2008年，它是Intereg ⅢB CADSES项目中海岸计划（Plancoast）的成果之一，是第一部海洋空间规划编制的指导性标准文件[36]。海岸计划部分受资助于欧盟，其16个合作方中也包含了非欧盟国家，该计划由德国梅前州交通、建筑和区域发展部实际管理。IMSP手册从海洋空间面临的压力、综合海洋空间规划能够带来的效益两大方面阐述了开展综合海洋空间规划的必要性，分析了当前开展综合海洋空间规划的主要挑战，并提供了编制综合海洋空间规划的具体步骤。IMSP手册为规划的每一个步骤提供了详细的方法和案例参考，但是并未提出具体的指标数值，而这恰恰体现了其提倡的因地制宜理念。

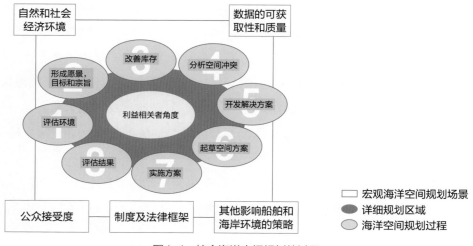

图4-1　综合海洋空间规划的过程
资料来源：《综合海洋空间规划手册》

对海洋空间功能兼容性的构建　　　　　　　表4-1

■ 不兼容　　■ 有条件的兼容　　□ 兼容

		离岸风场	海运保护区域	渔业	作为公共设施的海域	电缆	旅游	航运和航运路线	海港和港口	农业/径流	采石采砂	采油采气	倾倒疏浚弃土	海水养殖	沿海服务中心	自然保护	海岸保护	军事用地
		1	2	3	4	5	6	7	8	9	10	11	12	13	14	15	16	17
离岸风场	1																	
海运保护区域	2																	
渔业	3																	
作为公共设施的海域	4																	
电缆	5																	
旅游	6																	
航运和航运路线	7																	
海港和港口	8																	
农业/径流	9																	
采石采砂	10																	
采油采气	11																	
倾倒疏浚弃土	12																	
海水养殖	13																	
沿海服务中心	14																	
自然保护	15																	
海岸保护	16																	
军事用地	17																	

资料来源:《综合海洋空间规划手册》

3）技术标准：专项指导标准——《能源领域与海洋空间规划指令的实施》

《能源领域与海洋空间规划指令的实施》（ Energy Sectors and the Implementation of the Maritime Spatial Planning Directive ）由欧盟委员会海事和渔业总局于2015年发布，是基于在爱尔兰都柏林和英国爱丁堡举行的两次海洋空间规划与能源会议得出的结论，从油气开采、可再生能源、环境、海运、渔业、旅游、跨境合作等方面向相关行业、国家当局和非政府组织通报了在能源领域执行MSP指令的具体特点、挑战和好处[37]。这份文件归结了一些海洋能源设施建设对于空间的基本需求指标，例如油气生产固定装置平台周边应设置500米的安全区；风电场和航道之间至少应有500米的安全区等，可以为成员国海洋空间规划中具体标准的设定提供参考。

4）技术标准：海域指导标准——《走向波罗的海海洋空间规划》

波罗的海管理——通过空间规划实现自然保护和生态系统的可持续发展（Baltic Sea Management–Nature Conservation and Sustainable Development of the Ecosystem through Spatial Planning），简称BALANCE，是部分由欧盟ERDF基金资助的BSR INTERREG Ⅲ B计划中的一个机构，《走向波罗的海海洋空间规划》（Towards Marine Spatial Planning in the Baltic Sea）作为BALANCE项目的重要成果之一，于2008年发布，是在波罗的海区域制定海洋空间规划的技术指引。《走向波罗的海海洋空间规划》阐释了海洋空间规划的概念，明确了在保护海洋自然环境、实现海洋可持续利用、获取区域经济社会利益等方面的重要作用，提出了海洋空间规划编制与实施的具体步骤等[38]。

《走向波罗的海海洋空间规划》中最重要的内容是设定了通用区、目标管理区、专用区和限制进入区四种海洋区划，并在海上交通、设施和建设、海洋保护、渔业、狩猎、疏浚/开采/采矿、军事活动、科学与管理活动、上游区域活动和与临近海域管理相关的功能等方面做出了具体的管理规定（表4-2）。

在《走向波罗的海海洋空间规划》等文件的指引下，波罗的海规划（2009—2012年）项目得以开展，并设定了8个试点海域，联合相关国家合作进行规划。例如，波美拉尼亚湾和阿尔科纳盆地试点规划（Pilot Project Area Pomeranian Bight/Arkona Basin），就是由丹麦、德国、波兰、瑞典四个国家合作完成的。

四类区划在海上交通方面的规定 表4-2

区域内人类活动及用途	区域类型			
详见分区方案和分区地图	通用区	目标管理区	专用区	限制进入区
海上交通	允许			
大型船舶交通	允许	允许，如无冲突	禁止，或限制使用	禁止
小型船舶交通	允许	允许，如无冲突	限制使用	禁止
皮划艇/独木舟交通	允许	允许，如无冲突	允许，除有争议的特殊用途（将禁止或限制使用）	禁止
海上飞机交通	允许	允许，如无冲突	禁止，除协议同意的特殊用途（将允许或限制使用）	禁止

资料来源：BALANCE，《走向波罗的海海洋空间规划》

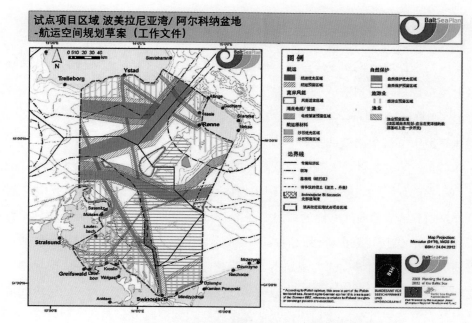

图4-2　波美拉尼亚湾和阿尔科纳盆地试点海洋空间规划图
资料来源：BALANCE，《走向波罗的海海洋空间规划》

4.1.2　英国

英国是本土位于西欧并具有海外领地的主权国家，为君主立宪制国家，采用议会制进行管辖。英国议会是最高司法和立法机构，由君主、上院和下院组成，行使国家的最高立法权，是英国权力中枢。英国实行内阁制，由君主任命在议会中占多数席位的政党领袖出任首相并组阁，向议会负责。英国是全世界四个没有成文宪法的国家之一，所谓英国宪法是对一整套包含基本规范和政治体制的成文法、习惯法和惯例的统称，其根基是"议会至上"原则，即法案一旦获议会通过，便具有不可动摇的权威，英国由英格兰、苏格兰、威尔士和北爱尔兰四个部分组成，后三者在权力下放体系之下，各自拥有一定的权力，其中，苏格兰议会享有基本立法权，另有自己独立的法律体系，威尔士议会和北爱尔兰议会享有次级立法权。总体来看，由于特殊的历史渊源及联合王国体制，英格兰、苏格兰、威尔士和北爱尔兰四个部分的行政架构、规划立法、规划体系和标准体系都不尽相同，但均以英格兰模式为发展蓝本，因此下文的英国城乡规划主要指的是英格兰城乡规划。

（1）城乡规划发展历程与现状

英国是全球城乡规划发展最早，体系最为完善的国家之一。从1909年英国颁布了世界上第一部城市规划法——《住房与城市规划诸法》到今天，英国的近现代规划已经走过了100余年。随着经济社会发展、政党更替和行政管理体制的调整，英国城乡规划体系经历了多次调整演变。

1947年，第二次世界大战后的英国《城乡规划法》确立了发展规划（Development Plan）的法定地位，构建了单一的一级规划体系。1968年，新的《城乡规划法》进一步将发展规划分解成偏向战略性的结构规划（Structure Plan）和偏向实施过程的地方规划（Local Plan），结构规划由郡级政府或区级政府合作编制，具有次区域规划性质，是地方规划编制的宏观引导；地方规划由各区级政府负责编制，是实施层面的规划，以土地使用控制为核心内容。这一阶段，英国形成了郡层级的结构规划和区层级的地方规划二级体系，标志着英国规划从传统"蓝图式"规划向政策导向型规划转变，这一体系在1971年的《城乡规划法》（Town and Country Planning Act）中得到了巩固[39]。

1991年，根据新的《城乡规划法》（Town and Country Planning Act）和1991年的《规划和补偿法》（Planning and Compensation Act），在6个大都市郡和大伦敦地区的郡一级地方政府被撤销后，政府权力下移，规划体系从原本由郡政府负责编制结构规划和地方规划，改为由区政府（32个伦敦自治区政府和36个大都市区政府）负责编制由结构规划与地方规划构成的整体发展规划（Unitary Development Plan），而非大都

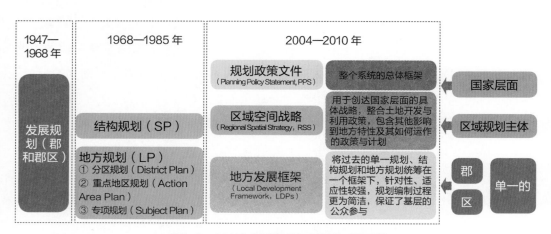

图4-3　2010年以前的英国规划体系发展轴

资料来源：周姝天，翟国方，施益军. 英国空间规划经验及其对我国的启示［J］. 国际城市规划，2017，32（4）：82-89.

市郡仍然采用原来的结构规划和地方规划，构建起大都市区一级、非大都市区二级模式的"双轨"制模式。

2004年，英国废除了结构规划与单一发展规划，构建由规划政策文件、区域空间战略及地方发展框架组成的国家—区域（包含次区域）—地方的三级规划体系，实现了从"用地规划"向"空间规划导向"的转变[40]。以《2004 规划与强制购买法案》（Planning and Compulsory Purchase Act 2004）的颁布与2005 年中央政府对《规划政策文件1：传递可持续发展（Planning Policy Statement 1: Delivering Sustainable Development）》的修订为起点，以可持续发展为核心目标的规划政策文件（Planning Policy Statement，PPS）成为国家层面规划；区域空间战略（Regional Spatial Strategy，RSS）取代了区域政策指引，成为区域及次区域发展的综合引领；以土地利用为核心的地方规划升级为地方发展框架（Local Development Framework，LDF），包括地方经济发展、环境保护、土地利用、住房等在内的多项空间政策在可持续发展的目标下被整合到地方规划中。

2010年至今，在"地方主义"分权改革下，英国整合了原有25个规划政策文件（PPS）的繁杂内容，颁布了约 60 页的纲领性文件——《国家规划政策框架》（National Planning Policy Framework，NPPF），对经济发展、城镇活力、乡村建设、可持续交通、通信保障、住房供应、设计、社区发展、绿带、应对气候变化、自然环境保护、历史文化遗产保护和矿产可持续利用等 13 个方面进行战略性的宏观指导（Guidance），以更为原则性的要求来指导下位规划编制，减少中央政府规划对地

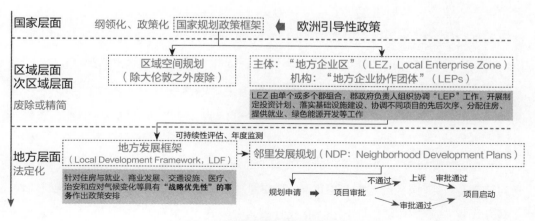

图4-4　英国现行城乡规划体系
资料来源：作者自绘

方政府的干预和指示（Prescription）。在区域层面，新一届的政府宣布废止"区域空间战略"，只有伦敦地区由大伦敦市政府（Greater London Authority，GLA）编制实施伦敦规划（The London Plan），同时，地区经济合作伙伴（The Local Economic Partnerships，LEPs）宣布成立，作为非正式的规划角色，作为区域层面的政策补充。在地方层面，《2011年地方主义法案》颁布后，地方发展框架（LDF）重点针对住房与就业、商业发展、交通设施、医疗、治安和应对气候变化等具有"战略优先性"的事务进行政策安排，并作为强制性内容引导邻里发展规划（Neighborhood Development Plans，NDP）的编制，土地使用规划及部分规划审批权下放到邻里层面，使得居民成为邻里空间发展的主要决策者。

（2）城乡规划法律法规及技术标准体系

1）法律法规：核心法及从属法规、专项法、相关法

英国以法律法规体系为核心，城乡规划体系不断完善修正。英国是最早开展城乡规划立法的国家，形成了核心法、专项法和相关法（Act），以及一系列的从属法规（Regulations、Order等），构建了完善复杂的法律法规体系。以城乡规划相关的法律法规为基石，随着经济社会发展、政党的更替和行政区划的变更，为应对不同时代背景下的机遇与矛盾，规划体系经过了多次调整，逐渐形成一套成熟完善的政策分析、规划编制和动态监测机制，以适应当时的经济社会发展和城市开发建设需求。

1848年英国诞生了一部《公共卫生法》（Public Health Act），为现代城市建设拉开了法制化发展的序幕。与政府公共管理职能的任何法律体系一样，城乡规划法律体系包括核心法及其从属法规、专项法和相关法。根据英国的规划法律全书，英国规划法律的现行体系包括《城乡规划法1990》（Town and Country Planning Act 1990）核心法，《规划（历史保护建筑和地区）法》等专项法和《环境法》等相关法。

核心法具有纲领性、原则性的特征。英国于1909年即颁布了第一部关于城乡规划的主干法律《住房与城市规划诸法》（Housing and Town Planning Act 1909），标志着城市规划成为一项重要的公共政策。1947年，英国颁布了第一部真正意义上的核心法——《城乡规划法》，重申了之前有关城乡规划的法律规定，一直是英国现代城乡规划的核心基石，《城乡规划法》提出四个重要原则，一是地方政府编制整个辖区的规划，二是开发权（属于国家）与土地所有权分离，开发建设必须申请规划许可，三是地方政府具有开发规划控制权，四是地方政府具有强制购买土地的权力，至今仍然是英国

城市规划管理的重要基础。为构建英国城乡规划法律法规及标准体系奠定了基础。在随后的40多年间,《城乡规划法1947》(The Town and Country Planning Act 1947)经历了1954年、1959年、1962年、1987年、1990年等数次修订,但本质上并未改变。目前,英国(英格拉和威尔士)执行的是《城乡规划法1990》,以1947年和1968年规划法为基础,对规划管理主体、规划体系、发展控制、规划赔偿、所有者权利、强制实施、特别控制等内容进行规定,近年来具体条款经过了多次修订和更改,英国法律法规官方网站(http://www.legislation.gov.uk/)显示最新修订在2016年2月18日。

核心法具体的实施性规则主要是由中央政府的规划主管部门所制定的各项从属法规(Regulations、Order)进行说明,例如《棕地登记法规》[The Town and Country Planning(Brownfield Land Register)Regulations 2017]、《用途分类规则》[Town and Country Planning(Use Classes)Order 1987]、《一般性开发规则》[The Town and Country Planning(General Permitted Development)Order]、《特别开发规则》(The Town and Country Planning Special Development Order)等。其中,《用途分类规则》主要界定土地和建筑物的基本用途类别,以及每一类别中的具体内容。《一般性开发规则》界定对于周围环境没有显著影响、不需要申请规划许可的小型开发活动,并提出相应的基本规划要求,采用通则式的管理方式。《特别开发规则》界定特别开发地区,如新城、国家公园和城市复兴地区由特定机构来管理,不受地方规划部门的开发控制。

专项法主要是对核心法进行补充规定、配套说明。《规划(历史保护建筑和地区)法》[The Planning(Listed Buildings and Conservation Areas)Act 1990]等规划专项法,与《城乡规划法1990年》一起,并称为现行规划法系(the Planning Acts)。又如,《乡村与路权法》(Countryside and Rights of Way Act 2000)、《住房与规划法》(Housing and Planning Act 2016)、《邻里规划法》(Neighbourhood Planning Act 2017)等规划专项法,对绿带、国家公园、住房、社区、郊区等特定地区和领域的规划编制主体、管理机制、编制内容等进行说明。

相关法主要是指会对城市规划产生重要影响的相关政策法律,特别是有关地方政府体制和环境管理的立法,因此,与城乡规划相关的各类相关法数量众多,这些法律对《城乡规划法1990年》起到引导修订、并行说明的作用,特定时期颁布的相关法会改变规划体系。例如,在《城乡规划法1990年》刚刚审议通过之后,政府对土地发展有个更进一步的想法,于1991年随即出台了《规划与补偿法》(Planning and

Compensation Act 1991），对1990年的规划法系内容进行调整。2004年，《规划与强制购买法》the Planning and Compulsory Purchase Act 2004，改变了以往城乡规划以土地利用为核心的物质形态属性，转向国家—区域（包含次区域）—地方三级体系，以可持续发展为核心目标的规划政策文件取代了原有的规划政策指引成为国家层面规划，区域空间战略取代了区域政策指引，使得区域规划法定化。又如，2011年的《地方化法案》（Localism Act 2011），推行"地方主义"分权改革，强化了地方政府对空间规划与治理体系监管权利，只有伦敦地区继续编制区域空间战略（The London Plan）。

2）城乡规划政策指引

英国城乡规划法律法规规定了规划编制和管理的准则和要求，确定了法定规划作为公共政策的合法性。因此，除了规划核心法及其从属法规之外，国家层面的规划政策明确了阶段性的具体要求，成为地方政府在制定发展规划和实施开发控制中应尊重的依据，也是地方编制地方规划和邻里规划的重要参考，具有很强的技术标准属性。

1988年，英国规划大臣开始发布"政策指南"，用以取代形式多样的政府文件，为规划活动提供了规划指导来源。"政策指南"主要包括《规划政策指南》（Planning Policy Guidance，PPG）、《矿业规划指南》（Mineral Planning Guidance，MPG）、《区域规划指南》（Regional Planning Guidance，RPG），以及《规划建议要点》（Planning Advice Notes，PAN）和《告示文件》（Circulars）。"政策指南"不是法定文件，不具体规定哪些必须遵守，或开发者拥有哪些权力，但它们给开发者和其他利益相关者提供了必要的信息，对开发规划进行技术、程序等方面的指导，明确规划决策中哪些是政府允许的，由于开发规划又是地方颁发规划许可、制定具体决策的直接依据，因而"政策指南"对规划实施也可以起到间接的控制作用，使规划工作既有宏观的国家规划核心法、从属法及相关法律法规的规范与控制，又有具体明确的要求用于指导实施。2004年，为了使国家政策紧随时代潮流，精简内容，突出重点，《规划政策声明》（Planning Policy Statements，PPS）取代《规划政策指南》（Planning Policy Guidance，PPG），成为国家层面规划，其内容更为综合。到2008年底，规划政策文件达到25部，以可持续发展为目标，涉及经济、社会、环境等诸多方面，文件内容达到1300多页。

2012年，《国家规划政策框架》（National Planning Policy Framework，NPPF）取代《规划政策声明》，至今仍是英国国家层面唯一的权威性规划政策文件。原《规划政策声明》厚达1000多页的规划政策指导文件，凝练在《国家规划政策框架》中，形成了一个约60页的纲领性文件，以更为原则性的要求来指导下位规划编制，减少中央政府规划对地方政府的干预。《国家规划政策框架》以可持续发展为目标，对经济发展、城镇活力、乡村建设、可持续交通、通信保障、住房供应、设计、社区发展、绿带、应对气候变化、自然环境保护、历史文化遗产保护和矿产可持续利用等13个方面进行战略性的宏观引导。同时《国家规划政策框架》对下位规划的编制以及规划决策、管理等作出了程序性的安排，对于地方政府来说，这是一种指导（guidance）而不是指示（prescription）。国家规划的纲领化，简化了规划编制及审批程序，提升了规划管理的行政效率，扩大了地方政府的自由裁量空间，空间规划的纵向分权程度扩大。

现行《国家规划政策框架》具有相应的配套文件，被称为《规划实践指南》（Planning Practice Guidance）。《规划实践指南》涉及设计、历史环境、开放空间、服务设施、市政基础设施等领域。例如在"设计"章节的"规划精心设计的地方"，包括"如何通过规划系统实现精心设计的场所？规划如何支持精心设计的场所？非战略性政策可以发挥什么作用？什么是本地设计指南？什么是设计规范？"等内容，对设计相关的定义、原则、价值、策略、程序、参考资料等进行详细说明。又如，促进健康和安全的社区的相关章节，构建起从《国家规划政策框架》，到《规划实践指南》，再到各类相关标准指南的技术指引体系（图4-5）。

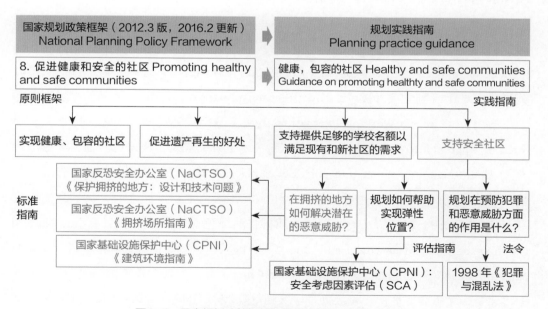

图4-5　国家规划政策框架与规划实践指南的指引关系
资料来源：作者自绘

3）城乡规划技术标准（指南/手册/指引/导则等）

尽管英国城乡规划法律法规和规划体系，并没有像建筑技术法规和技术标准一样，存在独立的城乡规划标准这一类型的文件，但是城乡规划相关的法律法规、《国家规划政策框架》《规划实践指南》等文件中有很多类似技术法规和技术标准的内容。考虑到技术法规具有一定的强制性，例如，用地相关的规定与规划许可息息相关，结合规划许可体制，用地分类、用地属性等要求可以在法律法规中得以明确，并要求予以落实。

同时，规划实践除了依赖法律法规的原则性、强制性的技术管理和指导外，还需要通过更前沿、更具体的行动指南进行技术引导。因此，英国很多城乡规划专业研究机构和团体，开展各项规划标准研究，形成多主体（非政府机构、企业等）参与制定多群体（规划师、开发商、居民等）适用、多流程（评估、规划、实施、建设和运营等）适用的引导型标准。这些由英国各类规划研究机构和团体制定的推荐性标准/指引/指南，尽管并不具有强制执行效力，但是通过对政府规划管理者、企业、地方居民等相关利益群体的理念推广普及，结合规划许可、公众咨询等规划程序，以及规划建设项目合同契约等，推动指引性技术标准的内容推广落实。

例如，1999年成立的英国建筑和建成环境委员会（The Commission for Architecture and the Built Environment，CABE），于2011年合并成立的设计委员会 (the Design Council)，成为英国政府关于建筑，城市设计和公共空间的重要政府顾问，制定了《伦敦开放空间战略——最佳实践指南》（Open Space Strategies- Best Practice Guidance）、《终生建筑12》（Building for Life 12）等很多推荐性标准。又如，英国皇家城市规划学会（Royal Town Planning Institute，RTPI）制定了《规划国际工作指南》（Guide to Working Internationally）、《基础设施规划的智能优化方法》（A Smarter Approach to Infrastructure Planning）、《更好的规划，更好的交通，更好的地方》（Better planning, Better transport, Better places）等文件，为规划国际工作、智慧基础设施规划、可持续交通规划等提出建议。在绿色生态发展方面，英国自然协会（English Nature）编制的《英国城镇无障碍自然绿色空间标准》（Accessible Natural Green Space Standards in Towns and Cities）、《英国城镇自然绿色空间标准》（Accessible Natural Green Space Standards in Towns and Cities）等。另外，在英国国家标准（BS）中，建筑、无障碍、住房、垃圾处理、交通等领域英国标准的部分内容与城乡规划相关，对规划编制和引导起到重要作用。

总的来看，规划政策和标准（指南/导则/手册等）是英国城乡规划与建设的重要技术指引类型，各级政府和各类团体都很重视各领域的非强制标准/指引/指南编制。政策和指南不是法律文件，不具体规定哪些必须遵守，或开发者拥有哪些权力，主要提供给开发者和其他利益相关者的是一些必要的信息，使他们清楚在制定规划决策时什么是政府允许的，同时也约束政府在自己表达的规划原则和政策内行事，对规划的编制、实施起到间接的指导和控制作用。

（3）代表性规划法律法规与标准

1）良好设计导向的法律法规与标准

2000年以来，英国在法律法规和城乡规划政策引导下，开展了大量引导高品质规划建设的工作。在国家层面，环境交通区域部2000年联合制定的政策指引《设计支持更好的建设》（By Design-Urban Design in the Planning System-Towards Better Practice），同时，英国还提出"更好的公共建筑计划"，设立首相建筑奖。之后，2004年出台的《规划和强制购买法》赋予塑造场所的积极作用；2005年发布的《PPS1》《PPS3》赋

图4-6　英国建设美丽包容成功场所的10大特征
资料来源：英国住房社区和地方政府部，《国家设计指南：美丽包容成功场所的规划实践指南》

予规划部门良好设计的责任，要求建设高品质住宅与社区；2008年颁布的《规划法》
（Planning Act）赋予规划部门良好设计的责任。2009年，住房社区和地方政府部、
文化遗产部门等联合制定的国家战略《世界级场所——提高场所质量的政府战略》
（World Class Places-The goverment's Strategy for Improving Quality of Place）；2019年，
住房社区和地方政府部发布的《国家设计指南：美丽包容成功场所的规划实践指南》
（National design guide- Planning practice guidance for beautiful, enduring and successful
places），从国家层面确定了建设美丽包容成功场所的设计目标与核心思路。

2001年以来，英国城乡规划相关研究机构出版了《英国遗产社区规划导则》
（English Heritage Neighbourhood Planning Guidance）、《拥挤场所导则》（Crowded
Places Guidance）、《街道手册》（Manual for Street）等规划指引标准。在这些良好设
计导向的相关法律和规划政策的引领下，英国专业机构制定了很多指引性的非强制标
准，从城市规划许可、开发建设、基础设施指引等领域转向住宅、公共空间与公共设
施等领域，还随着城市发展阶段和需求的变化，针对高质量、可持续发展等目标，对
建筑、街道、公共场所、生态空间、社区进行指引。

现行最重要的良好设计指南即为2019年10月1日英国住房社区和地方政府部发布
《国家设计指南：美丽包容成功场所的规划实践指南》这个指南，明确了精心设计场
所的特征，展示了良好设计在实践中的意义，供所有参与塑造场所的人员制定计划和
决策。并提出三个方面的明确要求，一是充分衔接落实国家层面的规划政策指引，指
引建设高品质的建筑和场所；二是计划反馈议会修订法律法规，制定《国家标准设计
法令》（National Model Design Code），作为推进全国更好设计的清晰标准；三是要求
地方同步制定相关指南。

2）公共空间相关技术标准

在绿地、开敞空间等领域，英国在国家层面构建了法律法规、政策指引和非强
制标准的指引体系。在城乡规划法等法律法规中，绿地、开敞空间明确了定义和特
征；在《国家规划政策框架》的第8条推动健康安全社区、第13条保护绿地等章节都
规定了绿地和开放空间建设的技术标准，在《规划实践指南》的开放空间、运动和娱
乐设施、地方绿色空间公共权利、绿带等条目，也对绿地系统、定义、标识等核心
内容进行解释说明；同时，非部门公共机构（non-departmental public body，NDPB）
"自然英格兰"（Natural England）制定的《可达自然绿色空间指南》（Nature Nearby-
Accessible Natural Greenspace Guidance）、《绿色基础设施导则》（Green Infrastructure

Guidance），英国建筑与建成环境委员会（CABE）制定的《伦敦开放空间战略-最佳实践指南》（Open Space Strategies- Best Practice Guidance）等非强制性标准，也为绿地和开敞空间建设提供了技术建议。

3）历史遗产保护相关技术标准

在历史遗产保护领域，在联合国《保护世界自然和文化遗产公约》、欧盟《保护欧洲建筑遗产公约》等国际层面公约限定下，英国国家层面也构建了法律法规、政策指引和非强制标准的指引体系。《国家遗产法》《城乡规划法》《1990年规划（所列建筑物和保护区）法》等法律法规明确了历史遗产保护的法律责任；《国家规划政策框架》第16条保护和促进历史环境等章节对历史遗产保护的原则；English Heritage/Historic England等研究机构制定的《历史遗产社区规划指南》（English Heritage Neighbourhood Planning Guidance）等非强制标准，对历史遗产社区的规划进行指导。

4.1.3　德国

德国是联邦议会共和制国家，由16个联邦州组成，各州拥有其州宪法，对其内部事务有相当大的自治权限。德国为欧陆法系国家，其政治体制于1949年的《基本法》架构下运行，核心原则包括人性尊严、权力分立、联邦组织架构及依循法治。

在空间规划中制定严谨的标准并上升到法律体系构建，是德国在二战以后的人地空间关系理论的更强趋势。德国是传统的大陆日耳曼法系，其空间规划体系也依托这一法系思维，并依托德国的联邦、联邦州和地方3个层面分级展开。其中州层面的空间规划包括州域规划和区域规划。区域规划是超越一个中心城镇但未覆盖全州地域范围的空间规划，是介于州层面和市镇之间的规划层次。根据不同权限，空间总体规划又可分为战略控制性规划（国家、州规划层面）和建筑指导性规划（地方级）两大类。前者用以保障各个空间功能分区的综合发展，后者则用以准备和制定土地综合利用规划及相关的详细规划。在性质上，前者是具有国家性质的、宏观的、指导性的、区域性的土地利用规划，不对公民有约束力。而后者是一种地方性的、微观的、指导性的，用于规划各个建设活动的建筑规划，对公民具有约束力和强制性。由此可见，基于德国的行政架构，其在标准的细节层面更为关注硬性标准与弹性反馈之间的平衡。在总体上，从规划编制到建设实施都有法可依，确保其能够形成一套完整体系，并按规划实现建设实施和管理，德国的空间规划标准体系与其法律体系无法剥离。

（1）空间规划及标准的法律基础

德国规划法律体系紧密依托于其行政体系。最高联邦层面的空间规划相关法律文件主要有《建设法典》及配套法律《建设法典实施法》和《规划管理条例》；《空间规划法》及配套《空间规划条例》；一些针对专项规划的法律法规，如《土地征收法》《废弃物防止、循环和处置法》《能源与天然气供给法》《联手自然保护法》《联邦水利法》等。而德国是联邦制国家，其16个独立州也有着《州空间规划法》的法律制定权利，从而以空间规划法和建设法典为基础，从宏观到微观，从中央到地方构建起了一个完整的规划法律体系，每个层级的空间规划均有相应的法律支持，从而有效地保障了空间规划的编制、协调以及实施，也是空间规划强制性和约束性的具体体现[41]（图4-7）。

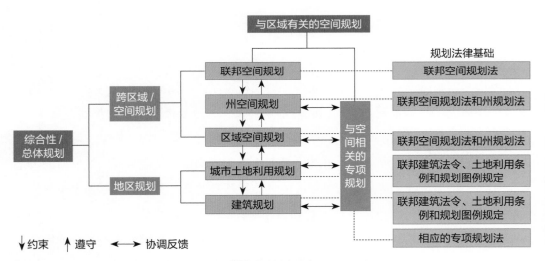

图4-7　德国空间规划体系及法律基础一览图
资料来源：李志林，包存宽，沈百鑫. 德国空间规划体系战略环评的联动机制及对中国的启示［J］. 国际城市规划，
2018，33（05）：132-137.

（2）空间规划体系

德国法定规划是一种涉及多区域、多部门的具有公益性的政策工具，主要包括空间总体规划及专业部门规划[42]。

空间总体规划的作用主要在于宏观层面上协调不断出现的空间要求以及空间关系，且贯穿联邦—州—区域三个层面彼此互相衔接。德国空间规划体系能够贯穿行政法律达到实施和建设的具体控制，其主要依托的是建立在地方行政管辖范围内土地利用规划和建筑规划，而建筑规划的制定又需要依照土地利用规划。土地利用规划和建筑规划通过调整行政管辖区内的土地利用和房地产使用来实现城市建设利用的可持续性目标。这两个规划的制定同样需要通过法律进行约束，具体而言是通过《建设法典》《建设利用条例》和《州建设条例》的相应条款进行约束的。

德国空间规划中总体规划的执行权力在州级层面，但联邦政府层面也在规划建设乃至管理的标准中有着重要意义[43]。例如，联邦层面的空间规划主要有《空间规划政策指分纲要》，该纲要是指导性的，它从居民点结构、环境和空间利用、交通、空间规划和发展等方面对空间规划政策进行了阐述。此外，联邦政府还定期编制《空间发展报告》，该报告由联邦城市发展房屋交通部负责，每4年发布一次。该报告也是德国空间规划的框架性文件。《空间发展报告》本身没有约束力，但其提出的原则如果被某一规划或法律采纳，就有了约束力。各个州政府主要在州发展规划和区域规划制定中发挥选取标准的影响作用，而这些标准的核心也与州发展息息相关，如调查分析和预测人口、经济发展、基础设施建设、土地利用情况等。而对于跨州级别的区域规划，标准又需要涉及中心地的统筹安排、发展轴、区域基础设施布局、水资源、自然景观开敞空间等涉及跨州边界的各个要素[44]。而对于地方的第三级规划建设中，则更加能够体现土地与建设的关系，除必须依照法律程序保障规划精准实施之外，建设规划均必须采用一系列法定指标，如各地块的用地性质、容积率等具体规划控制指标（表4-3）。

德国法定空间总体规划体系　　　　　　　　　　表4-3

权限划分	行政区域层次		法律依据	主要规划任务	规划机构
战略指导性规划	联邦		联邦宪法 空间规划法	制定全国空间的整体发展战略部署；指引协调州的空间规划和各专业部门规划	联邦政府城市发展房屋交通部与各州部长联席会议共同编制
	州	州域规划	空间规划法 空间规划条例 州空间规划法	制定州空间发展方向、原则和目标；协调和确定各区域发展方向和任务；审查和批准地方规划	州规划部门
	州	区域规划	州空间规划法	制定区域空间协调发展的具体目标；制定和协调各城镇发展方向和任务	地区规划组织，通常为规划协会
预备性控制性规划	地方	预备性土地利用规划	建设法典 建设利用条例 州建设利用条例	调整城镇行政区内的土地利用和各项建设使用	规划局或者具体项目承担人

资料来源：谢敏. 德国空间规划体系概述及其对我国国土规划的借鉴[J]. 国土资源情报, 2009（11）: 22-26.

与空间总体规划不同，专业部门规划如交通、农业、国防以及环境和生态保护规划在整个规划体系中贯穿始终。不同层面的空间总体规划和专业部门规划在不同层次的协调和配合共同构成了德国完整的空间规划体系。相比于总体规划，专业部门规划更能够提出其对于空间发展专业领域的专业标准。例如，德国在公共安全层面严格规划了卫生监测体系及医疗保障体系，能够确保其在应对突发性大型公共卫生安全事件中起到重要的防护作用。在新冠病毒防控中，德国首先在理念上即为要争取医护机构的反应时间并快速做出准备，严格按照规划建设而成的分布广泛且高效的有执照实验室，保障了德国能够每周至少监测20万人；医疗床位特别是重症床位、人均呼吸机数量等标准的设定和弹性改善也使得德国能够及时为危急患者提供保障，并最终保障了德国目前疫情导致死亡率最低的数据。

最后，除上述的德国法定规划之外，地方政府还可以根据需要制定法律规定之外的规划，即非正式规划。主要包括景观框架规划、城市发展规划、景观规划、绿化秩序规划、形态规划等，并能够有效辅助正式规划的编制与实施。这些规划同样关注建设实施且其中的标准也有着进入德国法律体系的可能，因此也同样是德国空间规划标准的重要组成部分和影响因素（表4-4）。

德国空间规划体系 表4-4

法律地位	规划体系构成		规划目标
法定的正式规划	空间总体规划	联邦层面的空间规划	协调不断出现的空间要求，实现空间发展规划，制定空间发展策略
	专业部门规划	州层面的空间规划 地方层面的空间规划	专业规划主要是从技术角度，唯一而专业领域或多个专业领域而制定
非法定规划	非正式规划		以问题为导向，根据需要而进行的规划或规划性处理措施

资料来源：谢敏. 德国空间规划体系概述及其对我国国土规划的借鉴 [J]. 国土资源情报，2009（11）：22-26.

（3）代表性规划标准

1）生态环境专项规划标准

德国在国家国土空间规划中极为重视自然生态特别是森林生态系统，而在城市环境中也更加注重规划实施建设对环境的影响。有学者专门对德国空间规划中的战略环境评价（SEA）进行研究，发现其能够在不同层面相互关联并影响决策，能够最大程度上借助环境信息、数据的共享和部门间的协调，确保针对重大资源、生态与环境问题在决策层面的及时反应和最合理决策[45]。我国长期由于规划体系繁多庞杂、条块分割内容重叠、同级规划部门沟通不畅等现象所困扰，而德国的战略环境评价体系构建和标准对我国有着积极的参考学习价值。

总体上，根据2001年欧盟《关于特定规划和计划的环境影响评价指令》（Directive 2001/42/EC on the assessment of the effects of certain plans and programs on the environment，以下简称SEA指令）的要求，德国分别修订了《联邦建筑法令》（Federal Building Act）、《联邦空间规划法》（Federal Spatial Planning Act）和原环评法（EIA Act，环评法令），完成了SEA在德国联邦层面的转化。相应地，根据不同的法律约束，SEA又分为：（1）以联邦空间规划法为基础的空间规划的SEA（简称跨区域空间规划SEA）；（2）以建筑法令为基础的地区规划的SEA（地区规划SEA）；（3）以环评法为基础的专项规划的SEA（专项规划SEA）。按照规定，如果这些规划对于人群、动植物、土壤、水体、空气、气候、景观、文化、其他特殊保护目标以及上述保护目标之间的相互关系可能产生潜在的巨大的环境影响，则必须实施战略环境评价。

由此可见，德国对于国土空间中的环境问题和相关评价上升到法律层面。德国不同规划的法律依据各不相同，为了保持战略环评的联动（在不同法律规定中的一致性和融合性），德国联邦空间规划法、联邦建筑指令以及环评指令都分别作出规定，需通过对规划范围内与拟议规划相关的其他规划进行调查，识别是否存在联动以及共享相关数据和信息的可能，以界定拟议规划的评价框架（评价范围和深度），从制度上为战略环评联动的实施提供了法律保证。此外，德国还依靠多部门合作保障战略环评联动落实，除了以法律规定的规划部门、环境和健康管理部门外，相关的公共行政管理机构、区域协会、地区规划的承担者、专业规划部门、乡镇管理部门以及按照法律成立的与环境有关的各类协会需参与界定拟议规划的评价重点、评价深度和范围。这种合作和参与客观上有利于信息和数据的流动和分享，有助于战略环评联动的实施。由于部门合作和参与有助于解决规划制定过程中存在的利益冲突和矛盾，因此联动也有利于形成沟通性和合作性的环境评价。

德国于生态环境层面的战略环评机制对我国有着一定的启示。虽然我国还没有明确的法律责任关系和能够将所有层面进行系统整合的现阶段能力，但将涉及生态环境的所有主体集结并整合，扩宽现有的规划环评应用领域范围和同一层次规划间的互动，将会是未来整合适合我国发展阶段的法律和信息交流部门合作模式的开始[46]。

2）历史文化专项规划标准

德国作为欧洲大陆的中心地带也融合了不同文化并诞生了大量的艺术家哲学家等，在世界历史的演替中逐渐形成了独特的日耳曼文化，并是世界上最早以立法思维确保文化在空间中得以保护的几个国家之一，其规划与建设标准格外注重文化遗产保护。

早在1780年，黑森—卡塞尔就颁布了《维护邦国内现有纪念物和古文物》的规定，这是德国第一部保护历史遗产的法规。二战后，德国虽然陷入分裂，对于城市历史遗产的保护并没有停止。民主德国对于历史遗产保护相当重视，早在1952年就出台了《保护和维护国家纪念物规程》，此后又先后于1961年、1975年出台了《维护和保护纪念物规程》与《民主德国纪念物保护法》。在联邦德国，《基本法》规定各州拥有"文化主权"，各州都颁布了专门保护历史遗产的《纪念物保护法》。两德统一后，新加入联邦的东部各州也都通过了自己的《纪念物保护法》。在联邦层面，则主要是以1960年提出、1971年正式通过的《城市建筑促进法》来推进城市历史遗产的保护和维护工作，"保护历史上的城市核心区的城市建筑纪念物"。另一用来规范城市历史遗产保护和维护的法律是《建筑法》。根据该法律，在强化内城区和地方中心的城市功能建设时，要"特别考虑到纪念物保护和维护"，即所谓的"特别城市建筑权"。1997年，在德国《联邦建设法典》中将德国各类文化遗产统称为"历史文物"，并且在城市规划、土地利用、房屋建设以及城市在发展过程中对历史文物做了明确的规定，因而在德国各个地区的城市规划和建设中，有关文化遗产保护的内容有明确的依据。除此之外，各州可以针对州内不同的遗产保护情况而制定具体的法律条文，从而应对各地不同的遗产保护状况。德国的16个州各自有独立的文物保护法，主要是从文物的定义、保护权力、保护方法、保护程序规则、遗产保护办公室职责、遗产保护资金及行政办公室职责等方面具体对文物保护过程进行约束和管理[47]。

在管理方面，拥有"文化主权"的各州设有专门的纪念物局或纪念物维护局，负责历史遗产等的保护和维护问题。城市和城镇则有自己的文化委员会。联邦政府没有统一的中央文化遗产管理部门，而只有少数特殊文化遗产管理机构，如普鲁士文化财产基金会等。有关"城市建筑纪念物保护"项目的确定和实施并非随意和盲目的。各级政府和职能部门都成立有专门的专家小组进行咨询，定期召开会议确定相关资助项目。不得不需要承认的是德国能够建立完善的文化遗产管理机制并严格遵循法律的发展，是基于其强大的经济实力和发达的社会构建，并通过资金调整等技术手段进行实际管理得以实现。例如，德国政府组织各类全国性文化遗产保护会议，积极开展与文化遗产保护相关的全国性项目，促进德国国内文化遗产保护经验的交流和保护技术的提升。德国的城市历史遗产保护和维护有较充裕的资金保障，既有各级政府及职能部门专项资金，也有私人筹措和企业捐助资金[48]。在原联邦德国，到1990年为止各州受"城市建筑纪念物保护"项目支持的资金达140亿欧元之巨。两德统一后，历史遗产保护的重点转向东部。1991—2012年，东部新加入各州得到240项财政支持，用于保护城市历史遗产。涉及的城市历史遗产保护和维护对象不仅有单个建筑，也包括街道、广场和具有历史价值的老城区。仅1991—2006年，东部各州获得的城市建筑促进资金就超过200亿欧元。2009年以后，原联邦德国各州也开始得到"城市建筑纪念物保护"项目，迄今为止已经有超过200个项目在190多个城市中得到实施，取得了较好的效果。此外，德国还通过补贴和减免税等措施来鼓励私人和企业投资历史遗产保护事业。一些私人基金会，如德国纪念物保护基金会、迈瑟施密特基金会等也在资助历史遗产保护方面扮演了重要角色。而针对被人们遗弃的历史建筑，德国政府还制定了相应的税务政策，通过减免历史建筑拥有者的税务，鼓励其对历史建筑进行维修和使用及再利用。且由于诸多遗产占据城市中心位置，许多地产开发商与遗产保护专家共同合作，致力于在建筑遗产的原址上将其与商业开发结合的再利用模式[49]。

4.1.4 荷兰

"荷兰"是由荷兰本土与美洲加勒比地区的阿鲁巴、库拉索和荷属圣马丁4个构成国组成的君主立宪制的主权国家。荷兰政府的权力仅限于国防、外交、国籍和引渡，除了上述权力以外，各构成国皆有完全的自主权和自治权。荷兰宪法于1814年3月29日颁布，宪法规定荷兰是世袭君主立宪王国，立法权属国王和议会，行政权属国王和内阁。议会的法案是政府制定所有法案的依据。荷兰的法律体系由议会法案、法典、条约及案例法组成。荷兰欧洲本土划分为12个省，是世界上人口密度最高的国家之一，它的人口密度超过400人/平方千米。荷兰是低地国家，仅50%的国土高于海拔1米，26%的国土甚至低于海平面，且绝大多数是人造的，导致荷兰长期受到海水倒灌等水灾的威胁，水务管理对于保卫国土安全具有的重要意义。

（1）空间规划体系演变历程及现状

荷兰于1941年成立"重建与公共住房部国家规划局"，开始尝试空间规划编制。基于1901年制定的内容包括城市公共住宅与城市规划的《住宅法》，荷兰在1941年至1965年，是以住宅需求为主导的空间规划时期。"荷兰将重建和公共住房部"在1960年代变更为"空间规划和公共住房部"，并于1965年颁布《空间规划法》[50]。

2000年以后，荷兰空间规划的管理部门和规划体系都发生了较大的变化。2000年，空间规划职能部委变更为"住房、空间规划和环境部"。2010年，新成立的"基础设施和环境部"下属的"空间规划和水务管理总局"承担空间规划编制职能，负责《国家环境愿景》的编制，同属该部委的"荷兰环境评估局"提供规划咨询，并于2012年3月颁布了《基础设施和空间结构愿景（2040）》，可见国家空间规划的地位和重要性在不断弱化，并向着以可持续发展为主题的环境和交通相关部门靠拢。2019年，荷兰空间规划管理部门再一次调整，原来的"基础设施与环境部"更名为"基础设施与水管理部"，更加凸显了荷兰的环境管理中水治理的地位，空间规划职能并入"内政与领土关系部"，而基础设施、水管理、环境、三角洲规划等职能仍然保留在"基础设施与水管理部"，当前荷兰空间规划的编制和管理需要"内政与领土关系部"和"基础设施与水管理部"两个部委密切协同与合作。

2008年，荷兰空间规划的法律依据也发生了重大变化，推动荷兰空间规划进入分权主导的阶段。2008年以前，在原《空间规划法》主导的中央、省、市三级政府垂直控制体系下，只有市级政府有权编制《土地利用规划》，并由省级政府审批，市级政府对省级政府不予批准的《土地利用规划》保留向中央政府提出申诉的权利，国家和省无权编制《土地利用规划》，存在规划审批程序繁琐、各级政府责任范围不清晰、集权等问题。

2008年，针对原《空间规划法》存在的问题，荷兰对1965年颁布的《空间规划法》进行重大修编，重新划分了政府层级之间的职责，以分权为主兼有集权，以信任机制作为先决条件，减少规则，建立以沟通和鼓励为基础的多方合作模式，推动物质空间的可持续发展。新《空间规划法》要求国家、省和市各自编制《结构愿景》（Structure Vision），该规划为宏观规划且非法定规划，编制审批程序也相应简化，内容更加战略化，但也赋予了国家级和省级政府直接进行土地利用规划项目审批的规划工具和法律依据，加强了上级政府的直接干预能力和话语权，使愿景对编制一级政府有约束力同时对下一级政府有指导功能[51]。同时，市级政府编制荷兰唯一的法定规划——《土地利用规划》，把总体规划设想具体到每一块土地上，内容包括规划图、土地用途规划说明书和对于规划用途的解释，该规划在符合国家制定的《总体空间发展条例》的前提下，可由市地方政府议会直接审批生效；如果国家和省规划与市规划发生冲突，国家和省政府有权对特定范围的地块使用《强制性土地利用规划》，在该规划的范围内市级政府的《土地利用规划》将失去法律效力。

新《空间规划法》实现了中央政府在空间规划方面的简政放权，降低规划的控制性以提升市场的主动性，整合并简化了空间规划以及与其相关的环境、交通等方面的法律法规，也缩短了规划编制和审批的程序。同时，新《空间规划法》虽然改变了三级政府在空间规划上的垂直关系，市级土地利用规划无需上级审批，但未放弃区域和国家层面的调控权利，即在放权到地方的同时为中央政府和省级政府保留了一项可以针对特定地域直接编制《强制性土地利用规划》的强制性介入权力，维护了国家级和省级政府的直接干预能力和话语权。

2008年《空间规划法》生效之后，荷兰很快又启动了新的《环境和规划法》修编进程。2014年荷兰基础设施和环境部向荷兰议会提交了《环境和规划法》法案，在议会通过后，最终法案于2016年发布并在当年预计将于2019年生效。2017年，《环境和

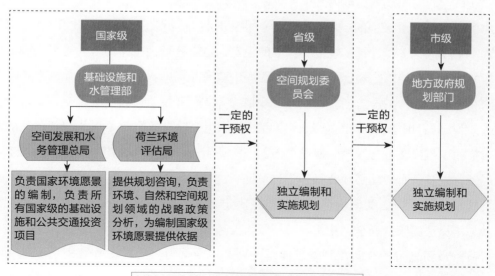

图4-8　荷兰空间性规划治理传导体系
资料来源：张书海，李丁玲. 荷兰环境与规划法对我国规划法律重构的启示［J/OL］. 国际城市规划：1-9［2020-09-17］. http://kns.cnki.net/kcms/detail/11.5583.TU.20200317.1655.002.html.

规划法》再次简化，目的是为了使项目起步更快，更容易，预计该法律将于2021年生效。规划编制方面国家和省级政府试图制定《环境愿景》取代之前的《结构愿景》，地方政府制定《环境规划》取代《土地利用规划》，地方政府可自愿选择编制或不编制《战略规划》。这次规划法律的变革向着多法合一、多规合一、多证合一的目标进行[52]。

（2）空间规划法律法规及标准体系

荷兰的空间规划法律、法规和其相关的技术标准分别包含在各个法案（ACT）、法令（Decree）、行政指令（Administative Orders）、规范（Regulations）等内容中。2021年即将全面生效的荷兰空间规划新法律法规、规范体系就包括三个层级，第一层级由一部核心法案《环境和规划法》以及一些补充专项法，比如土地期限、土壤、自然以及声音方面的专项法案，法令属于法律的框架内；第二层级由一系列一般行政指令（AMvB）构成主体部分，目前有4部一般行政法令纳入其中，分别是环境、环境质量、活动以及建设为主题的法令，同时辅以相关领域法律框架下的补充指令；第三层级是一系列关于环境和空间规划领域的规范组成，这一层级的规范和条例，对第一层级的法律法规进行了更详细的阐述，并提供了更加精细化的标准。

在荷兰的空间规划标准体系中，规划的管理、监督、实施和运行规范准则占有重要地位。在第二层级中的一般行政指令，主要是针对规划工作中的行政管理、监督、运营、实施这类工作进行了规范和标准的设定，也就是行为主体的行为规范应符合什么样的准则。环境指令规定了规划工作程序中政府当局的责任分配，其他权力和咨询机构在决策过程中的参与度，以及环境评估的方式；环境质量指令为市、省（区域政府）、水务局、国家政府如何实现国家目标并承担全球义务制定了规范和条例；活动指令描述了市民在进行开发、建设等涉及环境或影响城市空间的商务活动中必须遵守的规则，以及所有活动必须获得一张许可证，这些规则的目的在于保护环境、公共基础设施、水体、历史文化遗产；建设指令确定了在装修、建设、使用和拆除建筑物时，为了保证健康、安全、耐用及可持续需要遵守的规范和标准。

荷兰最新进行的空间规划管理体系的变革以及修订版《环境和规划法》是在欧盟（Eu）发布的"make it work"项目的框架内发布的。"make it work"组建了一个成员国工作组，致力于通过分享成员国在立法改革方面的实践并探索简化欧盟环境法规的机会，来提高欧盟环境立法的有效性和效率。《环境和规划法》的构建方法与

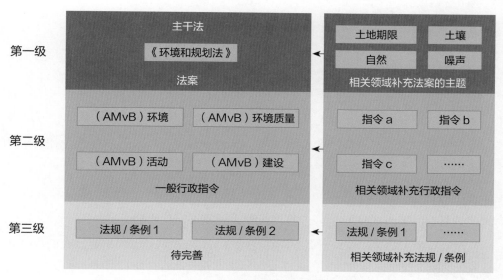

图4-9　基于《环境和规划法》的荷兰空间规划法律法规体系
资料来源：作者自绘

欧盟指令的方法一脉相承，政策周期是该法案的核心要素，旨在积极实现与物理环境有关的特定目标。"发展视野，保障质量"的理念构成了《环境和规划法》体系的实质，立法草案的结构遵循一个政策周期，该方法是从欧盟在环境和水领域的指令中借鉴而来的。荷兰从欧盟指令中得出基本的分类作为起草立法法案内部结构的基础。

欧盟的法律是《环境和规划法》的基础依据。荷兰的大部分环境法是在环境、自然环境和水领域的内容，这些领域都在欧盟制定的法规（例如欧盟指令）中有实施内容，因此欧盟环境法中的很大一部分构成了荷兰起草环境法的出发点之一。由于其自身定位，欧盟在制定与环境和自然相关的法规时涉及面很广，可以反映物理环境中存在的问题和解决方案的多样性。欧盟的规范规定了广泛的活动和运作，有时设定目标，有时提供手段，有时两者结合。欧盟法规标准还规定了与自然环境有关的标准，有时与工具结合使用，有时为成员国提供自由选择的空间。

在空间规划领域荷兰必须有国家政策，欧盟法规最多具有间接影响。荷兰空间规划的主干法《环境和规划法》是国家、区域和地方政策的基础，这些都是欧盟的法规涉及不到的地方。另有一些不符合地方情况的指令，需要各个成员国在国家层面做出自己的选择。由于欧盟未制定任何全面的环境政策，因此荷兰环境法包含了并非欧盟实践的部分。

（3）代表性规划法律法规与标准

1）《环境和规划法》

荷兰的空间规划是关于与空间发展相关的土地使用控制规划，除了空间规划的具体法规，其他领域的法规也涉及某些空间发展的可能性和不可能性。例如，环境规范可能会限制脆弱自然区域旁边的土地使用，因为预期的二氧化碳排放量会对受保护的自然价值产生负面影响。然而，随着时间的推移，环境和空间规划领域的相关法律法规体系不断延伸，逐渐形成了一个包含40多个法律、120个一般行政命令和数以百计的规范的复杂体系，对统筹治理土地使用和空间发展产生阻碍。

荷兰政府为了简化和统筹所有空间和环境规划领域的法律，将所有已有的规范和法规整合至一部《环境和规划法》中，法案将会整合15部已有法律，包括《水法》《空间规划法》等，以及另外8部预期的法律，法令和条例的数量从240条减少至14条。《环境和规划法》将把环境和空间规划领域中所有法律和规范打包进入一项法案，实现空间规划审批的"一站式联络"和"一次性程序"，审批流程也从26周减少到8周（表4-5）。

荷兰《环境和规划法》整合的部分法律法规　　　　　　表4-5

《环境和规划法》完全整合的法律法规	空间规划法（Spatial Planning Act）
	环境法一般规定（Act on General Provisions in Environmental Law）
	开采法（Extractions Act）
	交通和运输规划法（Plan Act Traffic and Transport）
	基础设施轨迹法（Infrastructure Trajectory Act）
	物业法限制（Restrictions on Property Act）
	危机与复苏法（Crisis and Recovery Act）
	土壤保护法（Soil Protection Act）
	噪声扰民法（Noise Nuisance Act）
	城市与环境方法暂行法（Interim Act City and Environment Approach）
	气味扰民和牲畜饲养法（Ordour Nuisance Livestock Breeding Act）
	道路拓宽法（Expedition Act on Road Broadening）
	洗浴场所和游泳设施的卫生和安全法（Act on Health and Safety of Bathing Establishments and Swimming Facilities）

续表

《环境和规划法》部分整合的法律法规	环境管理法（Environmental Management Act）
	历史建筑和文化遗迹法（Historic Buildings and Ancient Monument Act）
	水法（Water Act）
	自然保护法（Nature Protecting Act）
	矿业法（Mining Act）
	住房法（Housing Act）

资料来源：周静，沈迟. 荷兰空间规划体系的改革及启示［J］. 国际城市规划，2017，32（03）: 113-121.

2)《建筑法令》

基础设施和环境部门负责规划和建筑法规，荷兰市政建筑的法规涉及城市规划、受污染土地上的建筑以及建筑物外观等多方面内容，每个城市的建筑法规可能会有所不同。其中《建筑法令》是一部荷兰需要进行公共建筑和住宅建设时市级政府需要根据该法令对工程进行评估并发放建设许可证的法令（大多数规划都在市一级进行管理而超出市级界限的开发可能会在省或国家一级进行管理，法令中包含对项目根据当地分区计划进行检查）。法令中包含了现有和新建建筑的最低构造技术要求，以及特定业务活动相关的建筑法规和总体布局要求，还有涉及安全、健康、可用性、能源效率和环境的技术要求。《建筑法令》中涉及的规范也有相当一部分被整合在《环境和规划法》的法律框架内。

与之关联的《天然气法》的修正案于2018年7月1日生效，其中取消了将新建房屋与天然气连接的法律义务。允许市政当局决定是否将新住宅连接到区域供热系统或其他能源基础设施。这项立法的修改帮助实现政府为了应对气候变化而减少天然气对气候影响的目的，预计在未来几年内使所有房屋都实现无天然气生产，最终终止格罗宁根的天然气开采。

3)《土壤修复通令》

荷兰由于处于低地同时又临海，近四分之一国土面积处于海平面以下，其地理位置和形态导致荷兰的土地经常遭受自然灾害的困扰，历史上记录过多次洪水、海水倒灌等事件。因此在荷兰有很多抵御洪水、填海造地、地质改造方面的大型工程项目。在自然灾害的劣势和考验面前，生于欧洲农业第一大国的荷兰人对乡村田园以及自然环境的喜爱和保护信念坚定不移，保证良好生态环境和农业空间是荷兰人的治国之本。在这种土地资源十分稀缺又要保证大规模农业发展的情况下，如何管理好每寸国土、更好地利用有限的土地资源成为了荷兰空间规划的重要挑战。荷兰在这方面积累了良好经验，涉及土地利用的法律和规范中对这一特点有所体现。

荷兰的土壤方面法律法规属于基础设施与环境部门的责任范围，其前身住房、空间规划与环境部于1983年出台《土壤修复（暂行）法案》，包括土壤环境质量标准。在这部法案的框架下荷兰对土壤的环境质量有全国的统一标准和要求，导致了大量土地在修复后不符合全国统一的质量标准而被迫列入闲置土地。

2006年经过几次修编后的《土壤保护法案》框架下的《土壤修复通令》出台，这部法案虽然在土壤污染修复标准方面并没有针对不同地区、不同功能的地块采用不同的标准，但是对土壤污染的风险评估和判断过程中涉的标准、对象、污染暴露途径等采取了非常精细的分门别类，这是荷兰在土壤修复方面风险控制理念的体现。法令中对不同情况下启动修复和修复应当达到的标准进行了细致的划分，土壤修复囊括三类标准值：目标值、筛选值和干预值。目标值定义为土壤中存在对生态系统和人体健康可忽略的风险时的污染物浓度最大值；筛选值定义为土壤中存在对生态系统和人体健康相对安全的潜在风险时污染物浓度最大值；干预值定义为土壤中存在对人体健康与生态系统可接受的风险时污染物浓度最大值。当土壤检测结果介于目标值与筛选值之间时土壤被视为相对安全的；当检测结果介于筛选值和干预值之间时应启动一系列风险调查评估来确认是否需要启动修复程序的风险；当土壤检测结果超过干预值时需要启动污染修复程序。

《土壤修复通令》对一些生态毒性或检测标准尚未完全明确的污染物虽然无法纳入上述标准规范体系，但秉持着对未知环境风险采取严格防范的原则，设定了不同于前面三类的标准值的"严重污染指示值"，这个值对于土壤质量水准的定性存在不确定性，当土壤中未明确毒性的污染物超过了其"严重污染指标值"时，政府需要综合考虑其他因素来确定土壤的污染程度。

《土壤修复通令》不仅对风险控制导向的污染标准进行了精细划分，也对三大标准之一的修复干预值的适用对象种类进行了精确的分类，这些分类包括"带有花园的住宅区""儿童游乐场所""厨房、菜园""非农场的农业用地""自然绿地、运动场地、城市公园"等非常细致的用地分类；同时，法令对土壤的暴露途径也加以精确分类，包括"食用受污染土壤颗粒""经皮肤接触受污染土壤颗粒""吸入受污染土壤颗粒""吸入受污染蒸汽""食用受污染农作物""经饮用水接触"等；另外，在经判断需要启动应急修复时，法令对土壤污染风险类型分为：对人体健康的风险，包括对慢

性和急性的健康影响、人体表皮过敏等；对污染可能扩散范围的风险，包括土壤中有
害物质借助地下水系统扩散到生态自然环境等难以避免和控制的扩散，以及对生态系
统的风险，包括影响生物多样性、有害物质积累在生态环境中和进入生态循环中导致
破坏生态系统等。这些不同方面的分类使得基于《土壤修复通令》对土壤污染风险的
评估方法和标准更加因地制宜。

《土壤修复通令》中对土壤污染和修复完善的风险判断标准体系及其丰富精准的
适用范畴，以及法令中蕴含的保护生态环境、保护人类健康的价值理念使得这部法律
具有与时俱进和符合荷兰土地的特征。

4.1.5　法国

法国是欧洲国土面积第三大的国家、欧洲四大经济体之一，同时也是联合国安理
会五大常任理事国之一、欧盟和北约的创始成员国，是欧洲大陆最重要的经济、政治
实体之一。法国的政治体制为半总统共和制。法律上，法国采用大陆法系，法国法系
以1804年《法国民法典》（Civil Code）为蓝本建立，强调个人权利为主导，这与同为
大陆法系，但强调国家干预和社会利益的德国法系是不同的。尽管成文法是法国法系
的渊源，现如今判例法也越来越得到重视，如侵权行为法便来源于法典之外被广泛公
布、参照和援引的法院判决[53]。

（1）城乡发展与规划现状

20世纪之前，法国的空间建设活动主要仅关注道路和卫生两大方面。进入20世
纪，尤其是二战之后，随着全球格局的剧变，经济社会的飞速发展，法国在不同阶段
关注的主要问题是不断变化的：20世纪60年代关注区域均衡发展，20世纪70年代关注
环境问题，20世纪80年代关注社会隔离问题，20世纪90年代关注可持续发展，2000年
后则关注综合竞争力的提升。相应地，法国的城乡规划也是不断进化的：规划内容
上，从关注空间形态和土地利用逐渐向保护资源、生态环境以及促进可持续发展转
变，从以城市规划管理为主向社会、经济、环境等多领域综合管理转变；空间范围
上，从地方管控向区域协调与协作转变；政府关系上，从中央政府直接干预向各级政
府在明晰各自规划事权的前提下相互分工、协作转变，中央政府作为"调解人"，更
多扮演规则制定者和监督者的角色，而各级地方政府作为"责任人"，更多扮演决策

者和笃行者的角色[54]。

当前，法国的城乡规划体系可以分为战略性规划、规范性规划和修建性规划三大类[55]（表4-6）。具体如下：

以战略展望为目的的战略性规划对应区域层次，并细分为区域规划和区域性城市规划。区域规划以大区为单元编制《国土整治与可持续发展大区计划》（schema régional d'aménagement et de développement durable du territoire）。区域性城市规划一方面在市镇联合体层面编制《国土协调纲要》（schéma de coherence territoriale，SCOT），另一方面则在跨省或跨大区的特殊战略地区层面编制《空间规划指令》（directives territoriale d'aménagement，DTA）。

以规划管理为目的的规范性规划对应地方层次，主要在市镇层面编制，包括《地方城市规划》（plan locald'urbanisme，PLU）和《市镇地图》（cartecommunale，CC）。此外，针对因为各种原因，如市镇规模过小、缺乏技术力量、地方财政不足等，尚未编制地方性城市规划文件的市镇或市镇联合体，则以市镇或市镇联合体作为编制单元，由中央政府的相关服务机构负责编制《城市规划国家规定》（règlement nationald'urbanisme，RNU）。

法国的修建性规划也属于地方层次的城市规划，包括《协议开发区规划》（plan d'aménagement de zone，PAZ）和《历史保护区保护和利用规划》（plan de sauvegarde et de mise en valeur，PSMV）两类。

法国城乡规划编制体系　　　　　　　　表4-6

规划类型	规划层次	规划文件	规划范围	编制主体
战略性规划	区域规划	《国土开发与规划大区计划》	大区行政辖区	中央政府或大区政府
	区域性城市规划	《国土协调纲要》	省行政辖区或市镇联合体	省政府或市镇联合体决议机构
		《空间规划指令》	跨省或大区的部分特定国土	中央政府
规范性规划	地方性城市规划	《地方城市规划》《市镇地图》	市镇行政辖区或市镇联合体	市镇政府或市镇联合体决议机构
		《城市规划国家规定》	尚未编制城市规划文件的市镇	中央政府
修建性规划		《协议开发区规划》	城市更新改造地区和城市新区	承担开发的机构
		《历史保护区保护和利用规划》	历史保护区	所在地方政府

资料来源：作者根据相关论文整理

（2）城乡规划标准体系

法国的各类城乡规划标准基本囊括在其城乡规划法律法规体系当中。我们可以从相关性、地域层次、文件类型三大方面对法国的城乡规划标准体系进行分类。

1）相关性：城乡规划法律法规与相关法律法规

城乡规划法律法规，顾名思义，就是直接作用于各级城乡规划制定的法律法规，其代表就是法国的城市规划法。而相关法律法规则是作用于其他领域，但是与城乡规划关系密切，可以影响到城乡规划制定的法律。在国家的法律层面，与城市规划法相对应的相关法律有建筑法、环境法、国土开发法等。城乡规划法律法规与相关法律法规关系密切，相互之间保持着协调的关系。在内容上，它们既有重叠的部分，又有各自的侧重；在实施过程中，针对同一对象它们既能共同发挥作用，又能保持各自法律效应的独立性和独特性。例如，城市规划法与建筑法，二者都与土地利用和房屋建设密切相关，但前者侧重于与国土利用和城市发展有关的所有规章和规定，属于公法的范畴，后者侧重于与房屋修建有关的所有规章和规定，属于私法的范畴。再如，城市规划法与环境法，二者同样涉及环境保护问题，但前者更加关注城市化地区的自然环境和人工环境的保护，后者更加关注保护自然、防治污染、抵御灾害、保护历史遗产和风景名胜等问题。

2）地域层次：国家、区域、地方三大层次

不论是城乡规划法律法规还是相关法律法规，都遵从国家、区域、地方构成的纵向等级体系，其中区域以大区或跨大区作为单位，地方则以市镇或跨市镇作为单位。在法国，各级地方没有城乡规划立法权，不存在专门的城乡规划地方法规，各级地方编制的规划文件一经批准即具有法律效力，构成地方的规划法规体系。下位规划编制需要采用的标准全部在本级规划中作出规定。因此，法国的城乡规划法律法规体系在国家层面体现为城市规划法，在区域和地方层面则为各级具有法律效力的法规和规划文件。而相关法律法规体系在国家体现为相关法律法规和国家层面的公共政策，在区域和地方则为针对相应领域的规定和计划[55]。

3）文件类型：法律、法规、政令等

国家层面的城市规划法不是一部法律，而是所有与土地开发整治和城市建设发展相关的法律法规的总和，例如《土地指导法》《社会团结与城市更新法》等，这些法律共同规定了城乡规划编制的基本原则和基本规定。法国通过《城市规划法典》

（Code de l'urbanisme）汇集了与城乡规划有关的所有法律和规定。《城市规划法典》
由法律（Partie législative）、法规（Partie réglementaire - Décrets en Conseil d'Etat）、政
令（Partie réglementaire-Arrêtés）三大部分组成，其中，法律部分是指以宪法为依
据形成的条文，具有与宪法同等的法律效力，法规部分是指以国家行政法院颁布的
法令为依据形成的条文，政令部分是指以国家行政部门的决议为依据形成的条文。
《城市规划法典》共分为六卷，包含了城市规划法规、优先权和土地储备、土地开
发、建筑开发和拆除制度、部门机构和企业的布局、城市规划诉讼、咨询机构及其
他方面的规定。在区域和地方层面，文件的类型则有"纲要""指令""计划""规
定""规划""宪章"等诸多形式，分别有着不同强度的法律效力和不同的侧重
内容（表4-7）。

法国城乡规划法律法规体系 表4-7

地域范围		城市规划法律法规	与城市规划相关的法律法规
国家		• 城市规划基本原则 • 针对山区和滨水地区的规定 • 城市规划基本规定	• 公共服务纲要
区域：跨大区和大区		• 国土规划整治指令 • 具有同等效力的指导纲要（如法兰西岛大区指导纲要等）	• 跨大区规划整治与国土开发指导纲要 • 大区规划整治与国土开发指导纲要
地方	跨市镇：城市化地区、城市化密集区、其他特定区域	• 国土协调纲要	• 地区自然公园宪章 • 特定区域发展宪章 • 城市化密集区计划 • 城市交通规划，地方住宅计划，商业发展纲要等
	市镇或跨市镇	• 地方城市规划或市镇地图	• 影响土地利用的土地公共用途规定

资料来源：刘健. 20世纪法国城市规划立法及其启发 [J]. 国际城市规划，2009，24（S1）：256-262.

（3）代表性标准

1）法国城乡规划的基本法律之一：《社会团结与城市更新法》

第二次世界大战后，法国住房数量严重短缺，政府开始在城市郊区大规模、快速
地兴建社会住宅。经历了30年的建设后，住房的供需逐渐达到平衡，但社会住宅却沦
为贫困人口大量集聚的地方，治安混乱、郊区危机等社会问题频频发生。1980年代

后，社会隔离成为当时法国社会的主要矛盾。在此背景下，2000年12月13日法国颁布
了《社会团结与城市更新法》（loi Solidarity et Renouvellement Urbain，SRU），以促
进社会融合，鼓励社会住宅建设，改善贫困人口的居住条件。

《社会团结与城市更新法》围绕加强团结、鼓励可持续发展，和加强民主与权力
下放为出发点制定。在城乡规划体系方面，规定原有的"指导纲要""土地利用规划"
等城市规划文件分别被"国土协调纲要""地方城市规划""市镇地图"等规划文件所
取代；在鼓励可持续发展方面，该法旨在以合理的方式使城市化空间更加致密化，以
避免城市蔓延和社会隔离加深，例如限制确定建筑用地最小尺寸以及取消对用地分割
的控制；在鼓励公共交通上提出要减少汽车在公共交通主导地区的作用；在住房方
面，其55条则强制规定了市镇建设社会住宅的最小比例，以及对违反该规定的市镇的
制裁方式，以推动不同阶层人群的混合。SRU颁布至今经历了多次修改，对法国城乡
规划的发展具有深刻的意义。

2）城市设计与风貌管控领域标准

在法国，对城市设计要素的管控贯穿于城市规划编制的全过程。《城市规划法典》
规定规范性的《地方城市规划》（PLU）和修建性的《协议开发区规划》（PAZ）、《历
史保护区保护和利用规划》（PSMV）需要对用地性质、建设强度、空间布局、设施
配套、风貌特色和能源环境等六个方面的16项规划指标作出具体规定，其中空间布局
和风貌特色方面的条文即为常见的城市设计要素[56][57]，见表4-8。

十六项法定规划条文及其管控内容　　　　表4-8

	管控内容	对应条文
用地性质	被禁止的土地使用功能	第一条
建设强度	特殊情况下的开发限制要求	第二条
	单一地块的最小可建设面积	第五条
	土地建设控制	第九条
	最大建筑高度	第十条
	土地占用率	第十四条
空间布局	地块与公共空间的衔接，包括道路和出入口的规定	第三条

续表

	管控内容	对应条文
空间布局	建筑物与相邻公共空间、城市道路距离的规定	第六条
	建筑物与相邻地块线距离的规定	第七条
	同一个地块上如果有超过一栋建筑时，对建筑间距的规定	第八条
设施配套	给水排水、垃圾收集和雨水收集等市政设施的布局规定	第四条
	建造者建设停车场的义务	第十二条
	建造者建设空地、游乐和休闲场地及绿化种植的义务	第十三条
	建筑、工程和设施铺设基础设施与通信网络的义务	第十六条
风貌特色	建筑物外观及相关要素管控——对景观街区、建筑物、公共空间、历史建筑、文化遗址及其他要素的保护与管控要求	第十一条
能源环境	建筑、工程和设施提升能源效率与保护环境的义务	第十五条

资料来源：顾宗培，王宏杰，贾刘强. 法国城市设计法定管控路径及其借鉴 [J]. 规划师，2018，34（07）：33-40.

　　《地方城市规划》（PLU）通过法定条文的形式对城市设计要素进行管控，确保城市建筑与空间环境的总体协调和有序，保护和彰显地方风貌特色。以巴黎为例，位于巴黎历史中心区边缘的蒙巴纳斯塔楼高209米，建成后遭到了巴黎各界的广泛批评，于是在1977年颁布的《巴黎土地利用规划》中便确定了历史中心区建筑不超过25米，巴黎市区不超过37米，二者之间增加31米中间档次的建筑高度三级控制指标，并沿用至今，成为《巴黎地方城市规划》中对城市风貌进行管控的重要法定性规范指标。除建筑高度外，《巴黎地方城市规划》还在几乎覆盖巴黎全部行政辖区内，以地块为单位，对建筑体量、建筑外观、建筑布局、庭院绿化、景观视廊、土地利用等指标做了十分详尽的规定[57]（表4-9）。

　　在《地方城市规划》的下一层面，《协议开发区规划》（PAZ）以城市设计工作为核心，负责协议开发区规划的规划师会根据实际情况对地方城市规划提出反馈和修改意见，并将城市设计方案的主要内容转化为法定管控要素和管控文件，以《建筑、规划、景观和环境规定文件》的形式附加到土地买卖合同中，从而实现了法律层面的"上传"和"下达"，确保了城市设计意图的落实[56]。

拉法尔高铁地区协议开发区对PLU管控规定的修改情况摘录　　表4-9

拉法尔市地方城市规划原条文		Richez Associés 公司提出的修改建议（2015年）	修订后的地方城市规划（2017年6月）	是否采纳修改建议/修改方式
第九条：土地建设控制	常规情况下，建筑最大占地面积不得超过用地面积的65%	该条文是一个PLU的模板式条款，可能会制约公共设施的建设。建议将建筑占地面积的比例上限修改为75%	建筑最大占地面积不得超过用地面积的75%	采纳，修改数值
第十条：最大建筑高度	建筑高度由附件中的图示确定，在附件没有列出的区域之外，建筑限高20米	建议删除该条文在附件中的图示，这种图示限制了城市设计希望形成的城市形态；这个区域可以有一个超过30米的标志性建筑，一般建筑的最大立面高度为18米，屋顶高度不超过23米	建筑的高度应符合建筑高度规划图，附件中同时提出了建筑高度控制的特殊规定图表。除了下图和附件中有明确要求的区域，建筑限高仍为20米	采纳，更新/附加图表
第十一条：建筑物外观及相关要素管控	提出了对建筑外观一系列要素的具体规定，包括通信电线和天线的位置、垃圾收集、屋顶的形式及设施、建筑的材料和颜色、外墙的材质、绿色建筑的认证要求、对栅栏的管控要求	逐条提出了简化或修改建议	简化了该地区的条文要求，在附件中增加了图示	部分采纳，简化条文，附加图表
例如屋顶	除了有节能设施的屋顶，屋顶都应由植被覆盖或有露台。太阳能电池板应尽可能嵌入屋顶之中，不应突出于屋顶之外。这些太阳能电池板应构成明确的几何形状（如正方形、矩形、横向的带状等）	建议提出建设坡屋顶的要求。将条文修改为"屋顶应采用植被覆盖、有露台的平屋顶或嵌入节能设施的坡屋顶这三种形式之一"	屋顶可以由屋顶平台或坡屋顶组成，宜覆盖植被	—
第十三条：建造者建设空地、游乐和休闲场地及绿化种植的义务	（没有相关规定）	（对UBg以外的地区提出停车场绿化植树的修改建议）	（没有相应修改）	未采纳

资料来源：顾宗培，王宏杰，贾刘强. 法国城市设计法定管控路径及其借鉴[J]. 规划师，2018，34（07）：33-40.

3）历史文化遗产保护领域标准

历史文化保护领域中较为重要的法律有《历史纪念物法》（Monuments Historiques）和《景观地法》（SITES）。《历史纪念物法》的对象是不可移动的单体建筑（1943年将保护范围扩大到周边半径500米区域）。保护分为"登录"和"列级"两个等级，进入名单的历史纪念物及周边500米范围内建筑物的任何改造都必须事先申请，并获得管理部门的批准。《景观地法》最初用来保护点状的自然景物，后来乡村和城市景观也被纳入保护范围。景观地保护也分为"登录"和"列级"两类，前者主要对市镇规划提出保护性原则，后者则对区域内"所有可能引起景观性状和完整度改变的项目，如立面维修、树木裁剪"等进行严格控制。

地方层面，法国在《地方城市规划》中以限制性文件的形式实行"建筑、城市与景观遗产保护区制度"（ZPPAUP）[58]。编制《地方城市规划》的地方政府可以在文物建筑周边划定新的保护区（即ZPPAUP），对精品遗产之外的地方遗产进行保护与开发。与历史纪念物和景观地相比，ZPPAUP的保护范围更广，要求也更为细致，包括：对市镇建筑、自然景观和田园要素进行挖掘和整理；根据建筑、城市、景观的综合评判标准，科学地划定保护区范围；对保护区内的所有建筑和景观要素制定保护导则，从材料、程序、技术、色彩、公共空间等方面对新建、改造和拆除等建设行为做出详细规定[59]。

在《地方城市规划》以下，法国还有《历史保护区保护与利用规划》（PSMV），针对历史保护区的规划进行更加有针对性的规范和管控。巴黎的《历史保护区保护与利用规划》作用于马莱和七区两处历史保护区，针对其中任何地块上的任何建设行为，提出修复、维护、改建、扩建、新建、拆除以及土地利用调整等方面的规定，是在历史保护区内进行城市建设与管理的法定依据[57]。

4.2 美洲国家和地区标准

4.2.1 美国

美国是宪政联邦共和制国家，有三级政府，即联邦政府、州政府和地方政府（包括县政府和市政府），联邦政府与各州分权而治。美国是一个高度发达的资本主义国家，经济体系兼有资本主义和混合经济的特征，企业和私营机构做主要的微观经济决策，政府在国内经济生活中的角色较为次要。

（1）美国城乡规划历程与现状特点

美国的城市规划与其城市发展和政府城市政策是密不可分的。不同的阶段具有不同的特点，总的来说，先后共经历了四个阶段[60]，即殖民地时期的移植型城镇规划、独立初期的反城市自由放任政策、工业革命时期的改善城市卫生和美化城市环境政策、后工业革命时期的综合城市规划政策，见表4-10[61]。

美国不同的发展阶段城市规划所关注的重点 表4-10

时期	城市政策	城市特点或问题	城市规划关注的重点	典型代表
1608—1776年殖民时期	移植型城镇规划	城市规模小、空间结构简单	构建街道系统、营造公共空间、突出市中心的功能	1682年，费城规划
1776—1840年独立时期	反城市自由放任政策	市镇会议决定城镇事务，城市人口剧增，城市服务跟不上，土地投机拍卖盛行	建设铁路和公路，划分街区	1791年，华盛顿规划*
1840—1945年工业革命时期	城市卫生和美化城市政策	卫生状况恶化、死亡率上升、贫富差距扩大	城市美化、市政工程	1903年，霍华德的田园城市
1946年至今后工业革命时期	综合性城市规划政策	城市人口郊区化、中心城区衰落、就业不足、贫困	改善穷人居住环境、种族和阶级公平、社会规划	1961年，雅各布的《美国大城市的死与生》

注：前两个阶段的城市规划是一些比较小的规划活动；★未实施，华盛顿城市发展被土地投机商控制。

规划在美国社会经济体系中地位不高，基于地方的市场需求，自下而上形成规划需求。美国是一个高度强调自由、市场和私权的国家。在这样的社会文化背景下，大部分人反对国家层面或者地方政府层面的空间管制。美国的规划发展史也比较短，在工业化之前，美国是一个没有规划和公共空间管制的国家，完全依托自然资源开发，通过市场和价格来解决优先开发的问题，导致城市空间秩序混乱、拥挤、卫生状况恶化。尤其是空间革命后，人类对自然环境的干扰显著，规划缺位的弊端愈发凸显[62]。美国空间规划问题导向特征明显，1893年城市美化运动开启了美国近代规划的发展史，基本上依据对公共空间、绿地的占用，切实影响到公共利益、周边土地所有者利益时，才会对空间实行进一步管制。

　　美国城市规划是由地方政府（主要是城市自治政府）主导的。联邦政府和州政府对城市规划调控能力较弱，城市规划的编制、审定、实施主要由城市政府负责，联邦政府和州政府多是采用法规、经济政策进行规范和引导，不直接参与规划实务。城市政府拥有对用地管理直接控制权，拥有强有力的规划管理机构。地方规划层面，核心内容是开发。管理开发的手段包括区划法、土地细分、强制审查等，最核心的、同时也是对世界各国规划技术影响最大的内容是区划法。区划的背后实质上是对空间利益的调整，通过区划控制土地利用开发强度[63]，实际上是对房地产价格的调控。

　　此外，美国城市层面的规划是一种相对比较弹性的愿景性质的规划。从《纽约2050年总规》（OneNYC 2050）来看，与我国城市层面规划指标设置相比，美国的规划愿景指标更多，设置的更为微观细致，很多指标与居民日常生活直接相关。

专栏

OneNYC2050 摘要

　　OneNYC 2050从9个方面描绘了纽约市2050年的景象：

　　1. 纽约人口将超过900万，且人口构成多元化，每天超过百万人涌入纽约工作、探索城市文化与社区，充满活力与积极的氛围。

　　2. 纽约将做好应对气候变化的准备，不再依赖化石燃料，城市的建筑、交通和经济将由可再生能源供能。

　　3. 纽约市民将不再依赖小汽车。城市街道将变得安全且易于通行，路权将归还给步行者，大力发展公共交通与慢行系统。

　　4. 纽约市民会拥有安全、可负担的住房。社区更加多元充满活力，空气和水质更加干净，并且有充足的公共空间。

　　5. 纽约的经济能为所有市民提供保障和机会。每个纽约人都能找到一份薪资公平、福利良好且有上升空间的工作。

　　6. 每位市民都能得到医疗保障。

　　7. 纽约的每位儿童都可以平等的接受优质教育。

　　8. 纽约的基础设施将更加现代、可靠。

　　9. 纽约市民会积极的参与民主政治。

　　资料来源：《OneNYC 2050》

（2）美国城乡规划法律法规及标准体系

美国的城市规划体系与行政管理体系有关。与许多国家不同，美国联邦政府不制定全国性质的城市规划法规，也不审批城市规划，城市规划的编制、审批、实施和立法都是由地方政府负责。地方政府是各州自己通过立法产生的，地方城市的规划法规基本上是建立在州立法框架之内的。

1）联邦规划法规

联邦法是由国会或联邦相关机构制定，并在整个联邦施行的法律。美国联邦政府只行使宪法明确列举的特定权力，如国防、外交和州际商业等立法权力[64]。

联邦通过国会和各政府部门出台的一系列法案和配套的联邦拨款，极大地影响和推动了州与地方政府规划活动的开展。《州分区规划授权法案标准》（1922）和《城市规划授权法案标准》（1928）为各州授予地方政府规划的权利提供了可参考的立法模式。几十年来，这两部法案至今仍然是美国城市规划的法律依据和基础。联邦政府参与城市规划相关活动的手段主要就是一些间接性的财政方式，如联邦补助金，以及多种专项基金、专项发展计划等，地方政府只有满足基金的附加条件，才能申请到基金。《1949年住房法案》要求州和地方政府在申请联邦政府的城市再开发基金时，必须有总体规划作参考。联邦政府还出台了一系列环境政策法规，其中对城市规划影响最大的是1969年的《国家环境政策法案》。

2）州规划法规

美国联邦法律和各州法律并行，各州拥有可以在不为联邦法所规定的领域内制定、施行在该州适用的法律——州法。

美国早期的州政府规划只侧重对州内自然资源的管理。20世纪90年代州总体规划开始脱离单纯的自然资源和物质环境规划，逐渐向远期战略型规划靠拢，侧重政策分析研究，提交预算报告，制定立法议程等。美国各州总体规划的名称、内容、形式、制定程序差异很大。一般来说，各州的总体规划都是根据自己的具体问题，在不同时期，各有侧重地制定一系列的目标和政策。比较常见的内容包括：用地、经济发展、住房、公用服务及公共设施、交通、自然资源保护、空气质量、能源、农田和林地保护、政府区域合作、都市化、公众参与及其他（敏感区控制、市中心区振兴、教育、家庭、历史保护、自然灾害等）。在总体规划之外，有的州还要制订专项规划，如交通规划、经济发展规划、电信和信息技术规划、住房规划等。

州政府制定的规划授权法案是州政府对地方进行规划调控的重要手段。许多州都颁布了多个授权法案，由地方政府任选一个，作为地方规划的法律依据。如"规划授权法案""规划委员会法案""分区规划法案"等。

由于美国州政府在规划立法方面具有一定的独立性，所以各州还相继出台一系列的专项法规，强调环境保护、历史保护、建设发展控制、各地方政府之间的协调发展以及中低收入住房等区域性问题，加强对地方用地建设的控制。

3）地方规划法规与标准

美国地方城市规划体系以州规划授权法为基础。地方政府城市规划体系大体上可以分为两个层面，一是战略性的总体规划（或综合规划），分别有县这一层次的区域性总体规划和市总体规划，再往下则继续有社区与邻里规划。二是实施性的区划法规（又叫土地分区利用规划）、规划调整、城市更新规划、基础设施建设计划、环境影响评估、特定区规划与城市设计。另外还有某些非法定的补充性或专项规划。实施性规划是开发控制的法定依据，又称作法定规划。做好总体规划和分区规划是地方政府规划管理实践中的重要内容。

区域性综合规划涉及区域和城市发展的中长期战略目标（一般是50年，涉及行政区域城乡全覆盖），城市总体规划包含了土地利用、交通管理、环境保护和基础设施等方面的发展准则和空间策略，为城市各分区和各系统的实施性规划编制提供指导框架，但因其内容的战略性，不足以作为开发控制的具体依据。比如洛杉矶市总体规划（全市性总体规划层次的规划）包括城市安全（防火、紧急避难、公共安全、地震安

图4-10 美国地方城市规划体系
资料来源：作者自绘

全等）、住房、文化（含文化及其历史文化名胜）、环境（包括空气品质管理、垃圾处理、自然资源保护、噪声、开放空间、景观公路等）、公共设施（输电路线、防洪排水、电力系统、公共图书馆、学校、污水处理、水资源系统等）、交通运输（包括自行车、人行道、主要干道和高速公路等）多个专题。

相对于区域总体规划和城市总体规划（或综合规划），区划则是实施性的法定规划。强制性规定了地方政府辖区内所有地块的土地使用、建筑边界、建筑类型和开发强度。它由两部分组成：一是一套确定地块边界和应用条例条款的区划地图；二是一部集中的对规则进行界定的条例文本，对每一种土地分类的用途和允许的建设作出统一的标准化的规定。其他的控制手段还包括城市设计、历史保护和特殊覆盖区等设计指导原则。设计导则是在分区规划的基础上，对特定地区和地段提出更进一步的具体设计要求，比如建筑风貌、空间形态、建筑色彩等内容，是对区划法规的补充和完善，它们不是立法，而是建议鼓励。

另外，在地方规划和区划等管理引导的同时，美国各类规划研究机构和专业协会基于特定的理念和领域，也编制了很多规划和建设相关的指引标准。例如，在健康城市规划和建设方面，2006年美国建筑师协会（American Institute of Architects，简称AIA）与纽约市心理与健康卫生部每年联合召开"健美城市会议（Fit City）"，关注应对肥胖问题的空间设计举措。2008年美国卫生与公众服务部正式发布的《体力活动导则建议委员会报告》是第一部全国层面的体力活动指导手册，为不同年龄的人群提供了所需体力活动类型和强度的信息，成为制定城乡规划、体育、医疗服务等政策的"工具书"。2010年，纽约市设计与建设局（Department of Design and Construction）、健康与心理卫生局（Department of Health and Mental Hygiene）、交通局（Department of Transportation）和城市规划局（Department of City Planning）四个部门共同起草和颁布"城市活力设计"系列导则[65]，包括《主动设计导则：促进体力活动和健康的设计》（Active Design Guidelines：Promoting Physical Activity and Health in Design）、《主动设计增刊：塑造步行道体验》（Active Design Supplement: Shaping the Sidewalk Experience）、《主动设计：社区组织指引》（Active Design: Guide for Community Groups）以及《主动设计增刊：提升安全性》（Active Design Supplement: Promoting Safety）等，针对建成环境和单体建筑提出具体的设计策略指引，旨在通过在环境设计和健康、城市设计、建筑物设计以及城市多方面协同等领域，广泛应用活力设计策略，建设更宜居的城市环境，鼓励更多市民参与运动。

（3）美国代表性城乡规划法规与标准

1）美国水法规

美国法律体系建立在普通法和联邦制的基础上，城乡规划相关的法律法规同样符合相关特征。例如在水法规方面，美国不存在一部所谓《美利坚合众国水法》的全国性法律，美国水法是指包括了所有规制关于水资源开发、利用、保护和管理等诸多方面的法律，其中既有联邦的，也有各州的。美国现有水法立法几乎涵盖了水资源开发、利用、保护和管理的全过程，构建了相对系统完善的水资源开发利用、水资源保护、水污染防治、水体维护和恢复的法规标准框架[66]。联邦的涉水法律主要有《清洁水法》《水资源规划法》《环境政策法》《安全饮用水法》以及《水资源保护法》等；至于州的涉水法律，由于美国是一个联邦制国家，五十个州各州都具备水法立法权，例如《美国弗吉尼亚州水法》《美国俄勒冈州水法》《美国亚利桑那州地下水管理法》等[67]。

2）《城市规划和设计标准》

美国规划协会（APA）主持编写的《城市规划和设计标准》（Urban Planning and Design Standards），是美国城市规划、城市设计及城市产品开发研究领域最全面的参考书，由200多名著名的专业人士提供规划和设计经验、法则及最佳做法，以消除人类现存环境中的各种不利影响，保护绿地和野生动植物，净化水质等[68]。本书一共分为六部分，第一部分为计划和制定计划，第二部分为环境规划与管理，包括空气、水、土地、危险等内容，第三部分为结构，包括建筑物类型、运输、公用事业、公园和开放空间、农业和农林，第四部分为场所与场所创造，其中场所分为社区、邻里中心、历史街区、滨水区、艺术区、工业园、办公园区、主要街道等，第五部分为分析技术，第六部分为实施技术。

3）城市形态设计准则（精明准则）

美国规划界意识到区划法规以土地经济性为设立目的，对空间形态控制缺乏管控；城市设计以空间形态为设立目的，缺少对城市社会问题的综合考虑。形态控制准则强调了形态控制优于功能管制的核心，以愿景式、说明性的开发规则，描述"要求建成什么"形态，而不是传统区划采用禁止式条文和抽象参数所带来的"模糊形态"，希望通过形态引导和设计达到场所营造的目的。精明准则作为形态控制法则的核心内容与基础，是一种指导城市发展与形态控制的开发管理工具。与传统的分区制着眼于

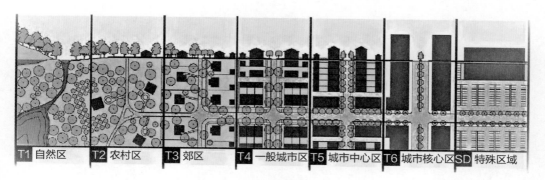

图4-11 断面类型

资料来源：王晓川. 精明准则——美国新都市主义下城市形态设计准则模式解析 [J]. 国际城市规划 ,2013,28（06）:82-88.

土地利用、仅将形态作为辅助和参考手段不同，精明准则直接关注城市空间形态，认为世界上大量最优秀的城市空间，其形态是稳定的，而功能在不断地进行置换。

精明准则最为常用的形态控制手段是断面。根据人与自然和谐共处、有机交融的原则，断面被细分为七种不同的类型，从自然栖息地一直延伸到市中心的整个范围，从而设置不同的规划标准[69]。

以精明准则为模式的形态准则有一系列组成部分，包括控制性规划、公共空间标准、建筑形式标准、临街面类型标准、街区标准、建筑类型标准、建筑标准以及准则管理（表4-11）。

美国精明准则指引内容　　　　　　　　　　　　　表4-11

组成部分	具体内容
1. 控制性规划	主要目标：1）管理用地边界；2）直接控制城市发展；3）规划空间布局
2. 公共空间标准	1）通道——人行道、交通线、行道树、街道设施等； 2）市民空间——公园、绿化区、广场、集市、散步道、袖珍公园、游乐场和运动场等
3. 建筑形式标准	1）地段；2）建筑功能；3）停车；4）土地占用；5）临街界面；6）建筑风格
4. 临街面类型标准	按照建筑与街道的不同关系，分为八种类型
5. 街区标准	1）引导街道；2）引导小巷；3）引导地段；4）引导建筑类型或项目
6. 建筑类型标准	1）以建筑类型作为组织原则；2）以建筑类型作为土地用途标准；3）通过建筑形式标准控制分区
7. 建筑标准	1）建筑群；2）立面组成；3）窗和门；4）组成部分和细节；5）材料的组合和分配
8. 准则管理	1）项目审查和批准的程序；2）强调城市建筑师的作用；3）准则自身的修改变化

资料来源：侯鑫，王绚，丁国胜. 精明则对我国城市设计导则编制的启示 [J]. 国际城市规划，2018，33（04）：35-41.

4.2.2 加拿大

加拿大历史上曾是英国殖民地，现仍为英联邦成员国之一，其政治体制具有明显的英国传统；又因与美国毗邻，立法体制受到美国影响；同时，魁北克省因历史原因，成为加拿大唯一一个实行民法法系的省份。加拿大的国土面积居世界第二，而人口只有3700多万人（2018年），地多人少，但仍注重科学规划和合理使用土地，规划具有很强的约束力，一经批准必须无条件执行，在吸收了英美的规划特点之上形成了具有本国特色的城市规划体系。

（1）加拿大城乡规划历程与现状特点

1）各级政府分工明确，空间规划传导清晰

加拿大是联邦制国家，现行土地所有制包括了联邦公有、省公有和私人所有三种形式。其中，联邦公有（联邦所有的土地主要是国家公园、印第安人保留区、河流湖泊以及气候恶劣、人烟稀少的西北地区等）占比约41%，省公有占比约48%，私人所有占比约11%。地方政府分省、市两级，与行政层级对应，加拿大空间规划管理体系分为联邦—省—市三层级。加拿大的空间规划体系保持系统性和连续性[70]，下层次规划须按照上层规划编制，省级法规政策、规划大纲、区划法由宏观政策到微观落实环环相接；市政府规划须与省政策宣言相一致，区划法由市政府制定并颁布，不得与规划大纲相矛盾。

2）"单线式"规划体系，避免"多规"冲突

加拿大的土地利用规划没有我国土地利用总体规划和城市规划之分，两者是有机地结合在一块[71]。加拿大总体上通过"法规—政策—大纲—区划法"的"单线式"规划体系，把对国土空间资源的规划要求层层落实，城市建设区域、生态区域、农业区域等空间类型均涵盖在各层次规划中，避免了"多规"冲突。

"一个窗口服务"协调部门诉求。加拿大省级空间资源管理职能分列于城市事务和住房部、交通部、自然资源部、环境部、农业食品及乡村事务部、民政文化娱乐部、北部发展和采矿部等7个部门（以安大略省为例）。但包括空间规划在内的土地规划相关职权均由城市事务与住房部代表省政府行使，即"一个窗口服务"。其他6个部门及市级政府的利益诉求和意见建议，则在"窗口"之后的"平台"，由城市事务与住房部统一负责与之进行对接协调。通过"一个窗口服务"，不仅使各部门的利益诉

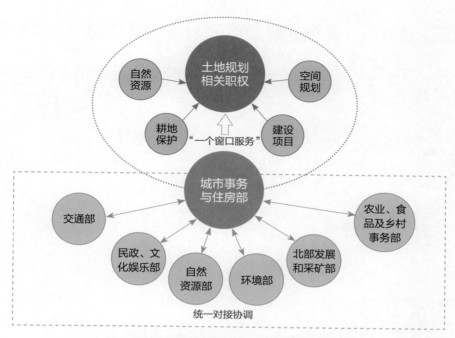

图4-12　安大略省空间规划"一个窗口服务"示意
资料来源：董祚继，杨学军，廖蓉. 影响力从何而来——加拿大安大略省土地利用规划的启示［J］. 中国土地，
2001（05）：43-47.

求在空间规划中得以充分体现，更将空间规划职能集中于一个特定部门——城市事务
与住房部，避免了各部门权责交叉、职能冲突的问题。

（2）加拿大城乡规划法律法规及标准体系

1）加拿大城乡规划法律法规体系

根据《加拿大宪法》，各省拥有其省内资源的所有权，土地资源管理也主要由省、
市政府负责。联邦政府只管理联邦所有的土地，通过政策和投资流向来影响各省土地
的开发利用。联邦政府以环保等法律法规、住房政策以及协商制度影响或参与地方
规划。

加拿大与规划相关的法律法规完善，主要是由省的法律来确定，《市政府法案》
和《规划法》（Planning act）是健全、配套的两部法律。加拿大各省都有"市政府法
案"（Municipal act），它是规定各级政府行为的法律文件。空间规划管理权力下沉至
各省、市：省制定法律政策，包括《规划法案》和《省政策宣言》，并审批市规划或
授权市审批规划；市编制规划，包括规划大纲和区划法，并在省的授权下审批、实施

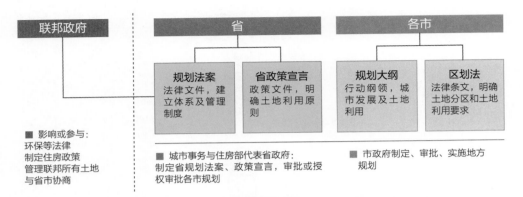

图4-13 加拿大城乡规划法律法规体系（以安大略省为例）
资料来源：董祚继，杨学军，廖蓉. 影响力从何而来——加拿大安大略省土地利用规划的启示［J］.
中国土地，2001（05）：43-47.

地方规划。以安大略省市政府法案为例，作为空间规划管理的程序性法律依据，明确界定了规划编制、修改、审批和实施的程序，以及各级政府和规划机构的权限责任。法案分成常规、市政府一般权力和特殊权力、许可证、市政府重组程序、财务管理、市政税收、欠税出售土地、费用和收费机制、执行细则等。其中有关土地规划的条例为特殊权利中，高速公路、交通、公共设施、文化、公园、遗产以及自然环境的相关规定。

除了省的法律和城市地方法规，按法律规定的官方规划也具有法律的效力。不列颠哥伦比亚省的市政法明确规定了官方规划的性质、主要内容、编制要求以及批准方式。市政法中还规定官方规划一旦生效，城市所有的地方法规必须与它相符合。由此可见官方规划的法律地位要高于城市地方法规[72]。

2）土地规划标准体系

以安大略省为例，土地规划标准体系主要由三部分组成：第一部分为适用于全省的土地利用规划根本法则和基本原则，包括《规划法案》和《省政策宣言》；第二部分为适用于安大略省一些特定地理区域的专项规划，被称为省级规划；第三部分为市级政府为城市发展制定的具体规划，包括土地利用总体规划、区划法及分块开发规划等，是某一市级行政区针对其全市或一定区域土地开发和利用所制定的详细规划，指导具体开发建设的操作性文件。

《规划法案》是省议会通过的立法性文件，它确立了安省的土地规划体系及规划的基本管理制度。现行《规划法》第一章"省级管理"和第二章"地方规划管理"分别规定了省和地方的规划管理权限和责任；第三章总体规划"规定了规划的内容、规划编制和修改的程序和要求"；第四章"社区改造"、第五章"土地利用控制及相关管理"和第六章"宗地细分"从各相关方面规定了实施规划的手段、方法和管理措施；第七章"总则"对土地征用、开发许可制度、罚则和配套规章等作了规定。为配合《规划法》的贯彻实施，安大略省几年来制定了几十个配套法规和行政规章。较重要的规章有《总体规划和规划修改规定》《用地分区、共有不动产和临时用地控制条例》《宗地细分规划规定》等[73]。

《省政策宣言》制定土地使用原则和方向的政策性战略性文件，明确划分了城市和农村地区的界线，并制定土地利用模式、城市安全等原则。详细规定自然遗产、水、农业、矿产和石油、矿产资源总量、文化遗产与考古学六个方面的土地使用和发展方针、政策。

土地利用总体规划把《省级政策宣言》变成自己的行动纲领，主要制定规划远景目标、区域总体空间结构、概要性地限定土地用途，并提出对区划法及基础设施建设的指导原则。让公众知悉土地利用总体规划政策，确保增长协调和满足社区需要；帮助社区的所有成员了解他们的土地现在和将来的用途，让公众帮助决策，例如道路、水封、下水道、垃圾场，将建公园和其他服务等；提供建立城市分区细则的框架，以制定地方法规和标准，如地区的大小和建筑物的高度；提供了一种评估和解决土地使用冲突的方法，同时满足地方、地区和省级的利益；显示了市议会对社区未来发展的承诺。

区划法是土地用途分区管制和开发建设的主要依据，按宗地规定各种用途区，包括居住用地区、工业用地区、商业用地区、农业用地区、混合用地区、环境保护区，并规定其许可用途、禁止用途及建筑和场地控制指标。

详细规划和分块开发规划则是制定有关土地开发利用的具体要求及开发建设方案：如将城市划分为不同的土地利用带，并附有详细的规划图，详细规定土地使用要求，控制每一块土地的使用。

（3）加拿大代表性城乡规划技术标准

以省公有用地分类标准为例，目前，安大略省的公地（联邦用地）规划覆盖全省45%的土地面积。2011年4月正式实施前，公地规划主要依赖于自然遗产土地战略、战略性土地规划、地区土地利用指导等政策，同时参考《省级公园保护法案》《公共土地法案》《环境财产法案》等主要法规；目前的公地规划是在对这些旧有政策整合的基础上形成的。

公地规划将土地分为省级公园、保护储备区、省野生动物领域、森林保护区、加强管理领域、一般使用领域、荒野地区等七大类。其中森林保护区旨在保护自然遗产和特殊景观，允许矿产资源勘察和采矿，但不允许商业木材采伐、发电、提取表层土壤或泥炭以及其他工业用途。省野生动物领域集中在安大略省的南部，大概有40个区域。一般使用领域具有最为宽泛的使用领域，限制较少。加强管理领域则在一般使用领域的基础上细化为自然、娱乐、远郊路途、鱼类和野生动物、大湖沿海地区5个部分，这些区域具有不同的自然特征和保护目标，一般对探矿和采矿、商业木材采伐、发电、提取表层土壤或泥炭以及其他工业用途都有严格的约束。

此外，公地规划还专门设立649个省级保护区域，土地总面积为1064.6306万公顷，包括普通省级公园、普通保护储备区、普通脆弱生态保护区、规定外的脆弱生态保护区以及荒野地区。

4.3 亚洲国家和地区标准

4.3.1 日本

日本是位于东亚的岛屿国家，日本政体施行议会制君主立宪制，君主天皇为国家与国民的象征，但实际的政治权力则由国会以及内阁总理大臣所领导的内阁掌管。日本现行的宪法是于1947年5月3日由当时占领日本的美军草拟，经过日本国会的审议后再由天皇颁行，最重要的三大原则是主权在民、基本人权的尊重以及和平主义。日本实行三权分立的政治体制，立法权归两院制国会，司法权归裁判所（即法院），行政权则由内阁、地方公共团体及中央省厅分别掌握，宪法规定国家最高权力机构为国会。

（1）日本城乡规划体系演变及现状

在经济由高速增长转向稳定增长、环境问题显现、人口老龄化问题加剧等社会经

济背景下，2005年日本将《国土综合开发法》修正为《国土形成规划法》，规划层次
由原来的全国、区域、都道府县、特定地区四个层次简化为全国、区域两个层次，规
划目的由"利用、开发、保全"转变为"利用、整备、保全"，规划内容由单一"国
土资源开发"转向多维"开发、利用、保护"。《国土形成规划法》颁布后，日本开
始编制国土形成规划，进入国土规划的改革阶段。

日本规划的运行体系与三级政府架构（中央政府、都道府县政府、市町村政府）
相对应，包括中央政府负责的国家规划和区域规划，都道府县编制的土地利用规划和
城市总体规划，市町村编制的土地利用规划和城市规划[74]。

日本的国家规划包括全国国土空间规划和土地利用规划。全国国土形成规划主
要"定战略与方向"，明确国家空间结构、土地利用、环境保护、资源可持续利用
以及防灾等基本原则和重大战略，为各部门提供国土开发利用的指导；土地利用规
划"定规模与指标"，确定国土资源利用的基本方针、用地数量、布局方向和实施
举措[75]。

在区域层面，8个广域地方规划分别提出相应的策略，落实国家提出的战略目标。
以首都圈为例，在国土形成规划出现以前，日本的首都圈规划包括基本规划、整备规
划和事业规划（开发规划）等，开始编制国土形成规划后，事业规划被废止，基本规
划和整备规划改为广域地方规划，形成新的国土空间规划体系。广域地方规划实质上
是一种以日常生活圈为基础，打破行政区域划分的规划类型，通过广域联合的方式，
依靠人口、产业、基础设施的集聚，综合实施各种政策以及进行基础设施建设，促进
区域协同发展[76]。

都道府县空间规划包括土地利用规划和城市总体规划。土地利用规划又包括土地
利用总体规划和土地利用基本计划。其中，土地利用总体规划的主要内容包括土地
利用的基本理念、不同用地类型的规模和目标，以及必要的实施措施；土地利用基
本规划明确城市区、农业区、森林区、自然公园区、自然保护区五大功能区域，对
各类功能区域提出发展目标、空间布局和土地管制要求，并制定相应的区域转换规
则。城市总体规划范围是土地利用基本计划划定的城市规划区，主要内容包括划分城
市促进区和城市限制区，提出规划区的总体发展目标和城市改善、开发以及保护的
政策[74]。

市町村规划作为都道府县规划的实施手段，与上层规划一脉相承，包括土地利用
规划和城市规划。其中，城市规划包括城市总体规划和城市详细规划，城市总体规划

主要内容为确定城市发展方向、目标和愿景，并制定相应的开发方向；城市详细规划在城市总体规划的指导下编制，主要内容包括用途分区、公共设施建设以及城市开发项目，在城市促进区进一步划分用途分区[74]。

（2）日本城乡规划法律法规及标准体系

1）法律法规体系

日本现行城乡规划法律法规体系主要由三大部分组成，一是与国土规划和区域规划相关的法律，二是土地利用规划相关的法律，三是城市规划法及其所涉及内容的延伸或细化的法律[77]。

国土规划相关的法律主要有《国土综合开发法》。二战结束后的经济重建期，日本于1950年制定并颁布了《国土综合开发法》，首次提出编制各级国土开发规划，2005年修正为《国土形成规划法》，共包括五章十六条，对国土形成规划的目的、国家空间规划和区域空间规划的内容和机构，以及规划实施措施等作了相关规定，同时强化了区域国土规划的重要性[78]。在区域规划层面，制定了《首都圈整备法》《近畿圈整备法》《中部圈开发建设规划法》等都市圈整备规划相关法律，《山村振兴法》等特殊地域开发规划相关法律，以及《新产业都市建设促进法》等据点开发规划相关法律[79]。

《城市规划法》作为编制与实施城市规划的依据，在规划对象空间层次上与国土及区域规划法规内容竖向衔接，同时，城市规划法对城市规划范围内城市化地区与城市化控制区的土地利用实施规划与控制，与《农用土地法》《自然森林法》等其他非城市土地利用的相关法规取得横向协调。围绕《城市规划法》，还有众多的相关法规将城市规划的内容延伸或细化[77]。这部分法律与城市建设和更新改造有关，如《建筑基准法》《都市公园法》《都市再生特别措施法》《灾害市区重建特别措施法》等[80]。

土地利用相关法律主干法是《土地利用规划法》（1974年）。该法源于战后经济高速增长下的土地投机和地价飞涨等问题，规定了土地利用规划的目的、基本原则（确保健康丰富的生活环境和均衡发展，有效考虑公共福利和自然环境保护优先，并重视自然、社会、经济和文化条件）、土地利用规划体系、规划主要内容和实施措施。针对城市用地以外不同类型土地利用制定了相关法律，包括《农业促进法》《森林法》《自然环境保护法》《自然公园法》等[80]。

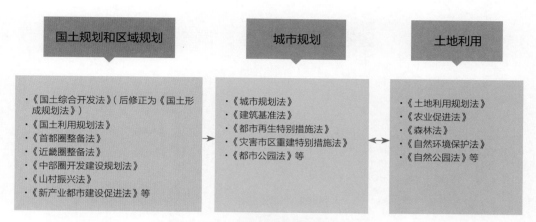

图4-14　日本城乡规划法律法规体系

资料来源：谭纵波. 日本的城市规划法规体系［J］. 国外城市规划，2000（1）：13-18.；蔡玉梅，刘畅，苗强，谭文兵. 日本土地利用规划体系特征及其对我国的借鉴［J］. 中国国土资源经济，2018，31（09）：19-24.

2）规划相关标准体系

以工程建设标准为例，日本的标准体系由4个层级组成，分别是法律标准体系、JIS和JAS标准体系、团体标准体系和企业标准体系，分别对应了不同的质量需求。法律标准体系由国会等政府部门制定，对应最低质量要求，具有强制性；JIS和JAS标准体系依据《工业标准化法》和《JAS法》，由内阁等相关政府部门制定和申请，是由经济产业省和农林水产省进行管理和审批的标准，其强制性地位由法律条款唯一确定，故此层级标准未被法律引用的部分不属于强制条文，标准的社会地位通过政府公共采购强化，属于最低质量需求或略高于最低质量的需求；团体标准是以日本建筑学会为代表的日本各学术团体出版的"规准、指针、指南、仕样书等"，为非强制标准；企业标准主要为提高企业的核心竞争力制定，无普遍适用性[81]。

现行《建筑基准法》于1950年颁布，并在之后的实施过程中有过多次较大的改动[77]。建筑基准法通过制定场地、建造、设备和建筑物使用的最低标准来保护人民的生命、健康和财产安全，由总则、建筑规范和规划规范三部分组成。其中，总则规定了行政管理、违法处罚和实施的程序等；建筑规范规定了结构设计、防火安全、建筑设备的技术要求；规划规范规定了土地使用、建筑高度、区域规划、防火分类、基础设施、外部工程、外部基础设施等的要求[82]。《建筑基准法》全国适用，但考虑到日本各地的不同气候和环境条件，法律允许各地在不影响建筑安全的前提下，增添符合区域条件的附加要求。例如，结构计算采用的数字来自当地的积雪、风压和地震力的实际数据。

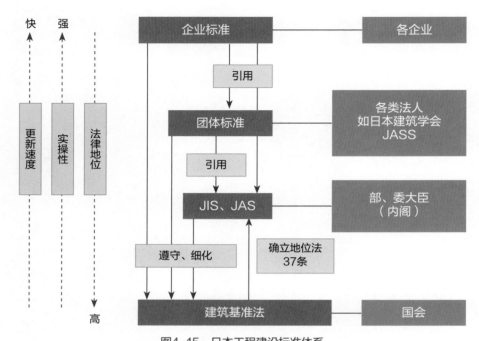

图4-15　日本工程建设标准体系

资料来源：高雪，姜中天，隋伟宁. 日本工程建设标准管理体系介绍［J］. 城市住宅，2019，26（01）：52-55.

（3）日本代表性城乡规划技术标准

在《国土形成规划法》《城市规划法》和《建筑基准法》要求的基础上，日本围绕紧凑开发、老年人和儿童友好、防灾减灾等目标，制定了城市发展、景观、公共设施、交通设施、防灾设施等各类指南，指南包括条例说明、案例和指引性的内容，引导国土空间开发建设活动。

1）城市发展相关指南

位置优化指南（立地適正化計画のパンフレット）①。日本城市在人口迅速减少和老龄化的背景下，为了营造健康舒适的生活环境、优化大城市管理，面向老年人和儿童友好，对医疗和福利设施、商业设施、住宅等规划建设进行指导，使老年人、儿童等群体可以通过公共交通方便地使用这些设施。指引具体内容包括以下几个方面：一是通过指导住宅、医疗、福利、商业和公共交通等各种城市功能布局，指导整个城市总体规划；二是整合城市规划与公共交通，支持居住和城市生活的功能以及交通功能的重组，促进"紧凑型城市网络"的发展；三是引导融合城市规划和私人设施；四是

---

① 日本国土交通省. http://www.mlit.go.jp/en/toshi/city_plan/compactcity_network.html

引导与邻近城市的合作；五是控制住宅和私人设施，防止城市空心化；七是推动公共
房地产利用，城市规划在财政状况恶化和设施老化的背景下，与公共房地产开展合
作，重建公共设施和公共房地产。

小规模灵活土地整理利用指南（小规模で柔軟な区画整理活用ガイドラインの
策定について）①。指南指导地方政府和私营企业促进小型土地整理项目的使用，例如
车站和市中心如何实现从规划到商业化，引入设施以及实施措施，并提供了一系列
案例。

立体土地使用指南（立体換地活用マニュアル）②。在地方城市，随着人口的减少
和老龄化，日本通过推动城市基地（如中心城区）的医疗、福利和商业等日常生活的
城市功能整合，促进紧凑的城镇发展。在大城市，随着国际城市竞争的加剧，通过更
新土地使用来加强国际竞争力。指南通过丰富土地和建筑物建造方法的选择，以解决
各种建设问题，内容包含立体土地转换的基本概念、立体土地转换要考虑的要点、场
景示例、立体土地转换流程等内容。

土地整理项目环境考虑规划技术指南③。指南主要涉及土地整理项目，但同样适
用于新住宅城市开发项目、工业区开发项目、新城市基础设施开发项目和配送商业地
产开发项目。指南内容包括主管部门法律和法规修正案概要、程序、规划阶段的考虑
因素，以及调查、预测和评估方法等。

中心城区活化指南（中心市街地活性化ハンドブック）④。由于出生率下降、人口
老龄化以及城市功能向郊区迁移，中心城区商业功能的下降和未利用地的增加成为无
法阻止的趋势。因此，为振兴城市中心，引入私人投资实现"日本振兴战略"中规定
的"实现紧凑型城市"，指南提出了一系列措施：一是建立一个系统，通过增加到市
中心的游客数量，为旨在提高经济活力的项目提供认证和优先支持；二是建立有助于
中心城区商业振兴的商业认证制度，支持与此相关的措施，出台允许私人使用道路的
特殊规定等。

2）景观规划指南

景观规划指南（景観計画策定の手引き）⑤。当前，日本景观城镇的发展受到"难

① 日本国土交通省. http://www.mlit.go.jp/toshi/city/sigaiti/toshi_urbanmainte_tk_000066.html
② 日本国土交通省. http://www.mlit.go.jp/common/001144995.pdf
③ 日本国土交通省. http://www.mlit.go.jp/common/001036626.pdf
④ 日本国土交通省. http://www.mlit.go.jp/crd/index/handbook/index.html
⑤ 日本国土交通省. https://www.mlit.go.jp/toshi/townscape/toshi_parkgreen_tk_000085.html

以确保财政资源""缺乏必要的员工""缺乏知识和技术"等各种因素的困扰,知识和
技能不足是景观城镇规划的常见问题。为了保护和利用风景优美的旅游资产,提高旅
游目的地的吸引力,制定了"支持未来日本的旅游愿景",日本制定了景观规划指南。
指南主要包括以下内容:一是景观规划研究的参考资料;二是从景观规划到运营的过
程;三是实现景观规划的综合社区发展。

3)公共设施相关指南

健康与医疗·福利界开发的推进指南(健康·医療·福祉のまちづくりの推進ガイ
ドライン)①。为了应对超老龄化社会的到来,便于老年人在社区中生活,建立社区
综合护理系统和加强社区支持是必要的。为了实现这样的社会,日本建立了促进健
康、医疗和福利社区发展的指南。

公共房地产社区发展有效利用指南(まちづくりのための公的不動産有効活用ガ
イドライン)②。在城市人口下降和大城市老年人数量迅速增加的背景下,为了形成一
个可持续发展的、紧凑的城市,有必要引导生活必需的功能,如公共服务、医疗、福
利和商业的有效利用。先进的地方政府对未来使用的职能进行审查,例如根据城镇
的特点重新安置公共职能,利用公共土地来改善城镇缺乏的生活服务功能。为了将
先进的地方政府经验推广到其他地方政府,指南展示了在进行城市规划时应考虑的
项目。

4)交通设施相关指南

与城市规划相关的停车场政策指南(まちづくりと連携した駐車場施策ガイドラ
イン)③。随着机动化的进展,城市中停车场占地面积大、使用率低等现象涌现,停车
场处于亟需改进的时期。指南重点指导停车场的用途和措施,以优化停车场的数量和
位置,促进步行城市的发展。同时与社区发展合作,促进低效停车场的土地利用转
换,完善相关机制。

铁路沿线城镇建设指南(鉄道沿線まちづくりガイドライン)④。在日本,人们担
心在人口下降和老龄化导致城市服务和城市管理的可持续性下降。在这种背景下,在
促进城市功能集中在铁路线周围的同时,指南引导车站周围的福利设施、育儿支援、
购物等生活功能集聚,推动沿线各市镇共享大型商业设施和文化馆等高级城市功能,

① 日本国土交通省. https://www.mlit.go.jp/toshi/toshi_machi_tk_000055.html
② 日本国土交通省. http://www.mlit.go.jp/toshi/city_plan/PRE.html
③ 日本国土交通省. http://www.mlit.go.jp/toshi/toshi_gairo_tk_000085.html
④ 日本国土交通省. http://www.mlit.go.jp/toshi/toshi_gairo_tk_000036.html

加强包括支线交通在内的公共交通功能。同时，指南建立了地方政府和铁路运营商之间合作的政策，以便平稳有效地促进沿铁路的城镇发展。

5）防灾设施相关指南

社区重建工作准备指南（復興まちづくりのための事前準備ガイドラインについて）[1]。灾难发生后，需要尽早进行社区重建，但是过去东日本大地震等大规模灾难之后，重建可能受到基本数据的缺乏或丢失以及负责重建城镇规划的人力资源的影响。指南重点针对灾难后的重建工作，阐明了社区重建准备的必要性和预备措施，确定有关区域防灾计划和市政规划的基本政策，并总结了有关规划的要点。

城市再生安全计划指南（都市再生安全確保計画作成の手引き）[2]。指南旨在启发城市管理者等群体，介绍了城市再生安全保障计划系统的理念、计划流程、项目概念和具体的工作示例，针对那些在遭遇大规模地震等灾害时难以返回家中以确保安全的人群，以及城市商业和行政职能等，提供制定安全保障措施的引导。

4.3.2 新加坡

新加坡土地面积狭小，针对建国初期市区中心交通过度拥挤、住房、就业等方面的问题及挑战，新加坡逐渐形成一套系统全面的规划及管理体系，包括概念规划、总体规划、开发指导规划、协调各机构间土地利用、实施政府土地售卖计划和发展项目的管制与审批等。新加坡的规划控制对象为"发展"，概念比我国的"建设"概念更为宽泛，它不仅包括一般意义的"工程建设"，还包括了"采矿"或其他涉及地面、空间和地下的建设活动[83]。

（1）新加坡城乡规划体系现状

新加坡的发展规划采取三级体系，分别是战略性的概念规划（Concept Plan）、总体规划（Master Plan）和实施性的开发指导规划（Development Guide Plan，DGP）。概念规划是一个长期性和战略性的规划，描绘新加坡未来40～50年的发展蓝图，制定长远发展的目标和原则，体现在形态结构、空间布局和基础设施体系，为总体规划提供依据，但并不属于法定规划范畴。总体规划作为开发控制的直接依据，是

---

① 日本国土交通省. http://www.mlit.go.jp/toshi/toshi_tobou_fr_000036.html
② 日本国土交通省. https://www.mlit.go.jp/toshi/toshi_machi_tk_000049.html

新加坡的法定规划。总体规划是以概念规划长远战略方针为基础制订的中期发展蓝图，指导新加坡未来10-15年的发展。总体规划的任务是制定土地使用的管制措施，包括用途区划和开发强度，以及划定基础设施和其他公共建设的预留用地。对于具有重要和特殊意义的地区（如景观走廊和历史保护地区），以及开发活动比较活跃的地区，还需要在总体规划的基础上，制定非法定的地区规划，包括局部地段区划（Microzoning Plans）、城市设计指导规划（Urban Design Guide Plans）和项目规划（Scheme Plans），提供更为详细和具体的开发控制和引导（如有关建筑物和基地布置的规定）[84]。1990年代以后，总体规划基于原有基础，在全岛域范围划定层级清晰、界限明确、规模合理的规划分区，共包括5个规划区域（DGP Regions）和细分的55个规划分区（Planning Areas）。每个分区依据概念规划的目标原则，针对分区的特定发展条件，分别编制开发指导规划，分析每个地区的规划前景，并制定土地使用、开发强度、交通组织、环境改善和历史保护等方面的开发指导细则，内容更为详细和具有针对性。开发指导规划经审查、批准后，动态整合成为新的法定总体规划[85]。

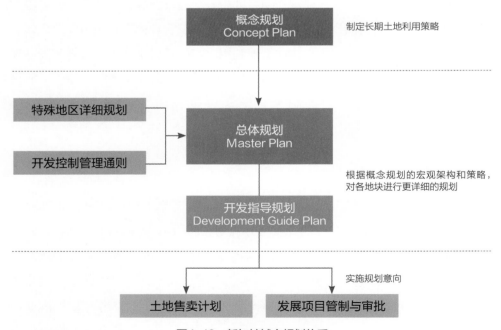

图4-16　新加坡城市规划体系

资料来源：卢柯，张逸. 严谨、复合、动态的控制引导模式——新加坡总体规划对我国控规的启示［J］. 城市规划（06）：
67-69+91. 黄继英，黄琪芸. 新加坡城市规划体系与特点［J］. 城市交通，2009（06）：51-55.

（2）新加坡城乡规划法律法规及标准体系

新加坡的规划法律法规体系包括规划法、从属法规及专项法三个部分[84]。规划法由议会颁布，是城市规划法规体系的核心，为城市规划及其行政体系提供法律依据。从属法规由政府主管部门（国家发展部）制定，是规划法各项条款的实施细则，主要是编制发展规划和实施开发控制的规则和程序，包括各种条例和通告，例如《总体规划条例》（Master Plan Rules）、《关于开发的规划条例》（Planning（Development）Rules）、《关于用途分类的规划条例》（The Planning（Use Classes）Rules）、《关于土地开发授权的规划通告》（The Planning（Development of Land Authorization）Notification）等。除此之外，专项法是对于城市规划有重要影响的特定事件的立法。

另外，新加坡城市规划指引体系主要从开发控制（Development Control）、城市设计（Urban Design）、历史保护（Conservation）、街道和建筑命名（Street and Building Names）等几个部分，进行控制和引导①。其中，开发控制管理通则（Development Control guidelines），搭建纵向衔接与横向协调的规划实施平台，实现面向实施管理、多类型不同深度的多元、复合的规划控制和引导，辅助城市重建局（Urban Redevelopment Authority，URA）发挥开发控制职能[86]。新加坡开发控制管理通则包括《住宅手册》（Residential Handbooks）、《非住宅手册》（Non-Residential Handbooks）、《建筑面积计算手册》（Gross Floor Area Handbook）。城市设计（Urban Design）导则，主要是新加坡对重点控制地区制定的开发和建设导引，承担了控制引导城市形态、审核相关设计方案、管理开发申报等作用。历史保护（Conservation）相关引导则是为了保护已有历史建筑遗产，明确保护性建筑进行增建和改建的原则、申请流程和指南，实现对历史保护建筑及周围开发的严格设计控制，以协调历史保护区的风貌。

（3）新加坡代表性城乡规划技术标准

1）住宅手册

住宅手册②主要提供住宅开发控制指南和参数，包括建筑物后退、开发强度、高度等要求。住宅手册包括通则及分类导则两个部分，其中分类导则分别对有地住宅、分层住宅、共管公寓、住宅公寓等不同的住房类型制定相应指标。控制指标根据住房类型、

---

① Urban Redevelopment Authority.https://www.ura.gov.sg/Corporate/Guidelines
② Urban Redevelopment Authority. https://www.ura.gov.sg/Corporate/Guidelines/Development-Contro

高度、是否处于优质住宅区域（Good Class Bungalow Areas，GCBA）进行制定。管控内容包括强度、高度（楼层数量和楼层高度）、绿化、阁楼、商业量、道路缓冲和建筑后退、停车场、开放空间、地下室、垂直/水平开口、窗、排水、阳台等（表4-12）。

新加坡根据所有权和密度划分的住房类型　　　　　　　　表4-12

密度	住房类型		
	土地所有权（land title）或 分层所有权（strata title）		分层所有权（strata title）或 分层租赁（strata lease）
	土地所有权	分层所有权	
低密度	有地住宅 独立式 半独立式 排屋	层数少的分层住宅 分层独立式 分层半独立式 分层排屋 混合分层住房	容积率不高于1.4的4层公寓
中密度	不适用	不适用	共管公寓（condominium flats） 住宅公寓（non-condominium flats）
高密度	不适用	不适用	组屋单位（HDB flats）和租屋类住房区域

资料来源：https://www.ura.gov.sg/Corporate/Guidelines/Development-Control

2）非住宅手册

非住宅手册为商业和工业发展等非住宅开发提供开放控制指引和参数要求，包括土地使用、容积率、建筑高度、道路防护和建筑后退、地块密度、停车、屋檐和遮阳设施等。对象涉及商业、旅馆、工业、商务办公区、健康医疗、教育机构、礼拜场所、公民和社区机构、运动和娱乐、交通设施。

3）建筑面积计算手册

在1989年之前，新加坡住宅开发的强度是以密度来衡量的，即每公顷人口。而对于非住宅开发，如工业和仓库建筑、机构建筑、商业建筑等，开发强度的衡量指标是容积率。1989年，在引入新的发展收费制度后，新加坡开始采用总建筑面积（Gross Floor Area，GFA）衡量开发的体积和强度，控制容积率和计算开发费用。建筑物的所有有盖楼面面积（除另有豁免外）及未覆盖的商业用途地方，均视为建筑物的总楼面面积。《建筑面积计算手册》①对阳台、飘窗、停车场、有盖走道/人行道等建筑构造

---

① Urban Redevelopment Authority. Gross Floor Area Handbook. https://www.ura.gov.sg/Corporate/Guidelines/Development-Control/gross-floor-area

是否计入总建筑面积进行了详细界定（表4-13）。

新加坡建筑构造计入总面积的方法（部分）　　　　表4-13

项目	不计入总建筑面积	部分计入总建筑面积	总建筑面积超过总规划控制	必须算作建筑面积
美学造型	—			
空调壁架	—			
旧有建筑中的通风井				—
自动柜员机				—

资料来源：https://www.ura.gov.sg/Corporate/Guidelines/Development-Control/gross-floor-area

4）城市设计导引

新加坡将城市设计意图转化为导引，以维护和增强不同规划区域的城市特征。导引针对市中心核心区等的13个细分区域采取数量和详细程度不同、内容各有侧重的控制，承担了控制引导城市形态、审核相关设计方案、管理开发申报等作用，将开发控制与设计控制合为一体[86]。各区域的城市设计导引由多个专项型导引组成，分别对地下室、第一层和第二层的用途、建筑物的形状和高度、行人网络、公共场所、室外

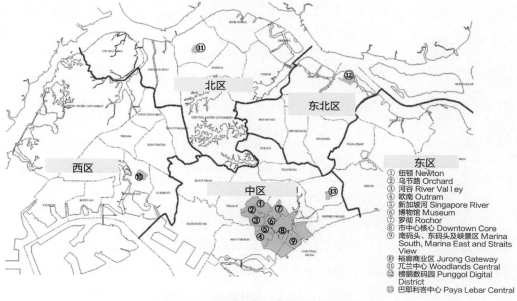

图4-17　城市设计导引的管控片区
资料来源：https://www.ura.gov.sg/maps/?service=urbandesign

茶点区域（即室外用餐区）、绿化和夜间照明等进行设计控制（表4-14）。

新加坡城市设计导引主要内容（以市中心核心区为例）　　　表4-14

导则名称	引导内容
区位及土地利用	市中心核心包括中央商务区（CBD）、市政府、武吉士、滨海中心、尼科尔等分区，规定了土地用途
地下室及一层、二层的使用	为了创建充满活力的区域、引人注目且便于行人通行的街道，规定在指定位置提供活动空间，用于零售、餐饮以及其他用途
室外茶点区	可以在公共区域内或开发场所内的开放空间布置室外茶点区（ORA）
建筑形式与规模	规定建筑物的规模和表现形式，要求对城市天际线轮廓有积极贡献
建筑高度	为各个区域指定不同的建筑高度，以创建分层次的三维天际线轮廓，以响应特定的场地环境并增强该地区的特色
建筑后退及边缘	规定建筑建造的边缘及街角、主要道路等特定区域的后退距离
建筑类型	规定共用墙的建造方式
公共场所	规定在私人开发项目中提供公共空间供用户使用，公共场所应始终向公众开放并具备较高可达性
绿化置换和美化环境	规定根据景观替代区（LRA）的要求，以空中露台和屋顶花园的形式纳入景观
屋顶景观	开发项目的屋顶区域都应被视为"第五个"立面，其设计应与项目的整体形式、质量和建筑处理方式相辅相成，构成天际线轮廓。可以将屋顶区域设计为可用的室外空间。所有服务区域、停车场、机电设备，水箱等都应完全整合到整个建筑围护结构中，并保证顶部和各个侧面的视觉良好
夜间照明	规定夜间照明展示建筑设计和建筑形式，以有助于城市夜间天际线的发展
行人网络	规定了有檐步道、景观走廊及地下人行道、高架行人通道等的建造方案
停车场、服务区和车辆通道	规定了停车场、服务区及车辆通道的建造方案
在公路保护区内的工程	规定新的或进行重大变更的开发项目都必须包括对相邻道路的升级，包括开放式人行道、专用单车路线、树木和灌木种植规模、连接设施和街道照明、道路家具等

资料来源：Urban Redevelopment Authority.https://www.ura.gov.sg/Corporate/Guidelines

5）更新城市空间和高层建筑园林绿化（LUSH）计划：LUSH 3.0[87]

在新加坡，绿化一直是提供优质生活环境的重要因素，也是加强花园城市特色的策略。2009年，新加坡城市重建局推出了城市空间和高层建筑园林绿化（LUSH）计划，以鼓励在高层城市环境中普及绿化。2014年，LUSH计划扩展到LUSH2.0，涉及更多地理区域和开发类型。2017年，新加坡推出LUSH3.0项目，目标是实现绿化从数量到质量的转变，并更多关注城市高层建筑的景观，通过公共空间绿化和垂直空间绿化弥补由于建筑损失的绿地，鼓励在建筑物的墙壁和屋顶增加绿色植物。这些措施不仅美化了建筑物，改善了其视觉感受，还可以降低环境温度。

计划的控制对象主要为景观替换区（LRA）。景观替换区是指在开发区的第一层或上层提供的景观区域。根据规定，景观区域的总面积必须至少相当于开发场地面积的100%，图片显示了可以包含在开发中的各种类型的景观替换区，类型包括：软景观的水平表面区域（即永久性种植区域，包括绿色屋顶）；硬景观的水平表面区域，例如公共设施、城市农场；绿色墙壁的垂直表面区域（如果有）。

景观替换区的提供需要根据绿色容积率（Green Plot Ratio，GnPR）和开发类型确定，计划对非有地私人住宅、商业/综合用途/酒店等开发项目制定了绿色容积率标准，绿色容积率计算公式为：

$$绿色容积率（GnPR）= \frac{可作为景观替换的绿化覆盖面积（软景观）}{开发用地总面积}$$

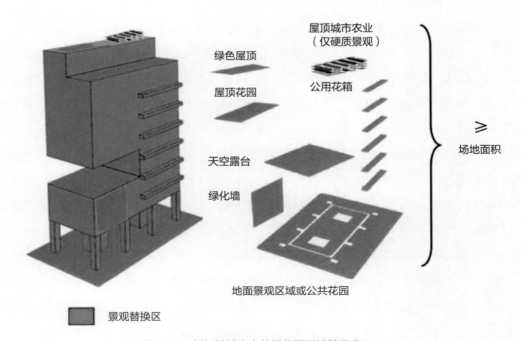

图4-18　新加坡城市立体绿化面积计算示意
资料来源：https://www.ura.gov.sg/Corporate/Guidelines/Circulars/dc17-06

非有地私人住宅开发项目的绿色容积率标准 表4-15

	绿色容积率≤1.4	1.4<绿色容积率<2.8	绿色容积率≥2.8
最低总体绿化供给（占基地面积的%）	30	35	40
最低地面绿化供给的辅助控制（占基地面积的%）	20	30	35
最小绿色容积率（总叶面积除以基地面积）	3	3.5	4

资料来源：https://www.ura.gov.sg/Corporate/Guidelines/Circulars/dc17-06

商业/综合用途/酒店开发项目的绿色容积率标准 表4-16

	绿色容积率≤1.4	1.4<绿色容积率<2.8	绿色容积率≥2.8
最低总体绿化供给（占基地面积的%）	30	35	40
最小绿色容积率（总叶面积除以基地面积）	3	3.5	4

资料来源：https://www.ura.gov.sg/Corporate/Guidelines/Circulars/dc17-06

6）步行与骑行指南

新加坡关注到步行、骑行和公交出行已经成为一种生活方式，要为灵活积极的慢行基础设施开发提供引导，改善出行体验。新加坡城市重建局（URA）与陆地交通局（LTA）紧密合作，要求在特定住宅、商业、工业等地区开发申请时，提交步行和骑行规划（Walking and Cycling Plan，WCP），充分考虑人和骑行者的安全性、便利性与可达性。2018年，新加坡陆地交通局、城市重建局等部门联合发布了《步行与骑行指南（Walking and Cycling Design Guide）》，对步行与骑行相关的基础设施设计建设进行了详细的指引，指导公共机构、政府、开发商和行业从业人员规划和设计具有活力的出行基础设施。借助精心设计的出行基础设施，行人和设施使用者可以在更人性化和更安全的环境中上下班。指南对道路元素（小径、自行车道、有盖连接通道、有盖走道、路缘、绿色缓冲、路边排水、巴士站、出租车站、照明等）、道路类型（标准类型、中心区类型等）、非道路类型、路口要素（十字路口、分级交叉口、道路缓冲设施等）、自行车停放及配套设施、标牌等出行相关要素进行详细的指导[88]。

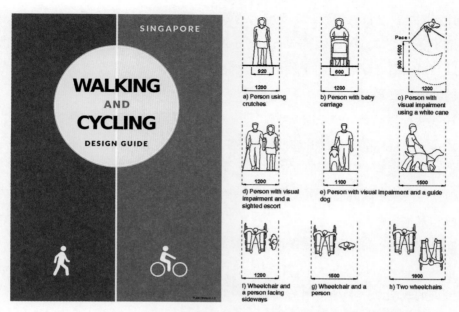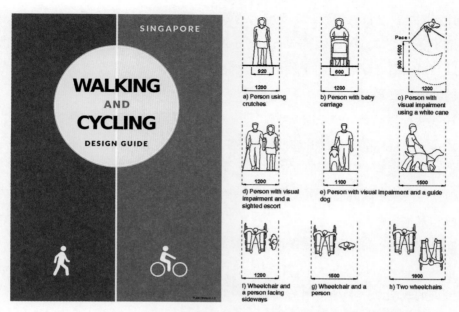

图4-19 新加坡《步行与骑行指南（Walking and Cycling Design Guide）》

资料来源：https://www.ura.gov.sg/Corporate/Guidelines/-/media/BD725DB201DB496A93569C8072DD9FD0.ashx

4.4 国际标准

4.4.1 联合国

联合国在是第二次世界大战后由各个主权国家组成的一个国际组织，联合国致力于促进各国在国际法、国际安全、经济发展、社会进步、人权及实现世界和平方面的合作。其中，联合国人类住区规划署（简称人居署）是联合国系统内负责人类居住问题的领导机构，它的目标是从社会和环境两个方面推动人类住区可持续发展，使人人享有适当住房。

（1）"人居三"与《新城市议程》

1976年，联合国大会召集了第一次人类住区大会，即"人居一"，旨在解决未来人类住区问题。会议认识到，不受控制的城市扩张会造成严重的环境和生态后果，因此制定了《温哥华行动计划》（Vancouver Action Plan），来应对和控制全球城市扩张带来的问题，结合政治、空间、社会、文化、经济和环境等多个方面，形成一个全面统一的城市化方案。

1996年，联合国大会在土耳其伊斯坦布尔召集了第二次人类住区大会（"人居二"），评估《温哥华宣言》以来20年中各成员国在解决城市化问题方面所取得的进展，发布了纲领性文件《人居环境议程》。《人居环境议程》认为，可持续人类住区的建设应把经济发展、社会发展和环境保护结合在一起，充分尊重包括发展权在内的各项人权和基本自由。

2016年10月，联合国第三次住房和城市可持续发展大会（"人居三"）于厄瓜多尔首都基多召开，根据联大67/216号决议，"人居三"的目标包括确保新的对可持续城市发展的政治承诺、评估当前成就，以及强调贫困问题和新增问题的挑战。"人居三"会议议题主要包括六个领域，即社会融合与公平、城市制度、空间发展、城市经济、城市生态环境、城市住房和基本服务。这六大领域共形成了包容性城市、城市里的移民与难民等22个专题报告，以及《城市权利与人人共享的城市》《城市空间战略：土地市场与空间分化》《城市生态与韧性》《城市设施与技术》等十个政策文件[89]。基于这些领域的政策文件，"人居三"最终发布的《新城市议程》（New Urban Agenda），成为联合国指导世界各国未来20年住房和城市可持续发展的纲领性文件。《新城市议程》强调了"所有人的城市"这一基本理念，强调所有人都有平等使用、享受城市和人类住区的权利，制定了公共空间规划导向、城市治理体系建设、交通设施建议等领域的策略，提高城市包容性（表4-17）。

《新城市议程》的主要内容

表4-17

领域	议题文件	政策小组
1. 社会凝聚力与平等性——宜居城市	1. 包容性城市（领域：扶贫、性别、年轻一代、老龄化）； 2. 城区移民和难民； 3. 更安全城市； 4. 城市文化与遗产	1. 为所有人的城市和城市的权力； 2. 社会文化城市框架
2. 城市的构架	5. 城市条例与法规； 6. 城市管理； 7. 市政融资	3. 国家城市政策； 4. 城市治理、城市承载力与制度制定； 5. 市政财务与地方财政体系

续表

领域	议题文件	政策小组
3. 空间开发	8. 城市和空间规划与设计； 9. 城市用地； 10. 城乡联系； 11. 公共场所	6. 城市空间策略：土地市场与空间分异
4. 城市经济	12. 地方经济发展； 13. 就业与民生； 14. 非正规部门	7. 城市经济发展策略
5. 城市生态与环境	15. 城市逆抗力； 16. 城市生态系统和资源的管理； 17. 城市与气候变化和灾害风险管理	8. 城市经济与逆抗力
6. 城市住房与基本服务	18. 城市基础设施和基础服务（包括能源）； 19. 交通与流动性； 20. 住房； 21. 智慧城市； 22. 临时定居点	9. 城市服务与技术 10. 住房政策

资料来源：第三次联合国住房和城市可持续发展大会，《新城市议程》

（2）核心成果

为落实《2030年可持续发展议程》《新城市议程》《城市与区域规划国际准则》等纲领文件的要求，联合国人居署发布了多个关于可持续社区规划、公共空间营造、儿童友好城市建设等的规划和建设标准。

1）可持续社区

为了应对人口快速增长带来的居住危机，建造安全、可持续发展的城市，就要确保人人享有安全、廉价的住房，并改造棚户区。2014年联合国制定了《一种可持续社区规划的新战略：五项原则》，其中规定了可持续社区规划的五项原则：

- 足够的街道空间和有效的街道网络。街道网络至少占用30%的土地，每平方公里至少有18公里的街道长度。
- 高密度。每平方公里至少有15000人，即150人/公顷或61人/英亩。
- 混合用地。至少40%的建筑面积应分配给社区以作经济用途。
- 社会融合。在不同的价格范围内提供不同的住宅以适应不同的收入；住宅楼面面积的20%~50%应为低成本住宅；而每一种住宅类型不应超过总数的50%。
- 限制土地使用专业化。限制单功能地块或区域；单功能地块的覆盖率应低于任何社区的10%。

五项原则高度相关，相互支持，引导建设混合发展的可持续社区。高密度为可持续的社区提供了人口和活动基础；适当的街道密度是社区的物质基础；混合用地和社会融合塑造了社区的土地利用和社会生活；有限的土地利用专业化是走向混合社区的第一步。

2）公共空间

2012 年以来，联合国人居署在全球范围内开展城市公共空间项目，主要包括与地方建立伙伴关系，进行示范项目推广以及公共空间知识管理、公共空间工具开发和政策制定等，形成了"全球公共空间手册——从全球标准到地方政策和实践、公共空间宪章、城市领导的城市规划以及参与式街区设计"等一系列重要成果。2013年，联合国人居署和意大利国家规划研究所（INU）共同制定了《公共空间宪章》，该宪章对于公共空间采用了实用性的定义和表述，被用作《全球公共空间工具包——从全球标准到地方政策和实践》（Global Public Space Toolkit-From Global Principles to Local Policies and Practice）关键性的政策参考。根据联合国人居署2013年4月的工作文件《城市地区街道格局和公共空间的相关性》，该文件根据总土地面积、街道总面积、街道面积比例、街道总长度、街道密度、平均街道宽度、总交叉口和交叉口密度等指标，对30个城市进行了评估[90]。2017年，联合国人居署在武汉启动了"中国改善城市公共空间项目"，通过开展能力建设、公共空间评估和示范项目，共同探索超大城市公共空间发展路径（表4-18）。

《全球公共空间工具包》中的公共空间指标　　　　　　表4-18

指标	参考	品质评级	需要调查的内容分项
城市干道	✓ 全市中每平方千米的长度	✓ 噪声等级 ✓ 审美观念的影响	✓ 每个选定的城市象限的长度 ✓ 城市象限/城市总面积的比值
街道	✓ 全市中每平方千米的长度 ✓ 分派给街道的土地百分比	✓ 全市中铺装面积占未铺装面积的百分比 ✓ 全市中照明充分的街道的百分比 ✓ 全市沿街有商铺的街道的百分比 ✓ 全市有盲道的街道的百分比	✓ 全市中每平方千米的长度，选定的城市象 ✓ 铺装面积占未铺装面积的百分比，选定城市象限/总城市面积的比例 ✓ 照明充分的街道的比例，选定的城市象限 ✓ 照明充足的街道的比例，选定的城市象限/全市 ✓ 沿街有商铺的街道的比例，选定的城市象限 ✓ 有盲道的街道的比例，选定的城市象限

续表

指标	参考	品质评级	需要调查的内容分项
自行车道	✓ 全市每1000个居民拥有的车道长度	✓ 保留和保护下作为车道的路占所有道路的比例	✓ 每1000个居民拥有的车道公里数，选定的城市象限 ✓ 保留和保护下作为车道的路占所有道路的比例，选定的城市象限 ✓ 全市/象限上提供的车道的比例
公共交通	✓ 全市每10000个居民所拥有的电车/地铁线路的长度 ✓ 全市每10000个居民所拥有的快速公交线路的长度	✓ 频率	✓ 每10000名居民的电车/地铁线路公里数，选定的城市象限；全市/城市象限的比例 ✓ 每10000名居民的快速公交线路公里数，选定的城市象限；全市/城市象限的比例
广场	✓ 全市中每平方公里的广场面积	✓ 交通功能	✓ 每平方公里广场面积，选定的城市象限
人行道	✓ 全市中平均宽度 ✓ 全市中人行道与街道面积比率 ✓ 人行道无障碍设施比率	✓ 全市中铺装面积占未铺装面积的百分比 ✓ 照明情况	✓ 人行道的平均宽度，选定的城市象限 ✓ 人行道/街道面积的比率，选定的城市象限
路口	✓ 每平方千米下街道十字路口数量一般在80～120个居民	✓ 每平方公里的十字路口数目 ✓ 全市中过街通道及轮椅通道的数目 ✓ 全市中街灯声音警示值	✓ 全市中每平方公里过街通道及轮椅通道的数目
树木	✓ 街道或道路每千米的树木数量		✓ 每条街道或道路上每千米数目的数量，选定的城市象限以及象限/全市的比例
公园	✓ 城市总人口拥有的面积 ✓ 距离开阔绿地或城市公园200~300m的人口比例	✓ 每位居民的公园维护预算	✓ 选定的城市象限上居民拥有的面积 ✓ 城市象限/全市的比例 ✓ 距离城市公园200~300m的人口比例，选定的城市象限以及象限/全市的比例
活动场地	✓ 每1000个居民拥有的数量		✓ 每千名居民拥有的总数，选定的城市象限/全市的比例
体育设施	✓ 每1000个居民拥有的数量	✓ 免费进入，易获得且有保养	✓ 每千名居民拥有的总数，选定的城市象限/全市的比例
沙滩	✓ 每1000个居民拥有的数量	✓ 可自由使用，用于游泳的水域	✓ 选定的城市象限上，通过公共交通到最近的水/湖边所需要的平均时间

资料来源：联合国人居署，《全球公共空间工具包》

3）儿童友好型城市规划

联合国儿童基金会一直关注儿童友好城市的塑造，在儿童友好型服务设施和空间方面，进行了很多具有前瞻性的探索。2009年，联合国儿童基金会发布了《儿童友好空间的实用指南》（A Practical Guide to Developing Child Friendly Spaces），旨在帮助联合国儿童基金会的工作人员和合作伙伴在紧急情况下建立和运营"儿童友善空间"。总体目标是通过提供必要的知识来支持儿童友善空间的设计和运营，从而提高现场工作人员的标准和能力。2009年，联合国儿童基金会还发布了《儿童友好学校手册》（Child Friendly Schools Manual），作为国际型的参考文件和实用指南，推广儿童友好学校模式，倡导并促进每个儿童接受到优质教育。

2018年5月，联合国儿童基金会发布《儿童友好型城市规划手册：为孩子营造美好城市》（Shaping urbanization for children A handbook on child-responsive urban planning），通过关注儿童，从全球角度到地方背景，为城市规划在实现可持续发展目标中应发挥的核心作用提供了系统、全面的指导。2019年7月，中国城市规划学会组织完成了手册的翻译，并在中国城市规划学会网站公布。《儿童友好型城市规划手册：为孩子营造美好城市》认为城市不仅是繁荣的驱动力，而且还是不平等的驱动力，呼

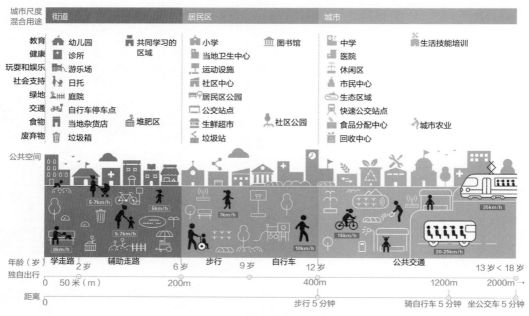

图4-21 城市孩童经历的空间和尺度
资料来源：联合国儿童基金会，《儿童友好型城市规划手册：为孩子营造美好城市》

吁所有城市利益相关者投资于对儿童敏感的城市规划。手册提出了投入、住房和土地权属、公共服务设施、公共空间、交通系统、水和卫生综合管理系统、粮食系统、废

专栏

儿童权利和城市规划原则

原则1　投入

尊重儿童权利，确保儿童享有安全清洁的环境，让儿童能参与基于地域的空间干预、需要各利益相关方参与的行动，以及有依据支持的决策，确保儿童从童年到青少年的健康、安全、公民权、环境可持续和繁荣发展。

原则2　住房和土地权属

提供数量充足和符合购买力的住房，保障土地所有权，让他们能够安全和有保障地生活、休息、玩乐和学习。

原则3　公共服务设施

提供健康、教育和社会服务的基础设施，让他们能够成长并发展生活技能。

原则4　公共空间

提供安全和有包容性的公共绿色空间，让他们能够集体参与户外活动。

原则5　交通系统

发展主动交通和公共交通，确保他们能独立出行，让他们有平等、安全的渠道获取城市提供的所有服务和机会。

原则6　城市供水和卫生综合管理系统

提供安全的用水和卫生服务，确保城市用水综合管理系统的运转，让他们有广泛和公平的渠道获取安全和负担得起的用水和卫生服务。

原则7　粮食系统

建立集农场、市场和销售商一体的粮食系统，让儿童和社区能永远获取健康、可负担及可持续生产的食物和营养。

原则8　废弃物循环系统

发展零废物系统，确保可持续的资源管理，让儿童和社区能够在安全清洁的环境里成长。

原则9　能源网络

整合清洁能源网络，确保可靠的电力供应，让儿童和社区全天都能享受所有的城市服务。

原则10　数据和信息通信技术网络

整合数据和信息通信技术网络，确保儿童和社区能接入数字网络，广泛获取可负担、安全和可靠的信息和通信。

资料来源：联合国儿童基金会，《儿童友好型城市规划手册：为孩子营造美好城市》

弃物循环系统、能源网络、数据和信息通信技术网络10个领域的儿童权利和城市规划原则，介绍了儿童友好规划的概念、工具和潜力做法，推动规划为儿童营造美好的城市，支持构建儿童友好型城市，使儿童能够生活在健康、安全、包容、绿色和繁荣的社区中。

4）历史街区保护

联合国教科文组织在文化领域做了很多规范性的行动，通过了7个公约，涉及物质、非物质和自然遗产，文化多样性，以及版权三个方面。1976年11月，联合国教科文组织大会第十九届会议颁布了《关于历史街区的保护及其当代作用的建议》（内罗毕建议），联合国首次提出了"历史街区保护"的概念。这里所指的"历史街区"，已不只是围绕文物建筑的地区，还指包括有人类活动的周围环境。文件强调，历史城区的所在国政府和公民应当把城区保护与当代社会生活融为一体。为此，此建议阐述了保护历史城镇规划的重要性，以及怎样维护保存、修复和发展这些城镇，使它们适应现代化生活需求。历史保护不再是对古建筑进行博物馆式的冻结保护，而是城市发展中的一个重要战略组成部分。

除此以外，联合国教科文组织还公布了《保护世界文化与自然遗产公约》的操作指南。该公约从维护世界文化多样性和确保人类社会可持续发展的战略高度，强调保护非物质文化遗产的重要性与可持续性，以唤起国际社会和各国民众对保护人类共同遗产的热情，从而推动非物质文化遗产保护事业在全球范围的发展。并且，联合国定期对公约的目的、保护对象、定义及适用范围、缔约国数量等内容进行更新。

4.4.2 国际标准化组织

（1）国际标准化组织构架

国际标准化组织（International Organization for Standardization，ISO），是一个全球性的非政府组织，作用是制定全世界工商业国际标准，其宗旨是"在世界上促进标准化及其相关活动的发展，以便于商品和服务的国际交换，在智力、科学、技术和经济领域开展合作"。

ISO的主要机构有全体大会、理事会、技术管理局、中央秘书处和技术委员会（TC）。截至2020年4月，ISO开展工作的技术委员会（Technical Committees，TC）已经有326个，其中每个技术委员会（TC）下设分技术委员会（SC）和工作组（WG），共同负责国际标准的制定、发布和管理工作，每个TC制定其专业领域的战略政策，定期提供给技术管理局审阅。在ISO，ISO技术委员会（TC）和分技术委员会（SC）主要通过六个步骤开发国际标准，包括阶段1提案阶段、阶段2准备阶段、阶段3委员会阶段、阶段4查询阶段、阶段5批准阶段、阶段6发布阶段。

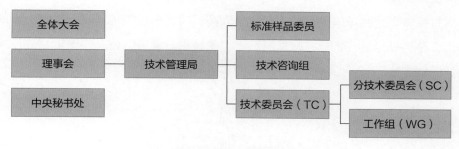

图4-22　ISO组织机构图
资料来源：作者自绘

（2）ISO/TC 268标准

ISO/TC 268隶属于ISO组织，是ISO城市可持续发展标准化技术委员会（Sustainable cities and communities）的代号，该委员会成立于2012年，旨在通过城市标准化工作，为可持续发展目标做出贡献。该委员会在城市可持续发展管理体系、评价指标、智慧城市战略和评价、智慧城市基础设施等多方面进行了标准化研究。ISO/TC 268下设多个分技术委员会（SC）、工作组（WG）和工作小组（TG），其中，ISO/TC 268/SC 1为智慧社区基础设施（Smart community infrastructures）计量分技术委员会，ISO/TC 268/WG1负责研究制定社区可持续发展管理体系标准，ISO/TC 268/WG2负责研究制定城市指标标准。截至2020年10月，ISO/TC268已公布的ISO标准26项，其中直接负责标准10项；正在制定的ISO标准16项，直接负责4项；参与成员45个国家，观察成员26个。

ISO/TC 268/WG1制定的社区可持续发展管理体系标准是2015年发布成为国际标准的，主要内容为对社区各项事务进行总结，包括：减贫、经济效益、社会一体化与社区融合、文化与遗产、自然资源保护与管理、消除社会与环境影响、工业与技术风险管理、温室气体排放、提升社区安全与健康等。此外，还对社区管理组织的作用、责任和权利提出了要求。

ISO/TC 268/WG2提出一套标准城市指数、方法和定义的国际标准提案，用来衡量城市发展情况，从生活质量和城市状态两个层面、24个方面提出了115个指标，并于2014年9月成为国际标准。

日本工业标准委员会于2011年向ISO提出用于衡量城市基础设施智能程度的一套评估方法，提案中提出了对城市智能基础设施的定义、范围、计量方法等内容。该提案针对目前城市基础设施的评价指标体系较多，对城市管理者而言存在很大困难的背景提出，是通过定量分析的方法衡量城市能源、水、交通、信息等城市基础设施，所采取的评估方法。

⊘ ISO 37100:2016 Sustainable cities and communities — Vocabulary	60.60	13.020.20
⊘ ISO 37101:2016 Sustainable development in communities — Management system for sustainable development — Requirements with guidance for use	60.60	03.100.70 13.020.20
⊘ ISO 37104:2019 Sustainable cities and communities — Transforming our cities — Guidance for practical local implementation of ISO 37101	60.60	13.020.20
⊘ ISO 37105:2019 Sustainable cities and communities — Descriptive framework for cities and communities	60.60	13.020.20
⊘ ISO 37106:2018 Sustainable cities and communities — Guidance on establishing smart city operating models for sustainable communities	60.60	13.020.20
⊘ ISO/TS 37107:2019 Sustainable cities and communities — Maturity model for smart sustainable communities	60.60	13.020.20
⊘ ISO 37120:2018 Sustainable cities and communities — Indicators for city services and quality of life	60.60	13.020.20
⊘ ISO/TR 37121:2017 Sustainable development in communities — Inventory of existing guidelines and approaches on sustainable development and resilience in cities	60.60	13.020.20
⊘ ISO 37122:2019 Sustainable cities and communities — Indicators for smart cities	60.60	13.020.20
⊘ ISO 37123:2019 Sustainable cities and communities — Indicators for resilient cities	60.60	13.020.20

图4-23 ISO/TC268秘书处直接负责的标准和项目（截至2020年6月）
资料来源：https://www.iso.org/committee/656906/x/catalogue/p/1/u/0/w/0/d/0

（3）核心成果

ISO/TC 268发布了多项国际标准来衡量城市发展情况，其中中国较为欠缺的方面为可持续城市、智能城市和韧性城市。

1）ISO 37120: 2018《可持续城市和社区——城市服务和生活质量指标》

2018年，ISO／TC268 正式发布了ISO 37120: 2018《可持续城市和社区—城市服务和生活质量指标》（Sustainable cities and communities — Indicators for city services and quality of life）标准。ISO 37120: 2018是ISO／TC268 发布的第一项关于城市可持续发展的国际标准，也是第一套国际标准化城市指标。城市首次能够使用全球标

准化的可比数据进行相互沟通，能够深入了解其他城市，并以前所未有的方式相互学习。

ISO 37120:2018从经济、教育、能源、环境、财政、火灾与应急响应、治理、健康、休闲、安全、庇护、固体废弃物、通信与创新、交通、城市规划、废水、水与卫生等17个方面设置了100项指标，其中核心指标46项，辅助指标54项。核心指标是指应用ISO 37120: 2018 评价城市服务和生活品质的绩效时应采用的指标；辅助指标是指应用ISO 37120: 2018 评价城市服务和生活品质的绩效时宜采用的指标。

2）ISO 37122: 2019《可持续城市与社区——智慧城市指标》

2019年发布的ISO 37122: 2019《可持续城市与社区——智能城市指标》（Sustainable cities and communities — Indicators for smart cities）标准，为城市提供了一套指标，用于衡量其在多个领域的绩效，使各国家和城市能够汲取世界上其他城市发展的经验教训，找到创新的解决方案。

该标准是对ISO 37120: 2019《可持续城市和社区——城市服务和生活质量指标》的补充，其中概述了评估城市服务提供和生活质量的关键衡量标准。它们共同构成了一套标准化指标，为衡量什么以及如何进行衡量提供了可以在城市和国家之间进行比较的统一的测量方法。这些标准还指导各城市如何评估其在促进联合国可持续发展目标、实现更可持续世界的全球路线图方面的表现。

3）ISO 37123: 2019《可持续城市与社区——韧性城市指标》

随着全球城镇化进程的加快，各国城市均面临经济、社会、环境等诸多不确定性因素的影响，各种未知风险也不断增加。如何提高城市系统面对不确定性因素的抵御力、恢复力和适应力，提升城市规划的预见性和引导性逐渐成为当前国际城市规划领域研究的热点和焦点问题。

ISO/TC 268将韧性视为可持续发展的特征之一，韧性城市建设是实现可持续发展的途径和方法之一。2019年ISO/TC 268发布的ISO 37123: 2019《可持续城市与社区——韧性城市指标》（Sustainable cities and communities—Indicators for resilient cities）标准，明确提出了"韧性城市"是"面对冲击和压力，能够做好准备、恢复和适应的城市"。标准围绕联合国可持续发展的17个目标，从经济、教育、能源、环境与气候变化、金融、治理、健康、住房、人口与社会环境、休闲、安全、固体废弃物、通信、交通、城市/区域农业和食品、城市规划、废水、水等18个方面，按照应急管理程序（预防、准备、响应、恢复和重建）提出了74项指标，用以衡量"韧性城市"建设水平。

4）ISO 37156: 2020《智慧社区基础设施——数据交换与共享指南》

2020年，ISO/ TC 268发布的ISO 37156: 2020《智慧社区基础设施——数据交换与共享指南》（Smart community infrastructures — Guidelines on data exchange and sharing for smart community infrastructures），是ISO在智慧城市领域发布的首个智慧城市基础设施数据标准。ISO 37156: 2020是在中国城市科学研究会、住房和城乡建设部标准定额司、国家标准化管理委员会等有关部门指导与支持下，由中国城市科学研究会智慧城市联合实验室牵头编制，同时也是中国主导的第一个ISO智慧城市基础设施领域的国际标准。该标准将为政府或具备管理职能的企业、组织和个人进行城市基础设施数据交换与共享提供参考，有助于提升信息化水平，消除信息孤岛，加强城市的智慧程度，并引导城市朝着使用数据的方向发展，从而使城市变得更智慧。

4.5 城乡规划与建设标准发展的逻辑与趋势

4.5.1 体系形式和管控方式受到国家和地区所属法系的影响较大

发达国家和地区主要属于两种法系，德国、荷兰、法国、日本实行民法法系（Civil Law System），也被称为大陆法系、罗马法系；英国、美国、新加坡则实行普通法系（Common Law System），也被称为海洋法系、英美法系。两类法系的基本特征对于城乡规划领域的法律法规体系有着重要影响，从顶层决定了国家城乡规划及标准的体系形式和管控方式。

法律形式的差异决定了城乡规划及标准的上位法律法规系统存在差异。民法法系通常以法典的形式对某领域做统一系统的规定，构成该领域法律体系的主干。在城乡规划法律法规方面，例如，荷兰把环境和空间规划领域中的所有法律和规范整合为一部《环境与规划法》，并使得空间规划审批程序大大简化。相比之下，普通法系习惯采用单行法的形式对某一类问题做专门的规定，如美国"水法"并不存在全国性的主干法律，而是由多个涉水的单行法组成；美国城乡规划领域也不存在全国统一的法律法规，而是由《州分区规划授权法案标准》和《城市规划授权法案标准》为地方城乡规划立法提供模板。

法律分类的不同则使得城乡规划及标准的管理对象和管控方式有所不同。民法法系一般分为公法和私法，如法国的城乡规划法和建筑法，虽然都与土地利用和房屋建设密切相关，但前者侧重于与国土利用和城市发展有关的规定，属于公法的范畴，后者侧重于与房屋修建有关的规定，属于私法的范畴。在实行普通法系的国家和地区则不会这样区分，而是采用实体法与程序法的方式进行分类。

4.5.2　构建由法律法规、技术标准、政策文件组成的管控引导体系

发达国家与地区以城乡规划法律法规与标准为核心的规划管控引导体系存在一定差异，但基本可分为法律、技术法规、技术标准、政策文件等类型。

第一类是城乡规划法律（ACT等），包括核心法、相关法、专项法，主要规定城乡规划的管理主体、规划体系、发展控制、规划赔偿、所有者权利、强制实施、特别控制等内容。

第二类是技术法规（Regulations、Order等），是由部门制定的带有强制性的配套技术法规、规章、条例等，一般是对涉及人身健康、生命财产安全、国家安全、生态环境安全、社会公平等根本性要求做出的综合规定，技术法规一般都具有强制性的执行效力。在规划领域，英国等国家中央政府的规划主管部门会制定具有通则性质的技术法规，对用地分类、用地管理进行说明，例如《棕地登记法规》［The Town and Country Planning（Brownfield Land Register）Regulations 2017］、《用途分类规则》［Town and Country Planning（Use Classes）Order 1987］等。与此同时，美国等地方层面的区划等规划类型本身即具有技术法规的属性，例如纽约区划文本（Zoning Text）确定了纽约市的分区以及有关土地使用和开发的法规（regulations），明确了每个分区的用途、形态、停车和其他适用规定，以及某些地区（机场、滨水区等）、特殊目的区（联合国特别开发区等）的特殊规定。

第三类是由政府或者非政府机构制定的非强制性的规划技术标准，包括手册（Handbook）、导则（Guide）、指南（Guidelines）等，例如美国规划协会（APA）编写的《城市规划和设计标准》（Urban Planning and Design Standards）、英国住房社区和地方政府部发布的《国家设计指南》（National Design Guide）、香港规划署发布的

《香港规划标准与准则》等，这些技术标准涉及领域较为广泛，专业性较强，技术要求体现前瞻性和先进性，一般不要求强制执行，具有一定的应用弹性。而在特殊时期或者阶段，技术标准中的一些需要进行强制性要求的重要内容一般会被提炼为技术法规，进行严格规定。

第四类是政策文件（Policy Framework、Guidance等），部分国家宏观层面的政策型规划指引文件也具有技术引导通则的属性，成为城乡规划的编制、实施可以参考的一种准则。英国现行的国家规划政策框架（National Planning Policy Framework，NPPF）是政策型规划指引文件的典型代表，从国家层面对全国各类规划提供理念性、原则性的指导，同时其配套文件《规划实践指南》（Planning Practice Guidance，PPG）对规划术语的定义、原则、价值、策略、程序、参考资料等进行详细说明；新加坡的城市设计导则也可以视为一种政策引导文件，对土地利用、步行交通、照明系统、户外美观及商业活力、设施遮蔽、激励政策、公示法定机构及修订申请程序等各个环节的规划标准进行规定。

4.5.3　以保障公共安全和居民健康为基本前提

现代城乡规划起源于公共卫生和住房政策的需求。早在19世纪，城市规划通过改进住房和环境卫生、隔离居民区和工业污染区，应对西方快速工业化和城市化过程中由于环境恶化、卫生设施短缺以及空气污染等造成的公共安全和居民健康问题[91]。一直以来，公共安全和居民健康是现代城市规划的一个重要前提，良好规划的城市能够更好地减少非传染性疾病和道路交通伤害的发生，并能够更广泛地促进人们的健康福祉。当前，21世纪在人口激增、快速城市化、全球气候变化等影响下，人类将持续面临着不健康饮食、体力活动缺乏、传染性疾病、道路交通伤害、肥胖等亚健康问题增多等巨大的全球性公共安全和健康挑战。世界卫生组织曾建议以健康和公平作为城市治理与规划的核心，突出强调城市规划、交通和住房政策的综合一体化的必要性[92]；联合国可持续发展目标也提出通过让城市变得更加包容安全、更加可持续，来提升居民的健康生活水平和幸福程度。由此可见，全球性机构普遍认为城市规划和管理决策有助于提高城市安全性与宜居性，通过城市规划及标准促进和保障公共安全与健康已成为当前城乡规划标准制定的一个重要前提。

总体来看，城市规划与设计能够通过对城市建成环境的塑造，对人群健康产生潜在的积极或消极影响。从现代城市规划起源到现在，公共安全与居民健康都是城市规划的重要目的，也是城乡规划标准制定的基本前提，并随着规划领域的细分而不断受到强化。

4.5.4 落实可持续发展等国际化的目标理念

2015年，联合国大会第七十届会议通过《2030年可持续发展议程》，明确了17个可持续发展目标，成为2030年以前的重要国际发展纲领，力图从经济、社会和环境三个方面实现可持续发展，让世界走上可持续且具有恢复力的道路。

到2030年，城市人口预计增加到50亿，应对城市化的挑战，高效的城市规划和管理方法不可或缺。因此，可持续发展目标11定为"建设包容、安全、有抵御灾害能力和可持续的城市和人类住区"，并与其他16个目标相互促进和影响。在这个目标的引领下，2016年，"人居三"会议通过的《新城市议程》进一步明确了在服务、空间和基础设施方面，建设服务于所有人的可持续城市的核心理念。

可持续发展目标成为了当前国际规划标准的重要前提。ISO/TC 268的工作目标即明确了通过标准化工作，支持联合国可持续发展目标（Sustainable Development Goals，SDGs）实现。在联合国儿童基金会2018年发布的《儿童友好型城市规划手册：为孩子营造美好城市》中，将儿童友好型城市环境和其对儿童的影响与可持续发展目标对应起来，以更好促进可持续发展目标的落实。

关注对高品质空间环境营造的指引。当前，欧美大多数国家已经从大拆大建进入到渐进式的有机更新的阶段，从纽约高线、波士顿大开挖等更新案例都可以看出了当前英国、美国等发达国家在存量更新发展阶段，对城市建成环境的品质提升、精细化改造、特色化营造、活力激发等极为重视。在这样背景下，越来越多的国家以营造高质量场所作为核心导向，制定相应的标准。各个国家和机构对高质量理念都有不同的解读，营造高质量场所的理念包括以人为本、健康安全、儿童友好、活力包容等价值观。

5

国内外城乡规划
与建设标准对比
研究

当前，我国城乡规划与建设标准体系正处在转型重构阶段，各个专项领域的规划标准都有着更新完善的需求。国内外各个专项领域的规划标准因发展历史、关注重点、约束效力等都有所不同，其规定对象、管控内容和指标要求等具体内容存在差异。为了更好地学习借鉴国外先进规划标准，有必要重新审视我国的用地分类、服务设施、公共空间、历史文化等相关领域的标准情况，并与国外一些先进的标准展开对比分析，为我国城乡规划与建设标准完善提供方向。

5.1 用地分类

5.1.1 国内城乡用地分类标准

在城乡规划和建设领域，从1990年建设部发布的《城市用地分类与规划建设用地标准》开始，我国城乡用地分类相关标准经过多次修订。目前，2012年颁布的《城市用地分类与规划建设用地标准》GB 50137—2011是城乡规划领域应用最为广泛的现行国家标准。这个标准将市域内城乡用地共分为建设用地和非建设用地。其中，建设用地包括城乡居民点建设用地、区域交通设施用地、区域公用设施用地、特殊用地、采矿用地及其他建设用地等种类，并进一步将城乡居民点建设用地中的城市建设用地分为居住用地、公共管理与公共服务用地、商业服务业设施用地、工业用地、物流仓储用地、道路与交通设施用地、公用设施用地、绿地与广场用地等类型。

同时，土地利用规划、林业规划等空间相关规划领域也分别根据各自需求，制定了现状用地分类、用地调查分类、土地规划分类的国家标准和行业标准，例如2017年由国土资源部组织修订的国家标准《土地利用现状分类》GB/T 21010—2017、林业部门2009年发布的《林地分类》LY/T 1812—2009等标准。一直以来，我国各空间规划领域的用地分类标准存在用地分类交叉、各类用地含义不同、统计口径不一等情况，导致在规划和管理中，用地指标、用地规模和用地布局协调难度大，管理体系紊乱，规划实施低效等问题[93]。

当前我国用地分类标准仍是各自为政的状态，在我国国土空间规划体系改革的背

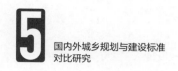

景下，用地分类标准的统一整合成为实现"多规合一"的关键环节，基于空间用途管制制度、适合国土空间开发保护的国土空间规划分区和用地分类新标准亟待重新制定（表5-1～表5-3）。

《城乡用地分类与规划建设用地标准》GB 50137—2011城乡用地分类　表5-1

类别名称		内容
大类	中类	
建设用地	城乡居民点建设用地	城市、镇、乡、村庄建设用地
	区域交通设施用地	铁路、公路、港口、机场和管道运输等区域交通运输及其附属设施用地，不包括城市建设用地范围内的铁路客货运站、公路长路客货运站以及港口客运码头
	区域公用设施用地	为区域服务的公用设施用地，包括区域性能源设施、水工设施、通信设施、广播电视设施、殡葬设施、环卫设施、排水设施等用地
	特殊用地	特殊性质的用地
	采矿用地	采矿、采石、采砂、盐田、砖瓦窑等地面生产用地及尾矿堆放地
	其他建设用地	除以上之外的建设用地，包括边境口岸和风景名胜区、森林公园等的管理及服务设施等用地
非建设用地	水域	河流、湖泊、水库、坑塘、沟渠、滩涂、冰川及永久积雪
	农林用地	耕地、园林、林地、牧草地、设施农用地、田坎、农村道路等用地
	其他非建设用地	空闲地、盐碱地、沼泽地、沙地、裸地、不用于畜牧业的草地等用地

《城市用地分类与规划建设用地标准》GB 50137—2011的城市建设用地分类　表5-2

代码	类别名称	内容
R	居住用地	住宅和相应服务设施的用地
A	公共管理与公共服务用地	行政、文化、教育、体育、卫生等机构和设施的用地，不包括居住用地中的服务设施用地
B	商业服务业设施用地	商业、商务、娱乐康体等设施用地，不包括居住用地中的服务设施用地
M	工业用地	工矿企业的生产车间、库房及其附属设施用地，包括专用铁路、码头和附属道路、停车场等用地，不包括露天矿用地
W	物流仓储用地	物资储备、中转、配送等用地，包括附属道路、停车场以及货运公司车队的站场等用地

续表

代码	类别名称	内容
S	道路与交通设施用地	城市道路、交通设施等用地,不包括居住用地、工业用地等内部的道路、停车场等用地
U	公用设施用地	供应、环境、安全等设施用地
G	绿地与广场用地	公园绿地、防护绿地、广场等公共开放空间用地

5.1.2 国外用地分类标准

(1)日本用地分类标准

日本的城市规划在"城市规划区"内划定"城市化促进区"和"城市化控制区"两类用地,其中,"城市化促进区"是地方政府发展经济、推进城市化的区域,允许私人土地投资和政府集中建设各项基础设施和公共设施。在"城市化促进区","土地使用分区规划"作为日本法定城市规划的基础内容,采用土地使用"分区"制度,对不同地类的建筑物用途、面积、容积率、体形等进行差异化的管控。早在1919年,日本《都市计划法》就确立了居住、商业、工业3大类用地框架,随着城镇化的推进和产业结构的升级,"土地使用分区"逐步细化为12小类,包括7类住宅类用地、2类商业类用地、3类工业类用地。12类"土地使用分区"作为土地用途管理的基本区划,确保了城市基本生活、生产和服务等功能空间框架的合理发展。除此之外,日本还设置了16类"其他特别用途区"作为补充,从高度控制、历史保护、风景名胜、产业发展、改造更新等多种政策管控角度对用地管理提出要求[94]。

日本用地分类比较注重多重属性混合兼容,体现了市场经济体制下土地使用的复合性、多样性、灵活性。12类"土地使用分区"可大致归为"专用区""一般区""准用区"三种类别。其中,"专用区"与"一般区"都是以某种用地功能为主导,但兼容度(用途与规模)不同,如"工业专用区"与"工业区"的差别在于后者可以允许居住、商业开发。"准用区"则是用地功能混合度最高的地类,包括与商业服务设施混合的沿街"准居住区",以及轻工业、居住、商业广泛混合利用的"准工业区"[94]。

日本"土地使用分区"　　　　　　　　　　　　　表5-3

土地使用分区		范围说明
居住区	Ⅰ类低层居住专用区域	保护低层住宅良好居住环境，建筑高度不得超过10m，商业或办公面积不超过50m²，可以建设小学、中学和诊所
	Ⅱ类低层居住专用区域	保护低层住宅良好居住环境为主，建筑高度不得超过10m，指定类别的商业或办公面积不超过150m²，可以建设小学、中学
	Ⅰ类中高层居住专用区域	保护中高层住宅良好居住环境，指定类别的商业或办公面积不超过500m²，可以建设医院、大学
	Ⅱ类中高层居住专用区域	保护中高层住宅良好居住环境为主，指定类别的商业或办公面积不超过1500m²，可以建设医院、大学
	Ⅰ类普通居住区	保护居住环境，商业、酒店或办公面积不超过3000m²
	Ⅱ类普通居住区	保护居住环境为主，可以开发商业、办公、酒店、弹球室、卡拉OK厅及其他类似用途，开发量不超过10000m²
	准居住区	在对外交通道路上居住与商业、酒店或其他设施混合的区域保护与此相协调的居住环境
商业区	邻里商业区	为邻近住宅区居民提供日常用品的零售商业及其他服务，达到中型购物规模；可以建设小型工厂，禁止建设剧院和舞厅
	商业区	商业及其他商务设施为主，包括银行、电影院、餐馆、百货商店、办公空间，也可混合中小型的办公型企业
工业区	准工业区	不会促使环境恶化的工业，以轻工业为主，可与居住、商业相混合
	工业区	工业设施，允许建设所有类型的工厂，可以开发居住和商业，不能开发学校、医院、酒店
	专用工业区	大型工业区，允许建设所有类型的工厂，禁止开发居住、商业、学校、医院、酒店、餐馆等

资料来源：徐颖. 日本用地分类体系的构成特征及其启示 [J]. 国际城市规划，2012，27（06）：22-29.

日本"其他特别用途区"　　　　　　　　　　　　表5-4

类型	解释
特殊用途区	根据土地利用性质或具体建筑规定确定的专项用途类型，如高层小区、纯商业区、特殊工业区、教育园区、零售区、办公区、区卫生与福利功能区、旅游区、娱乐和休闲区、特别商务区、科技研发区等
高度控制	为保护整体环境，确定区内建筑的最低或最高高度
特定街区	城市更新改造区域
高效利用区	为了土地高效利用，确定区域建筑容积率的高、低限
防火与预防火区	对于需要特别注重安全防火的区域

续表

类型	解释
美学价值区	需要强调城市设计，展示独特的城市风貌特色的区域
风景名胜区	自然风景、山林地区
停车场规划建设区	需要加强停车场地规划建设的地区
海港管辖区	主要为海港运输服务职能控制的区域
生态隔离带	林地、草地、滨水空间需要保存生态功能
生产型绿地	需要保障绿色开敞空间，如农用地、特殊农林区或苗圃地区
流通业务地区	保障城市运输和物流的区域
古城风貌特色保护区	具有特色历史风貌，保存完好的城区
第一类历史文化保护地区和第二类历史文化保护地区	历史文化遗产保护的区域
传统建筑群保护地区	《文化遗产保护法》规定的传统建筑、旧建筑群落地区
航空噪声危害防护地区和航空噪声危害防护特别地区	需要防护航空噪声影响的地区或者特别地区

资料来源：徐颖. 日本用地分类体系的构成特征及其启示 [J]. 国际城市规划，2012，27（06）：22–29.

　　同时，在统一的用地分类标准和兼容性控制通则的基础上，日本的地方政府可以根据实际情况，制定"建筑用途兼容控制导则"作为补充，并且在不违背城市规划整体意图的前提下调整用途区划中的控制指标，进一步增强了规划体系的弹性。

日本用地分类中建筑用途兼容控制导则 　　　　表5-5

建筑功能　　　　用地类型	I类低层居住专用区	II类低层居住专用区	I类中高层居住专用区	II类中高层居住专用区	I类居住区	II类居住区	准居住区	邻里商业区	商业区	准工业区	工业区	工业专用区
住宅，附带其他小规模其他设施（商业、办公等）的住宅												
幼儿园、学校（小学、初中、高中）												
圣祠、寺庙、教堂、诊所												
医院、大学												

续表

建筑功能＼用地类型	I类低层居住专用区	II类低层居住专用区	I类中高层居住专用区	II类中高层居住专用区	I类居住区	II类居住区	准居住区	邻里商业区	商业区	准工业区	工业区	工业专用区
位于一楼或二楼的面积不超过150m²的商店/餐馆												D
位于一楼或二楼的面积不超过500m²的商店/餐馆												D
上述未提及的商店/餐馆开发			A	B								
上述未提及的办公开发			A	B								
酒店、客栈				B								
卡拉OK厅												
位于一楼或二楼的面积不超过300m²的独立车库												
仓储公司的仓库，上述未提及的独立车库开发												
剧院、电影院							C	C				
自动维修商店							E	F				
具有一定危险性、有环境污染的工厂												
具有高度危险性或环境污染的工厂												

☐ 允许建设　　☐ 不允许建设

注：A：不得建设在三楼或三楼以上，单层建筑面积不能超过1500m²；B：单层建筑面积不能超过3000m²；C：观众席面积不能超过200m²；D：不得建设商店或餐厅；E：建筑面积不能超过150m²；F：建筑面积不能超过300m²。
资料来源：徐颖. 日本用地分类体系的构成特征及其启示［J］. 国际城市规划，2012，27（06）：22-29.

（2）新加坡用地分类标准

　　1981年新加坡颁布用地分类的规划条例，将用地分为六大类，即商店或食品店用途、办公用途、轻型工业用途、一般工业用途、仓库用途和宗教用途[84]。新加坡2019总体规划书面声明（Master Plan Written Statement 2019）的附录，对土地用途做了更为明确、详尽和细致的规定，将全岛域土地划分成居住、商住、商业、"白地"、商务园、商务园-白地、1类商务、2类商务、行政和社区机构等31种区划类型，每类区划类型都进一步明确了用途（Uses）、开发类型示例（Examples of developments）和备注（Remarks），对主导功能与辅助功能的比例关系、规划主管部门许可要求等作出规定[85]。

其中，新加坡"白地"是一个具有地方特色的重要用途类型。随着城市化进程加速，建设用地日渐不足，如何在有限的国土范围内寻求最高的经济效益，在日渐复杂的建设环境中寻求最佳的开发方式，成为新加坡亟需面对的问题。新加坡市区重建局于1995年提出"白地"的概念，在1997年完成的总规中，将新加坡划分为5大区域，细分为55个规划小分区，在部分小分区中规划有一定数量的"白地"，为城市开发提供灵活的建设发展空间。随后，相继提出一类商务白地（B1-White）、二类商务白地（B2-White）、商务园白地（Business Park-White）等概念[95]。白地规划中一个重要的指标是"白色成分"，指"白地"内可用于混合用途开发的用地性质和用地比例，反映了"白地"灵活性的大小。例如，2019年新加坡总体规划规定"白地"可选择居住、办公、商业、酒店、酒店式公寓、娱乐会所、协会、会展中心和娱乐设施9种用途中的一种或多种，同时，每一类混合用地都明确了白色用途的上限比例。发展商在"白地"租赁使用期间，可以按照招标合同要求，根据需要自由改变混合类用地的使用性质和用地比例，而无需交纳相关的土地溢价费[96]。

新加坡2019总体规划书面声明（Master Plan Written Statement 2019）
的用地区划解释（Zoning Interpretation） 表5-6

序号	用地分类	用途	备注
1	居住 Residential	用于住宅开发的区域； 服务式公寓和学生宿舍经主管当局评估后可允许	—
2	首层商业居住 Residential with Commercial at 1st storey	主要用于住宅或打算用于住宅的区域，仅在第一层进行商业开发	如果主管当局允许在第一层以上和/或之下设置商业区域，则第一层和其他层中商业用途的建筑面积的总量不得超过第一层的最大允许建筑面积
3	商住混合 Commercial & Reside-ntial	主要用于商业和住宅混合开发	商业区不得位于居民区上方。 除非主管当局允许，否则商业和相关用途的总数量不得超过最大允许建筑面积的40%
4	商业 Commercial	主要用于商业用途	—

续表

序号	用地分类	用途	备注
5	酒店 Hotel	主要用于酒店发展	酒店与酒店相关的用途至少应占总建筑面积的60%。可考虑商业和住宅用途，由主管当局确定，但不得超过总建筑面积的40%
6	白地 White	主要用于商业、酒店、住宅、体育和娱乐及其他兼容用途，或两种或多种此类用途混合使用的区域，这些用途是混合开发	为了实现某个区域的总体规划意图，可以在某些区域中对使用的数量和类型进行特定的控制
7	商务园 Business Park	用于商业园区运营	至少应将总建筑面积的85%用于商业园区运营（可以由商业园区主管部门发布的准则中定义和规定）和其他允许的辅助用途的任何组合。 该85%的建筑面积不得超过40%用于其他允许的辅助用途。 白色区域允许的用途不得超过总建筑面积的15%
8	商务园–白地 Business Park - White	主要用于商业园区，在白色区域允许作为混合用途开发的其他操作和其他用途	在白色区域内允许使用的数量不得超过修正计划中规定的总建筑面积的百分比。例如，对于一个分区为BP-W的场所，允许的白色用途的总使用量不得超过开发总建筑面积的40%。 商业园区用于商业园区运营和其他允许的辅助用途的组合。 商业园区总建筑面积的不超过40%用于其他允许的辅助用途
9	1类商务 Business 1（B1）	这些是主要用于清洁工业、轻工业、公共事业、电信用途以及其他公共设施的区域，相关主管部门不得对这些区域施加大于50m的干扰缓冲区	允许的辅助使用量不得超过总建筑面积的40%
10	2类商务 Business 2（B2）	有用于或打算用于清洁工业，轻工业，一般工业，仓库，公共事业和电信用途以及其他公共设施的区域。某些地区可能允许特殊行业，例如工业机械制造，造船和维修，但需经有关当局和主管当局评估后，方可进行	允许的辅助用途的数量不得超过总建筑面积的40%

续表

序号	用地分类	用途	备注
11	1类商务–白地 Business 1 -White	用于B1区和"白地"（混合用途开发）	在允许白色用途之前，必须达到B1用途的最小容积率。例如，对于分区为"4.2［B-2.5］W"的场地，在整个开发过程中，允许的B1使用必须达到2.5的最小地积比率，然后才能允许White用途，最大规定的地积比率为4.2。允许的辅助用途的数量不得超过B1使用的总建筑面积的40%
12	2类商务–白地 Business 2 -White	主要用于B2区和"白地"（混合用途开发）	B2用途必须达到最小容积率，然后才能允许白色用途。例如，对于分区为"4.2［B-2.5］W"的站点，B2允许的用途必须达到2.5的最小地积比率，然后才能允许White用途，但整个开发项目的最大规定地积比率为4.2。 允许的辅助用途的数量不得超过B2使用的总建筑面积的40%
13	居住/机构 Residential/Institution	主要用于居住、社区机构设施或其他类似目的的区域	—
13A	商业/机构 Commercial/Institution	主要用于商业、社区机构设施或其他类似目的的区域用途	可能允许酒店使用，但须经主管当局评估
14	健康和医疗 Health & Medical Care	主要用于医疗服务	—
15	教育机构 Educational Institution	主要用于教育目的（包括高等教育）	—
16	宗教 Place of Worship	主要用于宗教建筑	祈祷应为主要用途，且至少应占开发总建筑面积的50%
17	行政和社区机构 Civic & Community Institution	主要用于市政、社区或文化设施或其他类似目的	—
18	开放空间 Open Space	用作开放空间	—
19	公园 Park	主要用于供普通公众使用的公园或花园，包括人行道	—
20	沙滩 Beach Area	用于沿海娱乐目的，供普通大众使用	—
21	运动和休闲 Sports & Recreation	主要用于运动和娱乐目的	—

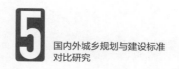

续表

序号	用地分类	用途	备注
22	水域 Waterbody	用于排水目的和水域，例如水库，池塘，河流和其他水道	—
23	道路 Road	用于现有和拟建的道路。在高架道路下的其他用途须经主管当局允许	—
24	交通设施 Transport Facilities	主要用于停车库、地下道路隧道和快速运输系统	加油站/服务亭须经主管当局允许
25	快速轨道 Rapid Transit	主要用于快速运输目的	—
26	设施 Utility	主要用于公用事业和电信基础设施，包括水厂、污水处理厂和其他公共设施，例如变电站	—
27	墓地 Cemetery	用于墓地，火葬场等	—
28	农业 Agriculture	用于农业目的，包括苗圃	—
29	港口/机场 Port/Airport	用于机场或码头/港口	—
30	预留点 Reserve Site	尚未确定其具体用途的领域。可以允许与当地用途兼容的临时用途，但需要由主管当局进行评估	—
31	特殊用途 Special Use	用于特殊目的的区域	—

资料来源：https://www.ura.gov.sg/~/media/Corporate/Planning/Master-Plan/MP19writtenstatemen-t.pdf?la=en

5.1.3 主要建议

（1）构建基于用途管控制度的复合用地分类体系

随着经济社会的发展，城市规划作为空间资源配置和调控的重要手段，不单局限于单一的用地性质安排，还被赋予了经济、社会、生态、文化等多重管理目标与政策内涵。为了表达对城市发展多样而综合的规划引导目标，日本基于规划"分区"制度，采用功能属性与政策属性并行叠加使用的复合用地分类体系，实现了对同一空间地域的多目标引导，加强了多维度用地管理的力度，符合市场经济环境下土地开发多样管控需求的必然趋势。

为了更好地调控引导各类开发建设行为，我国今后可引入类似日本"其他特别用途区"的其他属性分类，与现行的用地功能基础分类共同构建多重控制目标下的复合用地分类体系，将常被提及的"高度控制区""风景名胜区""自然保护公园""历史文化街区""文物古迹风貌协调区""机场净空""高压走廊""保税区""开发区""滞洪区"等多重管控范围在用地规划图上叠加并行表达。

（2）注重用地分类的兼容性

随着市场化程度的提高，用地混合开发的属性也越来越突出，某一地块的具体用途在市场规律运作下的不可预见性和不确定性，实现规划刚性控制和弹性调整并举显得尤为重要。

土地混合利用是国际用地分类标准的重要趋势之一。建议用地分类标准应考虑兼容性，借鉴具有一定混合性的用地分类，例如商业与居住混合类用地主要功能为居住，同时允许不超过40%的商业。兼容性较强的用地分类标准有助于保障土地使用功能最优化，为土地开发及管理预留了足够的弹性空间。

（3）加强用地分类的灵活性

从技术上看，通过预留当时无法确定最优用途的用地，待条件成熟后向高附加值用途转换，为将来提供更多灵活的建设发展空间。从管理上看，政府通过招标技术文件，将混合用途建议清单、许可的最大总建筑面积和总容积率上限、建筑高度上限、租赁期限等6项重要指标固化，开发商在类似"白地"租赁使用期间，可以在招标合同规定范围内，视市场环境需要，自由变更使用性质和功能比例，且无需缴纳土地溢价[96]。通过明确可兼容地类及其比例等要求，促进土地合理、高效地复合利用，也增强法定规划在市场经济体制中的适用性。

建议用地分类标准在全国用地分类标准的基础上赋予地方政府较大的自主权，地方政府可因地制宜地自主附加地类兼容性的相关控制细则，并可以根据实际需要新增小类作为补充和完善。构筑开放灵活的用地分类标准系统，在保证秩序的前提下适当给地方复杂、多样的土地用途管理预留空间，对于城市发展地域差异较大的国家具有重要的借鉴意义。

（4）强调用地分类的地方特色

用地分类作为国家用地规划和管理的基础型标准，也应根据国家地域特征、空间
保护重点等方面，对一些特殊的用地类型提出更详细、更严格的管控要求，加强用地
分类的地域性和独特性。例如，我国作为世界文明古国之一，用地分类可以从国家层
面弘扬文化自信的、加强文化遗产保护的角度，进一步细化历史文化区的用地分类标
准，充分保护历史文化遗产，进一步体现地域特色。

5.2 公共服务设施

5.2.1 国内公共服务设施相关标准

在公共服务设施领域，我国现行的规划标准为《城市公共设施规划规范》GB
50442—2008。其中，城市公共设施用地分类，依据当时《城市用地分类与规划建设
用地标准》GBJ 137—1990的城市用地分类，对行政办公、商业金融、文化娱乐、体
育、医疗卫生、教育科研设计和社会福利设施七大类公共设施的总体用地指标、人均
用地指标、选址和布局要求提出明确的规定。目前来看，公共设施领域规划标准的设
施分类，有待与现行城乡用地分类及国土空间规划改革进行衔接。

现行专项型的公共服务设施的规划设计标准包括《城市居住区规划设计标准》
GB 50180—2018、《城镇老年人设施规划规范》（2018年版）GB 50437—2007、《城市
停车设施建设指南》等标准，这些标准对居住区配套服务设施、老年人公共服务设
施、停车设施的选址和布局原则、用地和建筑规模、建设要求都提出了详细的要求。
总体上看，我国现行专项型公共服务设施标准数量较少，标准体系尚不完善，基于儿
童友好、无障碍等理念的公共设施规划设计标准需要进一步明确。

随着城乡居民对公共服务设施配套的要求不断提升，在以人为本的价值理念
下，基于居民日常生活方式和需求，优化设施配置和设施质量。基于城市居民日常
活动、通勤、休闲行为，应对居民差异化需求，打造以人为核心、以人的日常活动

为出发点的生活圈，已经成为国内公共服务设施配置的重要共识。2016年上海市正式发布《上海市15分钟社区生活圈规划导则》，成为国内首个制定生活圈规划标准的城市。之后，广州、北京、长沙、杭州、武汉、济南、厦门等许多城市都提出了当地的生活圈建设目标。2018年住房和城乡建设部正式批准实施《城市居住区规划设计标准》GB 50180—2018明确要求城市规划建设中围绕居住区应形成十五分钟、十分钟、五分钟三级社区生活圈，并配套建设相应的服务设施。当前，在公共服务设施标准方面，社区生活圈成为我国社区级公共服务设施规划和建设的共识，对促进公共服务资源的均等化、精准化配置，引导居民自下而上参与社区设施具有极大的意义。

与此同时，很多城市基于发展战略，针对某一类型或某个人群的公共服务设施，制定了目标导向、具有地方特色的服务设施指引。例如，深圳在确定儿童友好型城市建设目标之后，在《深圳市建设儿童友好型城市战略规划（2018—2035 年）》《深圳市建设儿童友好型城市行动计划（2018—2020年）》的引导下，制定了一系列的儿童友好型设施和空间的规划建设指引，共同支持儿童友好型城市的打造。例如，《深圳市儿童友好型社区建设指引》对深圳市儿童友好型社区的空间建设、社区服务、儿童参与、组织实施进行指引，《深圳市儿童友好型图书馆建设指引》对深圳市儿童友好型社区的图书馆室外空间、室内空间、儿童参与、组织实施进行指引，《深圳市儿童友好型学校建设指引》对深圳市提出儿童友好型学校建设要求，《深圳市儿童友好型医院建设指引》对深圳市提出儿童友好型医院建设要求。

5.2.2 国外公共服务设施标准

（1）基本公共服务设施配置

城市基本公共服务设施一直是各个国家和城市配置公共资源的重点，尤其是社区级的公共服务设施。例如，新加坡"邻里中心（Neighborhood Center）"是当前社区公共服务设施配置的一种典型模式，来源于佩里（Clarence Perry）的邻里单位（Neighborhood Unit）等近代城市规划理论，起始于新加坡政府自1965年推行并长期实施的组屋计划[97]，并在实践中不断演进，已经成为了新加坡规划中的成功标杆。对应新加坡三级新镇结构，社区服务设施通常采用"新镇中心—邻里中心—组团中心"三级体系。其中，新镇中心一般结合地铁站及公交总站紧邻布置，建设有独立占地的综合商业中心、运动场馆、学校，公共服务和商业业态种类繁多且级别较高，形成尺度宜人、适宜步行的商业街道或中心综合体，为超过10万人提供服务。邻里中心一般与公交站临近布置，形成尺度宜人的商业步行街道或一站式服务综合体，集中了餐饮、日常购物、银行、诊所和小型运动场等多样化的功能，可为周边2万~3万的邻里居民提供服务。而组团中心的服务设施通常设置在高层住宅楼的底层架空层或零散的地块，结合公共空间集中或沿街布局，为居民创造下楼即可享受到便利服务的生活环境[98]（表5-7）。

新加坡与中国及主要城市公共服务配置层级对比　　　　表5-7

地区		层级划分			
中国		街道/乡镇	—	社区级/村	—
		15分钟生活圈居住区	10分钟生活圈居住区	5分钟生活圈居住区	居住街坊
		5万人~10万人 800~1000m	5万人~2.5万人 500m	0.5万人~1.2万人 300m	1000~3000人
		中学、大型多功能运动场地、文化活动中心（含青少年、老年活动中心）、卫生服务中心（社区医院）、养老院、老年养护院、街道办事处、社区服务中心（街道级）、司法所、商场、餐饮设施、银行、电信、邮政营业网点等，以及开闭所、公交车站等基础设施；宜配建体育馆（场）或全民健身中心	小学、中型多功能运动场地、菜市场或生鲜超市、小型商业金融、餐饮、公交首末站等设施	社区服务站（含社区居委会、治安联防站、残疾人康复室）、文化活动站（含青少年、老年活动站）、小型多功能运动（球类）场地、室外综合健身场地（含老年户外活动场地）、幼儿园、老年人日间照料中心（托老所）、社区商业网点（超市、药店、洗衣店、美发店等）、再生资源回收点、生活垃圾收集站、公共厕所等	物业管理与服务、儿童老年人活动场地、室外健身器械、便利店（菜店、日杂等）、邮件和快递送达设施、生活垃圾收集点、居民机动车与非机动车停车场（库）等
中国上海	城市级	社区级（基础保障类+品质提升类+基础教育设施）			
	20万人左右	15分钟社区生活圈（3平方公里左右，约5~10万人）			
		街道/镇	小区	街坊	
		5万~10万人左右 800~1000m	公服标准：2.5万人 社区导则：1.5万人 500m	公服标准：4000人社区导则：3000~5000人 200~300m	

续表

地区	层级划分			
中国上海	商业服务、文化、体育、医疗卫生、教育科研、养老福利等	文化：社区文化活动中心、青少年活动中心、（含图书馆、信息苑等）；教育：初中、高中；医疗：社区卫生服务中心；养老：社区养老院；体育：综合健身馆、游泳馆、运动场	文化：文化活动室、棋牌室、阅览室 教育：小学、养育托管点 医疗：卫生服务站 养老：日间照料中心 商业：室内菜场、社区食堂	教育：幼儿园 养老：老年活动室 体育：健身点 商业：菜店等生活服务中心
新加坡		新镇中心	邻里中心	组团中心
新加坡		12万~25万人，1000~2000m，在公交枢纽周围集中布局公服设施与公共空间 教育：专科院校 医疗：综合诊疗所 文化：图书馆 体育：游泳池、运动场 政务：市镇委员会、民众俱乐部 商业：综合商业中心、小贩中心 绿地：新镇绿地	2万~3万人，500~600m，步行10分钟以内；邻里中心为5000~10000m²的综合楼。 教育：中小学 医疗：诊所 体育：小型运动场 商业：杂货店、理发店、菜市场、服装店、家装店、金融设施等 绿地：邻里绿地	0.25万~0.5万人，150~250m，日常所需的便捷服务，通常设置在底层架空层。 教育：幼儿园 政务：居委会 商业：杂货店、咖啡店等 志愿：青少年服务 养老：老年人日间照料中心 绿地：组团绿地

资料来源：张威，刘佳燕，王才强. 新加坡社区服务设施体系规划的演进历程、特征及启示［J］. 规划师，2019，35（03）：18-25；《城市居住区规划设计标准》GB 50180—2018等

（2）特色公共服务设施引导

随着人们需求不断多样化，公共服务设施的类型更加多元，许多国家和城市开始进一步关注对具有城市特色的公共服务设施的塑造。例如，在新加坡公共服务设施建设中，小贩中心是极具有当地特色的一类设施。小贩中心一般包括三类，一是熟食中心，即售卖饮食的小摊档，熟食中心的摊位数一般为30~80个；二是湿巴刹，主要是可售卖鱼类水产和新鲜肉类的市场、集市；三是干巴刹，即普通的建屋局店屋，只能卖干货、蔬菜和已在屠宰场处理过的肉类，巴刹的摊位数一般约80~150个[99]。新加坡小贩中心的核心价值体现在由政府规划和管理，并引入市场经营，而特许的个体经营提供了低门槛和具有地方特色的就业空间，还为居民提供便捷的服务和公共空间。新加坡结合现代城市居民就业和生活方式，在不同等级的设施中，采取鼓励政策，引导配置小贩中心/熟食中心（Hawker Centre），为小贩提供露天建筑物的永久性摊位，

为客户提供共用或摊位专用桌椅，提供价格低廉的高品质卫生食品。2019年，新加坡政府提交申请，希望将其小贩文化列入联合国教科文组织《人类非物质文化遗产代表作名录》。

另外，一些西方国家的城市非常重视文化设施与文化产业、城市经济、社会包容活力之间的关系，专门制定了针对文化设施和空间规划、建设和保存的指引标准，用来引导城市文化设施和空间的可持续发展。例如，西雅图、温哥华和旧金山已经采取认证保护、统筹管理、定向拓展、市属使用等措施，推广和激励文化设施和空间发展[100]。西雅图市政府的艺术与文化办公室在2017年发布了报告《The CAP Report》，基于社区成员、房产业主和开发商、市政府公务人员、官员、艺术家、建筑设计师、房地产从业人员、法律专家和文化产业相关人士的献言献策，提出了三十条创建、启动、保存文化设施和空间的准则，包括采取认证手段来保护文化、成立市属的房地产开发公司、将文化考察纳入城市开发审核环节等[101]。

5.2.3 主要建议

（1）关注以人为本导向的公共服务设施配置

随着社会发展，人民对美好生活诉求不断增强，在公共服务设施配置方面的高品质升级要求越发凸显，过去"以物为本""见物不见人"的城市发展观转向以人为本的城市发展观，对公共服务关注数量规模增加转向重视内涵质量提升。

公共服务设施标准的配置方式需要适合人的行为，面向人群的精细化需求。当前，我国公共服务标准的配置方式和类型有待提升，一方面，公共服务设施的配置尺度精细化仍显不足，对中微观尺度的社区级及以下层级公共服务指引不足，而公共服务配置引导方式仍以面积和万人指标为主，缺少不同人群出行时间半径可达布局的指引，导致设施配置不均、配置层级不合理等问题。

（2）重视提升型公共服务设施的引导

在配置方式上，公共服务设施的供给类型仍以政府主导配置底线型基础型公共服务的思路为主，缺少对提升型、市场型设施的推荐性引导。在配置理念方面，我国现行标准大都缺少对以人为本、全民友好、活力创新等理念设施的指引，未能明确对老人、儿童等设施配置的针对性要求。在公共服务设施配置方面，应该更加关注各类人群的需求，配置理念重视以人为本、全民友好、宜居宜业、活力包容、支持创新等价值观。例如，要为所有年龄段的人提供更愉快、更高质量的生活环境，构建儿童友好和老年人友好的社区，为所有年龄群体提供社区运动场所，与社区联合设计和建造自己的游乐场。

5.3 公共空间

公共空间是由公众所有或使用、所有人都可以免费获得的城市活动场所，可以增进人们的交往，培育人们的归属感和幸福感，体现着城市的人文关怀。公共空间一般包括公园、街道、绿地、运动场、楼间空地、海滨沙滩等多种形式。因此，国内外的公共空间相关的标准种类极为多样，内容非常丰富。

5.3.1 国内公共空间的标准

在现行国家层面的城乡规划和建设标准中，《城市居住区规划设计标准》GB50180—2018、《城市绿地规划标准》GB/T51346—2019、《城市水系规划规范》（2016年版）GB 50513—2009等标准对居住区公共空间、绿地、滨水区的规划布局和建设做出了相关的规定。

地方城乡规划和建设标准也对各类规划编制涉及的公共空间做出了明确的要求。例如《深圳市城市规划标准与准则》城市设计与建筑控制章节，对公共空间定义、类型划分、建设要求作出了指引，指导城市各类规划的编制。又如，《上海市控制性详细规划技术准则》在2016年修订版中，提出营造活力宜人公共空间，促进市民健康，明确小型公共空间定义和设计指引，即面积在4公顷以下的绿地和2公顷以下的广场分为独立用地的公共空间、地块内向公众开放的空间两类；并提出控制性详细规划要对公共空间进行底线管控和弹性引导，即独立用地的公共空间设置要求作为底线管控，明确比例，在控规层面确保落地，而地块内内向公众开放的附属公共空间设置要求作为弹性引导，对布局位置、规模尺度、界面功能等提出设计引导。

很多城市会针对公园、绿地、街道等公共空间，制定详细的设计导则，例如《上海街道设计导则》《上海市街心花园建设技术导则》《成都市公园规划设计导则》等。部分城市也会针对全市或者重点地区，制定具有地方特色的城市设计指引、风貌建设指引，对公共空间的规划和建设做出详细的规定，例如《广州市老旧小区微改造设计导则》在特色营造指引方面，就针对公共空间，提供特色设计引导。另外，一些地方会全方位地针对公共空间规划建设和使用管理的全过程，制定专门面向城市公共空间的管理条例，如《陕西省城市公共空间管理条例》等。但是，整体上看，目前我国公共空间标准主要以地方标准为主，国家层面缺少系统性、综合型的引导，尤其是针对城市街道、配建公共空间、微型公共空间、存量公共空间等特色公共空间的指引极为缺乏。

《陕西省城市公共空间管理条例》的空间属性评价　　　　表5-8

管理事项大类	管理事项中类	包含内容	典型条例/语汇	空间表述的明确性
规划和建设	—	在总规/控规等层面对城市公共空间的规划编制和建设提出要求	城市主次干道应当设置非机动车道。在城市中心区、商业区、公共交通换乘站、轨道交通站应当设置非机动车辆保管场地	较模糊
使用和管理	道路	明确道路中空间的使用规范	中小学、幼儿园出入口两侧50m范围内，其他机关、团体、企业事业单位和居民住宅小区出入口两侧10m内，居民住宅窗外5m内禁止停车	较明确
	机动车停车道	明确公共停车场、专用停车场、临时停车场和道路停车泊位的使用规范	遇有重大活动，公共停车场不能满足社会停车需求时，专用停车场应当按照公安机关的要求，在满足自身停车需求的条件下，向社会开放	较模糊
	户外设施	规范广告牌、霓虹灯、垃圾箱等公共设施的使用	城市公共场所的阅报栏、信息栏、条幅布幔、旗帜、充气装置、实物造型应当在规定的时间、地点设置，并与周围景观相协调	较模糊
	公园广场绿地及其他	规范公园、广场空间的使用	在公园、广场举办展览、文艺表演、集会、商业促销等各类活动的，应当符合公园、广场的性质和功能，不得损害植被、设施和环境质量，并按照有关规定办理审批手续，活动结束后应当及时清理场地，恢复原状	较模糊

资料来源：许闻博，王兴平. 城市管理的空间准则探究——基于中美规划指标与城管条例的比较 [J] 上海城市规划，2019（01）：83-89.

5.3.2 国外公共空间与场所的标准

近年来，国内外很多城市都设法利用公共空间这一关键要素来改善城市空间品质，增加市民获得基础服务的机会，使城市更加安全，刺激经济活动和投资，保护历史和文化资产，促进城市更新和提升包容性。因此，联合国和很多国家、城市都针对各类公共空间，制定了很多详细的标准、指南和导则，成为当地公共空间规划和建设的重要参考。

（1）联合国公共空间指引

面对21世纪经济、社会、环境和政治的新变化和挑战，"人居三"通过的《新城市议程》提出"到2030年，向所有人，特别是妇女、儿童、老年人和残疾人，普遍提供安全、包容、无障碍、绿色的公共空间"，强调"有必要保持现有的历史公共领域的性质和质量，以促进当地的身份认同，并将遗产传承给后代；改善城市中心和周边地区的现有公共场所，以提高其质量，培养社区归属感；设计新的公共空间和新的城市扩展，提高居民的生活质量，加强社会稳定"，并主张通过制定公共政策和城市规划，让城市的所有人，特别是低收入和弱势群体，能够公平享有"城市权利"。

联合国人居署认为，公共空间是由公众所有或公共使用，所有人都可以免费获得，而且没有利润动机的城市空间，包括公园、街道、绿地、人行道、休闲运动场、市场、楼间空地、海滨沙滩等多种形式。自2012年以来，联合国人居署在全球范围内开展城市公共空间项目，通过与地方建立伙伴关系，进行示范项目推广、公共空间知识管理、公共空间工具开发和政策制定等，形成了《全球公共空间手册——从全球标准到地方政策和实践》《公共空间宪章》《城市领导的城市规划以及参与式街区设计》等公共空间建设指引，引导城市建设可获得、具有包容性、负担得起的公共空间。《公共空间宪章》对于公共空间采用了实用性的定义和描述，"公共空间是公有或供公众使用的所有空间，所有人都可以免费获取和享受它们，且没有任何利润动机。公共空间是个人和社会福祉的关键要素，是社区集体生活的场所，表达了他们共有的、自然的及文化的财富的多样性，是它们特性形成的基础。社区通过公共空间产生对自身的认同感，并且追求空间质量的提升"。同时，联合国人居署相关文件还明确街道作为公共空间，包括街道、大道和林荫大道、广场、路面、通道、自行车道，而且是最完整的公共空间，是公共拥有和维护的，所有人都可以免费使用和享受全天，不管白天还是黑夜。

（2）美国的私有公共空间建设指引

美国"私有公共空间（Privately Owned Public Spaces，POPS）"最早在1958年纽约 Voorhees区划决议草案上被提出，并在1961年正式纳入区划法规，是指公共空间所处的土地或者建筑物在法律上是私人所有的，同时它也是向公众开放、为公众使用，并受到法律约束的公共空间。纽约市政府通过额外楼面面积或豁免等补偿奖励措施，鼓励私营部门开发提供给公众使用的室外和室内公共空间，旨在确保城市最密集的区域可以提供开放的公共空间和绿化。根据纽约市官方网站，到2020年10月，纽约市已经在380多个建筑中建造了590多个POPS①，为纽约市提供了超过380万平方英尺的额外公共空间，已经成为纽约人、通勤者和游客的重要公共空间和设施。结合数十年的经验，纽约在《分区解决方案》第37~70节②明确了POPS的位置、尺度、朝向和设计原则等标准，也明确面向人行道开放、提供舒适的座椅和便利设施、进行无障碍设计、保障光线充足和视线开阔、结合绿化布局等设计原则，以保证POPS的公共性、开放性、安全性和舒适性。

（3）英国城市绿地标准

英国城市绿地建设起源于1760年代工业革命开始后，此后随着发展需求的不断扩大而出现了城市公园、绿廊、游戏运动场地、城市菜园等绿地形态。1980年代开始，英国政府结合城市更新对绿地开展大量研究，并于1989年首次出台针对英国城市绿地系统性的全国政策导则——《规划政策导则17：开敞空间、运动及休闲空间规划》，定义了8类城市开敞空间及绿地类型，以及绿地标准的核心内容，从而奠定了英国城市绿地标准体系的框架；各地方政府需依据此导则，结合当地情况制定地方城市绿地标准并施行[102]。伴随着英国规划体系的变革，目前在国家层面2012年的《国家规划政策框架》开敞空间章节继续延续了对绿地等公共空间的规划引导，明确开放空间是指所有具有公共价值的开放空间，不仅包括土地，还包括水域（例如河流、运河、湖泊和水库），这些区域提供了体育和休闲的重要机会。与此同时，一些专业组织对绿地标准也展开了研究。例如，1993年"自然英格兰"（Natural England）在《城市中的自然空间》报告中明确城市中"自然绿地"的定义，并提出了相关面积和服务半径

① https://www1.nyc.gov/site/planning/plans/pops/pops.page
② https://zr.planning.nyc.gov/article-iii/chapter-7

标准；2009年，英国建筑与建成环境委员会（CABE）制定了《伦敦开放空间战略：最佳实践指引》，对伦敦开放空间建设的目标、策略和标准进行了规定，向上衔接地方发展框架，并指导植物、游戏场地等公共空间类型指引的编制。

英国开放空间的标准引导一般体现在多功能性、首要功能、数量、可达性和质量等几个方面，尤其是数量和可达性方面的标准要求较多。例如，"自然英格兰"对"自然与半自然绿地"和"休闲绿地"提出数量和可达性标准，"运动场基金会"对各类儿童游戏场在数量和可达性方面进行详细规定，"国家菜园及休闲花园协会"出台了"菜园"的面积标准。而另一些类型绿地，如"公园和花园""墓园"，则主要基于地方项目需求，而确定具体的要求（表5-9）。

英国国家层面城市绿地相关标准 表5-9

	绿地分类标准	主要功能或目的	举例
城市绿地	公园和花园	公众易达的高质量休闲场所，可作为社区集会空间	城市公园、乡村公园、古典园林等
	自然及半自然绿地，包括城市森林	保护野生生物；提升生物多样性；提供自然环境教育场所	树林、城市森林、灌木林、各类草地、湿地、各类露天水体、废弃地、露天岩石地等
	绿色廊道	步行道、自行车道或马道，可用于休闲或交通，以及野生生物迁徙	河岸、运河岸、自行车道及公众步行道
	休闲绿地	位于居住或工作场所附近的各类休闲绿地，可提升生活和工作自然环境质量	宅旁绿地、小区公众绿地、各类离散的休闲空间
	儿童及青少年游戏场	主要用于儿童和青少年游戏、社交和运动的场所	游戏场、滑板场地、户外球类场地，以及户外自由玩耍空间
	菜园、社区花园及城市农场	向居民提供的自己种植蔬菜瓜果的场地，是长期可持续发展生活模式和创建健康社区的重要部分	都市菜园、蔬菜花园
	墓园、教堂周围墓地，及其他墓地	寄托哀思的安静空间，可为野生生物提供栖息地	各类墓地

资料来源：邓位，李翔. 英国城市绿地标准及其编制步骤 [J]. 国际城市规划，2017，32（06）：20-26.

5.3.3 主要建议

（1）关注配建公共空间营造

随着大城市的密度和开发强度不断提升，有限的土地和公共资源使得政府在公共空间供给方面越来越力不从心，而市民对更多不同类型的公共空间，以提升城市的活力和宜居性的诉求越来越强。在这样的背景下，越来越多的大城市尤为关注高密度城市的精细化、立体化公共空间营造，基于高密度环境下的公共空间呈现出更加的便利性、流动性和网络化特征。先进公共空间规划建设标准也越来越关注公共空间绿色化、特色化、微型化、立体化、灵活化等趋势，例如纽约口袋公园、新加坡屋顶花园、配建公共空间等特色的微型公共空间，均通过制定相关标准进行精细化指引。

对于我国城市而言，配建公共空间主要是指依托建筑物室内外空间、由业主进行维护、面向所有市民免费开放的公共场所，是目前公共空间领域规划和建设较为薄弱的环节，在用地资源约束的大背景下，配建公共空间将是未来提升公共空间品质的重要抓手，亟待根据配建公共空间设计更开放和立体化的需求，制定具有针对性的设计标准。

（2）重视存量公共空间改造

在大城市逐步进入存量更新阶段，我国应注重已建地区的公共空间活化提升、复合利用和运营改造，建议制定标准来指引复合利用街道和近地空间，将连接通达的功能与生活体验结合，释放高密度带来的高能量，回归人的感知与舒适性。

我国可以通过适度重新设计、投资和营销，针对人群需求进行良好设计，吸引更多人参与日常的体育活动，促使大多数社区公园得到充分利用。我国可以借鉴全球各类公共空间工具指引，包括公共空间特色与营造原则的标准、开展公共空间调查标准、衡量公共空间的质量标准、指导自发改造的标准等，例如盖尔研究所发布的《使用公共生活工具完全指南》（Using Public Life Tools：The Complete Guide）、《公共生活多样性工具箱》（The Public Life Diversity Toolkit）等基于数十年的应用研究成果，提供公共空间设计工具，衡量人们如何使用公共场所，并评估公共场所与其中发生的公共生活之间的关系，对公共空间的评估、活化和再营造提出指引。

（3）强调街道的公共空间属性

目前我国公共空间相关标准对特色提升和场所改造的精细化引导不足。例如，街道、慢行相关设计国家标准仍是采用工程思维的模式，弹性引导的推荐性指南缺乏，对建设高品质的城市街道空间、安全便捷的步行和骑行系统的关注不足。

近年来，越来越多的国家和城市将高品质的城市街道视为城市居民参与度最高的重要公共空间。例如，美国国家城市交通官员协会（National Association of City Transportation Officials）编制了《全球街道设计指南》（Global Street Design Guide）、

《城市街道设计指南》(Urban Street Design Guide)、《交通街道设计指南》(Transit Street Design Guide)、《城市自行车道设计指南》(Urban Bikeway Design Guide)等各类交通和街道相关规划设计标准体系,指导全美街道设计。与此同时,各个州和城市也开展了本地化的探索,例如纽约交通部门陆续编制了2009年、2013年、2015年等多版《街道设计手册》。美国从国家到地方的街道设计指南体系对全球的街道设计指南的编制产生了积极的影响,成为影响全球街道设计的典型范本。

我国也应加强对高品质街道空间和友好慢行交通的关注,推动相关部门或者团体,编制适合不同地区、不同类型街道的设计指南,例如《城市街道设计导则》《城市自行车道设计导则》《自行车共享站点指南》等,对塑造安全舒适街道环境、营造的友好宜人街道生活提出详细引导。

专栏

近年来国内外街道设计标准案例

2007年,《英国街道设计手册》

2009年,《伦敦更好的街道指南》

2009年,《纽约可持续街道手册》

2009年,《阿布扎比街道设计手册》

2010年,《旧金山街道设计手册》

2011年,《印度街道设计手册》

2012年,《香港宜居街道指南》

2012年,《美国NACTO城市街道指南》

2013年,《爱尔兰街道设计手册》

2013年,《波士顿完整街道指南》

2013年,联合国人居署《作为公共空间的街道——繁荣的驱动力》

2015年,《纽约街道设计手册2》

2016年,《上海街道设计导则》

2016年,《莫斯科街道设计手册》

2016年,《全球街道设计导则》

2017年,《广州全要素街道设计手册》

2018年,《北京街道设计导则》

2018年,《罗湖区完整街道设计导则》

资料来源:作者整理

（4）加强对公共空间管理运营的引导

相对于国外公共空间规划、建设、管理和运营的全流程指引，目前我国城市对公共空间的引导主要还集中在规划和建设阶段，对公共空间业态、使用方式与运营管理行为的管控存在盲区。这种情况的主要原因在于我国负责公共空间规划建设和管理运营分属城市的规划部门和城管部门，规划部门基于针对规划建设的标准来核发"一书两证"，实现公共空间规划和建设的引导，使规划建设和后期的管理运营存在一定的脱节，导致空间使用功能业态和空间行为状态管理的缺失。

我国应将城市公共空间的标准拓展到后期运营管理的指引，形成全流程的空间导则。因此，在现有规划建设导向的标准基础上，应当增加对空间使用功能和行为活动的引导，加强标准和详细规划对后期功能业态与运营状态的关注，并拓展对公共空间后期管理运营的引导；同时，城管条例应当在现有的原则性条文的基础上，加强与规划建设标准的衔接，强化其空间性，在保障空间活力的基础上压缩自由裁量的空间[103]。

5.4 历史文化保护与利用

5.4.1 国内历史文化名城保护标准

经过三十余年的发展完善，我国已逐步形成具有本土化特色的名城保护制度。近年来，伴随着我国当前历史文化名城数量的不断增加，名城类型、内涵、外延不断丰富，对名城保护规划技术方法的探索也日趋完善，新的保护经验推动我国历史文化名城保护法律法规和标准体系不断完善。同时，近年来我国名城保护也出现了古城复建、拆真建假、景区化等新现象与新问题，进一步规范与提升保护规划措施和方法的需求也更加急迫。2008年《城乡规划法》颁布实施以来，一系列关于历史文化名城的保护条例、要求、办法等相继颁布出台，如2008年国务院颁布施行的《历史文化名城名镇名村保护条例》、2012年住房和城乡建设部印发的《历史文化名城名镇名村保护规划编制要求》、2014年住房和城乡建设部颁布实施的《历史文化名城名镇名村街区

保护规划编制审批办法》等。这些历史文化名城保护相关的规划法律法规和国家标准
中针对历史文化名城、历史文化街区、文物保护单位、历史建筑等不同保护对象，提
出了具有不同强制效力的保护规划要求。

在历史文化保护规划标准方面，为切实保护城乡历史文化遗产，确保历史文化
名城保护规划工作科学、合理、有效进行，在《历史文化名城保护规划规范》GB
50357—2005的基础上，住房和城乡建设部于2018年公布了《历史文化名城保护规划
标准》GB/T 50357—2018，于2019年4月1日起实施，是我国历史文化保护规划领域唯
一的现行国家标准。《历史文化名城保护规划标准》适用于历史文化名城、历史文化
街区、文物保护单位及历史建筑的保护规划，以及非历史文化名城的历史城区、历史
地段、文物古迹等保护规划，标准要求保护规划必须遵循下列原则，一是保护历史真
实载体的原则，二是保护历史环境的原则，三是合理利用、永续利用的原则，四是统
筹规划、建设、管理的原则。

5.4.2　国外历史文化城乡规划标准研究梳理

不同国家往往基于自身的历史文化要素条件及规划体系情况而呈现不同的相互关
系。总体上，历史文化要素丰富的国家在规划体系中的相应优势也较为明显，新加
坡、德国、俄罗斯等诸多国家将历史文化及遗产保护明确列为空间规划的重要组成部
门，英国、法国、荷兰等具有雄厚历史文化底蕴的发达国家也将环境、形态、建筑等
不同空间表现纳入到空间规划的整体体系中。例如，法国以1962年的马尔罗法令确立
了历史保护区制度，以保护利用历史遗产和促进城市发展为主要目标。相对而言，美
国、澳大利亚、加拿大等移民国家及地区的历史进程较短，但其基于对接国际化便利
及社会经济发达等优势，也极为关注自身历史文化和特色文化在不同尺度空间规划的
重要作用，同时在区域环境中格外注重城市形态中自身独特的历史文化认同，并能够
将其相关标准以法律形式得到保障。

以地处欧洲中心且历史上深受多重欧洲文化艺术所影响的捷克共和国为例，其在
规划编制体系的一般框架基础上专门设置了历史遗产区保护规划（Plan for the Protection
and Preservation of Heritage Zones）。捷克更加强调对公众的开放型和历史的持续生命
力。遗产保护历经近二百年的发展，从最初专注于城堡、修道院、大教堂或具有建筑
价值的废墟等独立古迹，逐渐拓展到整个城镇和村庄单位、考古遗址和工业遗产的保

护，并继续向特定文化景观的保护拓展。遗产保护包含三项基本任务：一是为了未来的广大利益，调查和确定有价值的古迹；二是寻找最佳的保护和保存方法；三是介绍和普及遗产，即向公众开放。与过去的教条方式相比，当代遗产保护在方法上更加多元。一是考虑不同遗产的差异性，寻求有针对性的保护方式；二是承认历史建筑的生命力和可持续发展的必要性，以及与公众持续沟通的必要性；三是在国际层面，传播对文化多样性的尊重，并承认所有世界文化遗产的价值。其中，布拉格作为捷克首都和世界遗产城市，在遗产保护方面有以下规定：一是制定天际线规则控制新建筑高度；二是复合式修复以及严格的审批与监督程序；三是历史风貌保存与城市功能更新，布拉格老城在坚持历史风貌的同时，也植入现代生活功能，包括银行总部、办公场所、时尚购物中心、娱乐文化中心等，使得在旧城生活、工作成为布拉格人的一种新风尚。此外，东方文化中对于历史遗产相对保护比较重视的日本，其也在结合本国对于历史的国民理解及经济发展诉求，不仅在天皇陵墓等神道教传统下建立最为严格的禁止一切的保护措施，且在以东京和京都为代表的城市中实行完全现代城市与传统城市，对应"让历史走进城市"及"让城市走进历史"的极为细致的规划标准及经济刺激措施。

世界范围内的历史文化标准则以联合国教育科学文化组织负责的世界遗产为重要的共性衡量，且其中涉及历史文化的部分主要为文化遗产和复合遗产（文化部分）。联合国在考虑不同国别情况的基础上选取了非常概括性的申请标准，且放宽为符合其中一项即可申请[104]：（1）代表一种独特的艺术成就，一种创造性的天才杰作；（2）能在一定时期内或世界某一文化区域内，对建筑艺术、纪念物艺术、城镇规划或景观设计方面的发展产生极大影响；（3）能为一种已消逝的文明或文化传统提供一种独特的至少是特殊的见证；（4）可作为一种建筑或建筑群或景观的杰出范例，展示出人类历史上一个或几个重要阶段；（5）可作为传统的人类居住地或使用地的杰出范例，代表一种（或几种）文化，尤其在不可逆转之变化的影响下变得易于损坏；（6）与具特殊普遍意义的事件或现行传统或思想或信仰或文学艺术作品有直接或实质的联系。只有在某些特殊情况下或该项标准与其它标准一起作用时，此款才能成为列入《世界遗产名录》的理由。

此外，文化景观的概念也在1992年的联合国教科文组织世界遗产委员会第16届会议上，被提出并纳入《世界遗产名录》中，而区别于世界遗产所强调的自然性和真实性的要求，文化景观主要基于它们自身的突出、普遍的价值。由此可见，其更加注重整个景观的整体性和自然文化之间的和谐关系。文化景观的主要类型包括：（1）由人类有意设计和建筑的景观。包括出于美学原因建造的园林和公园景观，它们经常（但并不总是）

与宗教或其它纪念性建筑物或建筑群有联系；（2）有机进化的景观。它产生于最初始的一种社会、经济、行政以及宗教需要，并透过与周围自然环境的相互动及联系而发展到目前的形式。它又包括两种次类别：一是残遗物（或化石）景观，代表一种过去某段时间已经完结的进化过程，不管是突发的或是渐进的。它们之所以具有突出、普遍价值，还在于显著特点依然体现在实物上；二是持续性景观，它在当今与传统生活方式相联系的社会中，保持一种积极的社会作用，而且其自身演变过程仍在进行之中，同时又展示了历史上其演变发展的物证；（3）关联性文化景观。这类景观列入《世界遗产名录》，以与自然因素、强烈的宗教、艺术或文化相联系为特征，而不是以文化物证为特征。

5.4.3　主要建议

（1）加强历史文化保护的法律保障

作为历史文化要素丰富的国家，我国应建立以立法为基础的历史文化保护体系，具体模式包括意大利采取的直属于中央的遗产保护体系，类似英国的中央政府仅监督地方政府主要实际管理工作的模式，法国的多部门分级管理监督模式，以及必要时跨境及跨国际的合作，如英国与德国共同以罗马时代的长城遗址申请世界遗产等。其中类似意大利直接派驻中央权力的模式为中央政府任命遗产部代表派驻意大利的各个地区，并在法律的保障下履行中央政府的具体贯彻问题，而地方政府则主要以设立文化遗产保护机构为主，且主要职责为本地文化遗产的宣传与推广，整体与中央的强大职权形成重要的配合和互补支撑。

（2）建立更加多元和因地制宜的历史文化保护规划体系

目前国际先进国家的历史文化保护法律法规和标准，均将历史文化保护相关规划纳入其整体规划体系中，同时保障历史文化要素保护规划在规划体系中均处于独立因而相对灵活的地位，以便针对单个历史文化要素开展针对性的保护，例如英国哈德良长城。

同时，因地制宜是历史文化要素保护规划的重要原则。例如马丘比丘世界遗产将原始状态放在第一位，因此目前都没有建设任何破坏自然的人工铺设道路；而英国的诸多历史景点保护则以教育和普世性为主要目的，大胆启用多种现代的科教传播工具及手段；此外，相对人迹过于罕至的某些地区也有反而鼓励建设道路基础设施以促进人类对其文化认同及重视的案例，例如巴西在卡皮瓦拉山脉国家公园中建设道路，以促进对卡皮瓦拉洞窟遗址的关注热点。

未来我国在构建了健全的法律法规和标准引导体系的前提下，也可以学习国际的先进经验，下放权力于具体的单体历史文化要素保护规划管理部门，因地制宜制定更加灵活的保护利用方法及开发管理模式。

（3）拓展多渠道资金保障，并将历史文化与公众教育及认同紧密结合

可持续的资金支持和隐形的经济潜力是历史文化要素在规划领域的主要特征之一，但目前我国对于历史文化要素的重视程度仍然相对不足，还没有建立起有效且宽泛的资金保障渠道。我国应学习世界先进国家对资金保障可持续性的注重，除申请国际资金支持之外，还应该建立多种渠道的财政支持，如中央政府指定专门的财政预算，对特定的历史文化空间进行专题的预算评估，建立文化遗产与旅游机构间的可持续联系；建立私人、企业、基金会、信托组织、彩票、门票等不同形式的财政补贴，并且在法律保障的基础上加强资金的监管和公开透明度；此外，还可以动用国家行政力量征募资金。例如，针对马丘比丘的旅游承载力不足、资源环境破坏风险，秘鲁出台了专门的行政条例并强制所有通往库斯科的国际航班自动扣除一定税费，并将其投资于垃圾分类与处理等具体项目中。

而针对我国目前政府及公众对历史文化要素空间的认识不足，未来在解决资金保障的同时也应该加强文化领域专家的话语权，能够建立其与政府部门的相对制衡关系。而与此同时，对历史文化要素空间并不能仅仅停留在实体保护的简单层面，而需要注意发掘历史文化的精神涵义与教育价值，通过公众教育和游览相结合的方式以达到公众对历史文化的深层次认同。

5.5 社区

5.5.1 国内社区规划标准

社区与居住区在地理区域上重合，二者具有密切的联系。相对于居住区，社区是

具有经济、政治、文化等社会功能，并整合与协调多重功能的社会空间单元，是容纳居民居住、生活、社会交往活动及部分经济活动旳场所。社区规划比住区规划的研究范围更广、研究目标和评价标准也更加多样化，在规划目标上需要围绕着满足居民需求、增加成员共同意识和社区归属感，促进社区健康和可持续发展，实现成员之间的互动等特征[105]。

在我国城乡规划技术标准体系中，与社区规划有密切关系的标准是居住区规划设计标准。《城市居住区规划设计规范》是我国第一批城市规划领域的重要标准之一，制定于20世纪80年代后期，1994年开始施行，并分别于2002年及2016年进行过两次局部修订。随着城市居住区的开发方式、开发强度与建设模式越来越多元化，住宅建筑形式、居住环境与生活需求越来越多样化，社会治理体系与政府管理职能发生变化，2018年，《城市居住区规划设计规范》GB 50180—93完成了全面修订工作，住房城乡建设部正式发布了《城市居住区规划设计标准》GB 50180—2018，自2018年12月1日起实施。《城市居住区规划设计标准》GB 50180—2018修订坚持以人为本、绿色发展、宜居适度的基本原则，以"生活圈"的概念取代过去"居住区、居住小区、居住组团"的分级，以人的步行时间作为设施分级配套的出发点，突出了居民能够在适宜的步行时间内满足相应的生活服务需求，以便引导配套设施的合理布局、提高服务水平，对老年人、儿童活动设施、无障碍设施等居住区全龄化发展提出了控制要求；以居住街坊为基本生活单元，限定了居住街坊的规模和尺度（大约2~4公顷范围），对接"小街区、密路网"，落实"开放街区"和"路网密度"，使居民能够以更短的步行距离到达周边的服务设施或公交站点；以塑造更加人性化的生活空间为目的，不鼓励超高强度开发居住用地，提出了新建住宅建筑高度控制最大值不超过80m的规定，有利于合理控制人口密度和建筑容量的空间分布、缓解城市交通、市政公用设施、公共服务设施的配套压力，缓解应急避难空间、消防救灾能力对城市的挑战，避免"高低配"等不良建筑空间形态对城市风貌的损害[106]。

2019年12月23日，我国住房和城乡建设工作会议首次正式提出了"完整社区"的概念，"试点打造一批'完整社区'概念，完善社区基础设施和公共服务，创造宜居的社区空间环境，营造体现地方特色的社区文化，推动建立共建共治共享的社区治理体系"。"完整社区"的概念最早由我国两院院士吴良镛先生提出，他强调人是城市的核心，社区是人最基本的生活场所，社区要注重人的作用，而不是一味地商品化，社区规划与建设的出发点是基层居民的切身利益。社区规划与建设的"完整"既包括对物质空间创造性设计，以满足现实生活的需求，更包括从社区共同意识、友邻关系、公共利益和需要出发，对社区精神与凝聚力的塑造。

居住社区是城市居民生活和城市治理的基本单元，是党和政府联系、服务人民群众的"最后一公里"。针对当前居住社区存在规模不合理、设施不完善、公共活动空间不足、物业管理覆盖面不高、管理机制不健全等突出问题和短板，为贯彻落实习近平总书记关于更好为社区居民提供精准化、精细化服务的重要指示精神，建设让人民群众满意的完整居住社区。2020年8月，住房和城乡建设部等部门印发关于开展城市居住社区建设补短板行动的意见，要求全国各地按照《完整居住社区建设标准（试行）》，结合地方实际，细化完善居住社区基本公共服务设施、便民商业服务设施、市政配套基础设施和公共活动空间建设内容和形式，作为开展居住社区建设补短板行动的主要依据。《完整居住社区建设标准（试行）》依据《城市居住区规划设计标准》等有关标准规范和政策文件编制，以0.5万~1.2万人口规模的完整居住社区为基本单元。完整居住社区是指为群众日常生活提供基本服务和设施的生活单元，也是社区治理的基本单元，若干个完整居住社区构成街区，统筹配建中小学、养老院、社区医院、运动场馆、公园等设施，与十五分钟生活圈相衔接，为居民提供更加完善的公共服务。

《完整居住社区建设标准（试行）》完整社区指标体系　　　表5-10

目标	序号	建设内容	建设要求
一、基本公共服务设施完善	1	一个社区综合服务站	建筑面积以800平方米为宜，设置社区服务大厅、警务室、社区居委会办公室、居民活动用房、阅览室、党群活动中心等
	2	一个幼儿园	不小于6班，建筑面积不小于2200平方米，用地面积不小于3500平方米，为3~6岁幼儿提供普惠性学前教育服务
	3	一个托儿所	建筑面积不小于200平方米，为0~3岁婴幼儿提供安全可靠的托育服务。可以结合社区综合服务站、社区卫生服务站、住宅楼、企事业单位办公楼等建设托儿所等婴幼儿照护服务设施
	4	一个老年服务站	与社区综合服务站统筹建设，为老年人、残疾人提供居家日间生活辅助照料、助餐、保健、文化娱乐等服务。具备条件的居住社区，可以建设1个建筑面积不小于350平方米的老年人日间照料中心，为生活不能完全自理的老年人、残疾人提供膳食供应、保健康复、交通接送等日间服务
	5	一个社区卫生服务站	建筑面积不小于120平方米，提供预防、医疗、计生、康复、防疫等服务

续表

目标	序号	建设内容	建设要求
二、便民商业服务设施健全	6	一个综合超市	建筑面积不小于300平方米，提供蔬菜、水果、生鲜、日常生活用品等销售服务。城镇老旧小区等受场地条件约束的既有居住社区，可以建设2~3个50~100平方米的便利店提供相应服务
	7	多个邮件和快件寄递服务设施	建设多组智能信包箱、智能快递箱，提供邮件快件收寄、投递服务，格口数量为社区日均投递量的1~1.3倍。新建居住社区应建设使用面积不小于15平方米的邮政快递末端综合服务站。城镇老旧小区等受场地条件约束的既有居住社区，因地制宜建设邮政快递末端综合服务站
	8	其他便民商业网点	建设理发店、洗衣店、药店、维修点、家政服务网点、餐饮店等便民商业网点
三、市政配套基础设施完备	9	水、电、路、气、热、信等设施	建设供水、排水、供电、道路、供气、供热（集中供热地区）、通信等设施，达到设施完好、运行安全、供给稳定等要求。实现光纤入户和多网融合，推动5G网络进社区。建设社区智能安防设施及系统
	10	停车及充电设施	新建居住社区按照不低于1车位/户配建机动车停车位，100%停车位建设充电设施或者预留建设安装条件。既有居住社区统筹空间资源和管理措施，协调解决停车问题，防止乱停车和占用消防通道现象。建设非机动车停车棚、停放架等设施。具备条件的居住社区，建设电动车集中停放和充电场所，并做好消防安全管理
	11	慢行系统	建设联贯各类配套设施、公共活动空间与住宅的慢行系统，与城市慢行系统相衔接。社区居民步行10分钟可以到达公交站点
	12	无障碍设施	住宅和公共建筑出入口设置轮椅坡道和扶手，公共活动场地、道路等户外环境建设符合无障碍设计要求。具备条件的居住社区，实施加装电梯等适老化改造。对有条件的服务设施，设置低位服务柜台、信息屏幕显示系统、盲文或有声提示标识和无障碍厕所（厕位）
	13	环境卫生设施	实行生活垃圾分类，设置多处垃圾分类收集点，新建居住社区宜建设一个用地面积不小于120平方米的生活垃圾收集站。建设一个建筑面积不小于30平方米的公共厕所，城镇老旧小区等受场地条件约束的既有居住社区，可以采用集成箱体式公共厕所
四、公共活动空间充足	14	公共活动场地	至少有一片公共活动场地（含室外综合健身场地），用地面积不小于150平方米，配置健身器材、健身步道、休息座椅等设施以及沙坑等儿童娱乐设施。新建居住社区建设一片不小于800平方米的多功能运动场地，配置5人制足球、篮球、排球、乒乓球、门球等球类场地，在紧急情况下可以转换为应急避难场所。既有居住社区要因地制宜改造宅间绿地、空地等，增加公共活动场地
	15	公共绿地	至少有一片开放的公共绿地。新建居住社区至少建设一个不小于4000平方米的社区游园，设置10%~15%的体育活动场地。既有居住社区应结合边角地、废弃地、闲置地等改造建设"口袋公园""袖珍公园"等。社区公共绿地应配备休憩设施，景观环境优美，体现文化内涵，在紧急情况下可转换为应急避难场所

续表

目标	序号	建设内容	建设要求
五、物业管理全覆盖	16	物业服务	鼓励引入专业化物业服务，暂不具备条件的，通过社区托管、社会组织代管或居民自管等方式，提高物业管理覆盖率。新建居住社区按照不低于物业总建筑面积2‰比例且不低于50平方米配置物业管理用房，既有居住社区因地制宜配置物业管理用房
	17	物业管理服务平台	建立物业管理服务平台，推动物业服务企业发展线上线下社区服务业，实现数字化、智能化、精细化管理和服务
六、社区管理机制健全	18	管理机制	建立"党委领导、政府组织、业主参与、企业服务"的居住社区管理机制。推动城市管理进社区，将城市综合管理服务平台与物业管理服务平台相衔接，提高城市管理覆盖面
	19	综合管理服务	依法依规查处私搭乱建等违法违规行为。组织引导居民参与社区环境整治、生活垃圾分类等活动
	20	社区文化	举办文化活动，制定发布社区居民公约，营造富有特色的社区文化

资料来源：http://www.gov.cn/zhengce/zhengceku/2020−09/05/content_5540862.htm

  另外，全国各地和行业协会在近年来对社区标准进行了探索。例如，《福建省人民政府关于实施宜居环境建设行动计划》（闽政文［2014］13号）对"完整社区"的标准进行了详细界定：在城市社区里要有一个综合服务站、一个幼儿园、一个公交站点、一片公共活动区、一套完善的市政设施、一套便捷的慢行系统。同时，社区还必须外观整治达标、公园绿地达标、道路建设达标、市政管理达标、环境卫生达标；社区里的组织队伍要完善，社区服务要完善，共建机制要完善，环境更要优美温馨舒适。又如，中国房地产业协会在2014年推出、2018年升级的《绿色住区标准》（T/CECS 377—2018；T/CREA 001—2018）亦吸收和借鉴"人居环境科学"融合综合的思想，强调把住区作为一个整体，不仅仅局限在物理空间，而是从社会、文化、技术等各个方面进行系统的研究，提出了绿色住区质量评价体系。

《绿色住区标准》的绿色住区质量评价体系   表5-11

指标体系	评价内容	备注
场地与生态质量	场地选择、生态与生物多样性、低影响开发	绿色住区建设应坚持生态优先的原则，加强生态保护与建设，促进自然环境与人文环境和谐共融
能源与资源质量	能源节约与环境保护、水资源利用、材料及循环利用	提倡资源环境4R原则（减少使用、回收利用、重复使用、循环利用），高效利用不可再生资源、充分利用可再生资源

续表

指标体系	评价内容	备注
城市区域质量	城市街区、周边设施、社区与邻里	符合城市宜居环境提升要求，完善城镇公共服务配套和居住生活设施
绿色出行质量	无障碍通行、步行与自行车、公交出行	高效便利的基础上降低能源消耗和环境污染，同时充分考虑老年人、儿童、残疾人等各种人群使用的安全与舒适
宜居规划质量	绿地与环境、生活设施配套、通用设计	倡导街区模式，采取功能混合、社会多元、集约开发和紧凑布局的规划策略
建筑可持续质量	全寿命期设计建造、室内舒适健康环境、长期优良性能	遵循提高建筑寿命的设计建造理念，保证建筑全寿命期的可更新性和长久品质要求
管理与生活质量	设计建造、运行维护、绿色生活方式	推进智慧住区建设，全面提高住区管理和服务水平，倡导绿色生活方式

5.5.2 国外社区规划标准

国外许多国家和城市已经具有了丰富的社区规划实践经验，并因各自的行动目标和发展途径的不同，具有不同的特征。例如，美国的社区规划从20世纪60年代至今，大致经历了社区行动计划、社区经济发展和市政府支持的社区规划等几个阶段[107]。纽约的社区规划表现为一种官方规划的形式，但具体可划分为"自上而下"的、立意于解决社会问题的"政府规划"（197-a Plan）和致力于提高社区生活质量、捍卫自身权益的基层社区运动，这是两个相互独立又密切联系的过程[108]。在加拿大，"邻里之城"温哥华非常重视社区规划的编制和邻里中心的建设，其社区规划的发展从20世纪70年代至今，也经历了Local Area Planning、City Plan、Community Vision、Community Plan 几种不同的编制模式。

此外，日本等国的社区规划也都具有不同的特征。日本的社区管理体制既不是属于政府主导模式，也不是属于社区自治模式，它是介于两者之间的混合模式。对社区发展的干预较为宽松，政府的主要职能是规划、指导并提供经费支持，官方色彩与民间自治特点在社区发展的许多方面交织在一起。在政府系统中，由自治省负责社区工作，由地方政府设立"社区建设委员会"和"自治活动课"等相应机构。日本的社区规划非常注重公众参与，日本的公众参与社区规划活动被日本人很亲切地称作"社区培育"[109]，它是起源于1960年代的一系列居民及其组织保护社区环境、抵抗官方都市计划（城市规划）中不合理部分的运动。社区培育不仅仅指对社区物质环境的"营造"，还包含对社会环境，比如教育、产业、传统、历史等地域社会的基础进行整体培育。从实践中能够归纳出来社区培育有以下10个原则：公共福祉的原则、地域性的原则、自下而上的原则、场所文脉的原则、多主体协作的原则、持续可能性、地域内循环的原则、相互编辑的原则、个别启发与创发性原则、环境共生的原则、全球—地域原则等10项原则。

尽管各国和城市的社区规划不尽相同，但总的来说国外的社区规划具有如下特征：一是社区规划的综合性。国外社区规划的内容涉及范围较广，不仅包含社区物质空间环境设计、特色保护、环境维护和改善等内容，还包括就业、经济活力、社会服务及邻里氛围等内容，社区规划成为一项关乎地方发展的综合性行动战略。二是政府资金的支持和调控。各国政府都充分认识到参与和协作在解决地方问题时的巨大潜力，并通过政府资金对社区规划的编制和实施提供支持。同时，政府可以通过制定提供公共资金的相关规定来引导社区规划的编制，使社区规划与上层规划和城市整体发展相协调。三是成为地方管治的新模式。社区规划通过促进地方政府机构、自愿组织、商业利益机构和地方居民的协同工作，成为提高社区和居民参与决策潜力的主要方式，也成为地方管治的一种新模式，有助于使地方需求得到确认和解决。四是强调规划过程中的社区参与。社区规划的过程比成果更重要，社区居民的参与不但是保证"自下而上"的社区需求的真实性的必要条件，而且社区居民参与讨论和形成共识的过程本身也是促进社区活力、挖掘社区潜力的重要过程和成果的组成部分[110]。

5.5.3 主要建议

（1）拓宽我国社区规划研究的多元性

相较于国外的社区规划研究，我国的社区规划起步较晚，但已经开始了多元化的探索，有传统居住区规划与社区规划的比较研究、社区规划的方法、协作机制和实践研究、社区规划师研究等。[111]

在国家治理体制现代化、社会管理创新的要求下，社区的社会性逐渐凸显，社区在城市发展中的影响加重，也将是未来中国规划师的主要工作场所之一。如何深入地研究社区规划的编制、实施评估，如何结合城乡社会问题多元化拓展社区规划的研究主题，包括"社区协作和社区参与""物质规划内容""特殊社区""社区安全""社区情感""社区可持续发展""社区复兴""GIS在社区规划中的应用"等，都将是未来的研究重点。从参与（协作）的主体、方式等方面研究其在社区规划中的作用，社区规划的内容研究也逐渐从物质规划研究转向了研究社区情感、认同和社区安全研究，将门禁社区、多种族社区作为研究社区隔离等社会问题的切入点。可持续发展一直是社区的目标，并通过研究发现绅士化、发展文化艺术等可以实现社区复兴。同时，随着科技的提高，GIS技术在社区规划中的作用愈来愈大。

（2）建设"以人为本"的可持续发展的"完整社区"

随着社会的发展、人们生活水平的提高，越来越多的居民追求更高品质的生活，希望在社区获得便捷的教育、文化、健康服务，享有丰富多彩的社区公共生活等。建设"完整社区"正是从微观角度出发，进行社会重组，立足于社区服务和社区环境与功能的互动关系，通过对人的基本关怀，维护社会公平与团结，最终实现和谐社会的理想。

这就需要我们规划和建设社区时，从传统的关注物质形态的规划，向以人为本、强调可持续发展的规划转变。"完整社区"是宜居城市的基本空间单元和社会服务单位，这一概念的提出和实践，将有助于解决我国住区规划建设当前面临的诸多困境，同时也将为老旧小区改造、美丽乡村建设等工作提供有力的抓手。

（3）鼓励公众参与社区规划与研究

公众参与能十分有效的调和和解决众多矛盾，居民是社区的拥有者，应该重视社区民众的使用需求，有效的公众参与能直接反应居民的需求，达到社区服务公众的目的。我国城市规划中的公众参与从20世纪80年代至今，发展状态仍然处于起步阶段，其参与方式多是以政府和开发商为主导，社区居民被动参与的形式出现，如：规划展示会、评议会、协商与听证等[112]。

作为社区主要的使用者，居民的公众参与意识较为薄弱，对社区事务和活动的开展很大程度上是处于对政府听之任之的状态，我国政府应该加强培养居民的公众参与意识，行使他们作为社区主体的权力，构建属于自己的组织，以更好地参与其中；社会企业和许多部门应对社区规划予以技术或者其他方面的支持；政府作为行政部门，应该保障居民在参与更新改造时的权力的同时，对过程进行监督和引导。

5.6 产业园区

5.6.1 国内产业园区规划标准

从1984年我国首批经济技术开发区建立至今的30多年间，开发区规划是我国城市规划体系中具有中国特色的规划类型，在我国城市规划由计划经济向市场经济、由封闭向开放转型的过程中，经历了尝试探索、逐步规范和多元化转型发展的阶段，逐步从劳动密集型的制造业园区向资金、技术密集型的高新区、科技园过渡。

在规划标准方面，1995年，建设部出台了《开发区规划管理办法》，要求开发区规划必须依据城市总体规划进行编制，明确开发区规划可以按照开发区总体规划阶段和开发区详细规划阶段进行编制，赋予了开发区独立设置规划管理部门和开展规划编制与实施管理的权力。在2003年9月发布的《关于进一步加强与规范各类开发区规划建设管理的通知》得到进一步强调，要求加强对开发区的规划管理，促进开发区的土地合理利用和各项建设合理发展。此后，开发区的各项规划建设和管理要求都主要通过国家和地方文件进行规定，并没有形成明确专项标准，且随着国家级经济技术开发区被赋予了转型升级创新发展、提升打造改革开放新高地等使命，越来越多的开发区逐步从工业园区转变为城区，规划管理与一般城区无异，基本可以参照城市一般地区的标准进行规划和建设。2010年12月，住房和城乡建设部废止《开发区规划管理办法》。因此，尽管我国以开发区为代表的产业园区在改革开放以来，积累了丰富的规划建设经验，但是目前并未形成全国统一的规划和建设标准。

5.6.2 国外产业园区标准

我国产业园区建设之初，比较重视引进了国外园区建设经验，尤其是在与新加坡等国家合作的园区开发中，借鉴了很多国外园区规划建设的标准。1991年，新加坡实施"区域化2000"计划，国家牵头推进以海外工业园区为主的基础设施建设项目，裕廊集团的子公司腾飞公司作为亚洲领先的创新商务空间提供者，在中国、韩国、印度、越南、马来西亚等多个国家参与建设了科技园、工业园、商务园、科学园等园区设施。

1994年，中新第一个国家政府间合作项目苏州工业园建设以来，促进了新加坡先进园区建设标准在我国落地，在提升我国开发区规划建设标准方面做出了很多有意义的先行探索。在城市用地分类标准方面，相对于我国一般的用地标准，苏州工业园引进新加坡"白地"的理念，鼓励提高土地利用率，加强规划的灵活性，也为后期发展预留了很多潜力空间。在设施配套方面，苏州工业园引进新加坡邻里中心的公共服务配套体系，按"城市级—分区级—邻里级"三级配套，居住区以邻里中心的方式集中设置社区主要的配套设施，集商业、文化、社区服务为一体，为社区居民提供综合性、全方位、多功能的服务。当前苏州工业园区一般典型邻里中心规模约为2.5万平方米，服务人口约为2万~3万人，人均建筑面积按0.8平方米设置，服务半径约500米。

除了苏州工业园，中新天津生态城、中新广州知识城等开发区中也落实了新加坡规划管理的有益经验。在新加坡产业园区规划建设的海外实践中，规划先行、产城融合、以人为本、特色营造、紧凑集约、生态绿色等规划理念，"白地""灰地""邻里中心"等规划要求，"先规划后建设、先地下后地上"的开发程序，以及刚性与弹性结合的管理制度，都是值得学习和借鉴的标准经验[113]。

5.6.3　主要建议

（1）制定具有中国特色的综合型园区建设标准

为了支持有实力的企业到境外开展多种形式的互利合作，促进与东道国的共同发展，我国在10多年前即开始"境外经贸合作区"的计划。在"一带一路"建设的背景下，中国工程建设逐步加快了走出去步伐，在海外开展了很多园区规划和建设实践，截至2017年12月，沿线已有44个国家和地区同中国共建了国际合作园区，园区数量达到81个[114]。

海外工业园区建设已经成为中国"一带一路"建设的重要组成部分，既有助于贴近东道国市场，降低海外投资成本和风险，还能够帮助中国企业形成产业规模经济，并且获得东道国政策优惠，提高国际影响力。但境外合作园区快速发展的同时，由于合作国的社会、经济、政治等环境同中国国内存在较多差异，且受国际环境的影响，海外园区规划和建设存在发展理念差异、政策及法律法规风险、合作机制不健全、产业特色不突出、基础设施不完善、投资难以回收等问题，部分园区由于缺乏科学的整

5 国内外城乡规划与建设标准
对比研究

223

体规划和管理，逐渐成为集加工制造、商贸、物流、服务于一体的功能混杂区域，缺乏建设特色和经验。

因此，为了更好地推进我国境外合作园区建设，规划行业亟待系统总结和梳理我国改革开放以来园区规划建设实践经验，形成可推广、可复制的理论行业技术成果，制定综合型的产业园区规划建设标准，有助于支撑"一带一路"倡议，促进其他国家分享中国开发区经验、实现共同繁荣[115]，也有助于促进我国规划技术标准的国际化接轨，提高我国园区规划和建设标准的国际化水平。

（2）提高标准在海外的适用性

"一带一路"沿线很多国家的发展水平正处于工业化进程中的初期阶段，急需寻找一条适合自己国家或地区情况的摆脱贫困、实现工业化和现代化的发展道路。中国经济特区、开发区的经验，可以在"一带一路"沿线国家和地区投资建设的境外合作产业园区和中国规划机构参与的海外园区项目，以引进中国规划、开发、建设、运营的模式为先导，支持当地的工业化进程，也为我国企业"走出去"和开展国际产能合作提供平台和载体。

我国应增加标准对园区产业的引导，把我国企业的优势与东道国及所在地的区位优势、资源禀赋、产业基础、基础设施等因素紧密结合起来，科学编制园区规划并确定产业定位，促进园区持续健康发展。又如，关注标准对园区配套建设的引导，针对我国境外园区所在"一带一路"沿线大多数国家和地区基础设施及公共配套设施建设相当滞后的现实问题，加强标准对道路、电力、通信、燃气管道、给排水等基础设施的引导[116]。

一些中国企业在产业园区标准的制定方面，已经提供了很好的实践经验。例如，中国（深圳）综合开发研究院根据近年来对特区发展模式的研究，认为深圳特区之所以能够成功，是因为建立了一套完整的法律体系、一个完善的管理体制、一套成功的开发模式、一套高效的运营体制、一套完整的投融资模式，一套完善的人力资源管理方案和一套成功的优惠政策体系。在多个海外园区的规划咨询经验，中国（深圳）综合开发研究院提出海外产业园区"123"前期规划工程，为海外产业园区开发商提供包括投资决策咨询、开发建设、招商引资、管理运营的规划咨询服务。"123"前期规划工程包含"1法律、2规划、3方案"，针对海外园区的法律起草建议、产业规划、空间规划、投资可行性分析、投融资方案、管理运营方法等维度，展开工作。其中，

"2规划"包括产业规划（概念性+详细性）和空间规划（概念性+详细性），空间规划与城乡规划的内容基本一致，主要是基于产业规划结论，对所在地进行现状调研，开展项目选址、土地利用、功能分区、空间形态、基础设施、交通网络等各项规划。

（3）提高标准国际化水平

我国标准自身国际化程度的不足带来了与国际标准对接的困难，因此必须关注我国产业园区标准与国际语境的对接，包括提高规划技术标准术语、基本概念与国际通

白俄罗斯物流产业发展标准

埃及苏伊士经贸合作区

朝鲜南浦综合保税区

印度威扎吉－钦奈
工业走廊经济特区

埃塞俄比亚特殊经济区

斯里兰卡汉班托
塔产业园

密克罗尼西亚联
邦远洋渔业基地

刚果（布）黑角经济特区

肯尼亚蒙巴
萨临港商贸
物流园

图5-1　中国（深圳）综合开发研究院已开展的境外园区规划项目
资料来源：中国（深圳）综合开发研究院

概念规划阶段 Conceptual Planning Stage	详细规划阶段 Detailed Planning Stage	
1 法律 1 law	特区法起草建议 Proposal of Policies and Rules Franework	政策法规方案 Law & Pegulation	实践性政策法规方案 Proposal Proposal of Policies and Rules
2 规划 2 Planning	概念性产业规划 Conceptual Industrial Planning	产业规划 Industrlal Planning	详细性产业规划 Detailed Industrial Planning
	概念性总体规划 Conceptual Master Planning	空间规划 Spatial Planning	控制性详细规划 Detailed Regulatory Planning
3 报告 3 Reports	商业计划初步方案 Business Initial Proposal	投资可研 Inuestment Feasibility	商业计划详细方案 Business Detailed Proposal
	初步管理运营报告 Primary Proposals of Operation	管理运营 Operation&Management	操作性管理运营报告 Practical Proposals of Operation
	初步融资报告 Primary Proposal of Financing	融资 Fund-raising	详细融资报告 Practical Proposal of Financing

图5-2　中国（深圳）综合开发研究院的"123"前期规划工程
资料来源：中国（深圳）综合开发研究院

用标准语言的对标，融入可持续发展、绿色低碳、智慧发展等国际共性语境等。"一带一路"倡议下的境外经贸合作区要加强与2030年可持续发展议程的协同，产业园区的标准要促进包容性和可持续工业化发展以及如何实现可持续发展目标，应当致力于推动国内外包容性和可持续的工业化（可持续发展目标9），促进实现持续的经济增长，创造体面就业和收入（可持续发展目标8），帮助减少贫困（可持续发展目标1）、饥饿（可持续发展目标2）和不平等（可持续发展目标5和10），同时改善健康和福祉（可持续发展目标3），提高资源和能源的使用效率（可持续发展目标6、7、11、12），减少温室气体和其他污染排放（可持续发展目标13、14、15）[117]。例如，新加坡科技园区建设标准从一代至三代的演变，即是从集聚的传统工业区演变成学习、娱乐生活于一体的"知识社区"，同时注重生态和可持续发展。

5.7 乡村地区

5.7.1 国内乡村地区规划相关标准

2008年《城乡规划法》实施，村庄规划首次以法定规划的形式纳入到城乡规划体系之中。在此之前，我国已经开展了数年的乡村规划探索，以河南省和湖南省为例。

河南省大体经历了基于单个村庄的新农村建设规划、县城村镇体系规划、新型农村社区布局规划、美丽乡村建设规划、基于县域层面的新农村建设规划等多个阶段[118]；湖南省则经历过新农村建设、美丽乡村、村庄规划等主要阶段，并在期间进行了乡村振兴战略规划、乡村旅游线路规划、田园综合体规划等相关规划[119]。

最初的新农村建设规划阶段，河南省于2006年出台了《河南省社会主义新农村建设导则（试行）》，湖南省则在2006—2007年颁布了《湖南省新农村建设村庄规划整建规划导则》《湖南省新农村建设村庄布局规划导则》作为规划指导标准。这一阶段的标准对于农村环境整治、村内道路、给水排水、垃圾处理等公共设施内容提出了原则性的要求，指导范围局限在村庄居民点层面，并不考虑村域、区域层面的宏观统筹与协调。

河南省2007~2010年间开展的村镇体系规划以2007年出台的《河南省县域村镇体

系规划技术细则（试行）》为标准。该标准要求规划开展县域城乡统筹发展战略、产业布局、村镇体系结构、生态环境保护、历史文化遗产保护、县域基础设施和公共服务设施配置原则与策略等方面的内容。这一阶段的规划开始统筹考虑乡村发展，并形成科学合理的县（市）域村镇体系布局，但由于缺乏对分类和实施保障机制方面的要求，规划存在偏离实际需求、可操作性不强以及规划策略滞后等问题。

2011年，河南省住建厅制定了《河南省新型农村社区规划建设导则》，规定新型农村社区规划的内容包括区位分析、人口规模、用地规模和建设引导等。新型农村社区规划的主要问题在于强调对节地率的追求，而忽略了对乡村发展动力机制、社区布局合理性、村民就业与社会保障等深层次问题的探讨，造成了大量盲目的迁村并点情况，违背了村庄发展的内在规律。

2013年原农业部印发《农业部办公厅关于开展"美丽乡村"创建活动的意见》，财政部采取一事一议奖补方式后，美丽乡村建设规划试点开始。湖南省相继出台了《湖南省改善农村人居环境建设美丽乡村工作意见》（2014年）、《湖南省美丽乡村建设示范村考核办法》（2015年）、《关于推进美丽乡村标准化建设的意见》（2016年）等文件指导美丽乡村建设规划编制。各地的美丽乡村建设规划确立了避免大拆大建的规划原则与思路，以"生产美、生态美、生活美、宜居、宜业、宜游"为规划建设目标，通过城乡资源融合，大力发展优势产业，在提升了乡村基础设施建设和村容村貌的同时，也带动了乡村旅游的发展，增加了村民的收入。但由于存在对美丽乡村内涵理解不够深刻、缺乏科学指引、缺乏深入调研等问题，在美丽乡村规划实践中，既存在特色繁杂，又存在村村雷同的情况，且村民参与的积极性没有被充分调动起来。

2014年，河南省起草了《县（市）域新农村建设规划大纲》，开启了县域层面新农村建设规划的阶段。与最初基于单个村庄的新农村建设规划不同，这一阶段的新农村建设规划经过了多年的实践探索，开始回归理性探索乡村发展的路线。规划大纲要求以县（市）域为单位进行全面统筹编制，战略性、宏观性更强，且突出了分区分类指导、分布推进落实的原则，将产业、村庄、土地、公共服务和生态规划五位一体的思想贯穿始终。

在当前的国土空间规划"五级三类"体系中，村庄规划被归为详细规划，巩固了法定地位，进一步规范了村庄规划的制定。目前，各省除发布相应的政府指导意见，也正在加紧制定省级村庄规划编制的技术指南，以指导村庄规划的具体编制工作。湖南省2019年出台了《湖南省村庄规划编制工作指南（试行）》和《湖南省村庄规划编

制技术大纲（试行）》。其中"工作指南"规定了组织准备、技术准备、驻村调查与
规划编制、成果审批备案四大工作步骤；"技术大纲"将村庄划分为城郊融合类、集
聚提升类、特色保护类、搬迁撤并类和其他类五种类型，统一工作底图，落实上位国
土空间规划"三区三线"的管控要求，进行减量规划，探索"留白"区，注重传承文
化，以人为本，重点解决生态保护修复与综合整治、村民建房等问题。

《湖南省村庄规划编制技术大纲（试行）》规划内容一览表　　表5-12

	规划内容	城郊融合类	集聚提升类	特色保护类	搬迁撤并类	其他类
主要内容	发展定位与目标	●	●	●	○	○
	国土空间布局及用途管制	●	●	●	●	●
	住房布局规划	●	●	●	●	●
	产业发展规划	●	●	○	○	○
	道路交通规划	●	●	●	○	●
	公共和基础设施规划	●	●	●	○	○
	生态修复和综合生态保护修复	○	○	○	●	○
	整治规划人居环境整治	●	●	●	○	●
	防灾减灾规划	○	○	○	○	○
	历史文化及特色风貌保护规划	○	○	●	○	○
	近期行动计划	●	●	●	○	○

备注：●为必要性内容　○为扩展性内容

资料来源：石海明，肖艳阳. 发展与转型：湖南省乡村规划历程回顾与思考 [J]. 现代城市，2019，14（04）：
10-15.

5.7.2 国外乡村地区规划先进标准

放眼全球，许多发达国家都曾经历过城乡二元结构体制、乡村地区衰败的局面，
也拥有通过相关政策和实践，推动乡村地区取得复兴的良好经验。以欧洲国家为例，

二战之后到1970年代，欧洲乡村地区主要面临人口大量向城市地区外流、农业收益减少等问题。这一时期，欧洲主要通过技术和资金转移来扶持乡村地区的发展。这些举措虽然一定程度上促进了欧洲乡村地区经济和社会的发展，但也带来了严重的环境问题，并造成乡村地区依赖外部投入，未能形成内生发展动力的不良局面。1970年代后，随着乡村现代化发展弊病的不断显现，以及对乡村、环境等问题认识和理解的不断提升，欧洲逐渐进入以社区为主导的乡村多元化发展阶段，更加强调对本土资源价值的挖掘和对社区主动性的培育，从而逐渐实现乡村地区的可持续发展[120]。

国外部分发达国家十分重视对乡村地区规划的法定化。德国是将规划建设法制化走在前列的发达国家，早在1936年就颁布了《帝国土地改革法》，走上了乡村建设法制化的道路。1954年联邦德国政府颁布的《土地整理法》经历了1974年和1994年的两次修订，最初仅以保证农业和林业经济稳定发展为主要任务。后来逐渐融入可持续发展理念，将乡村地区的生态、文化、旅游、休闲等价值提升至与经济价值同等重要的高度，强有力地保证了德国乡村特色的保留和乡村自我发展潜力发挥。此外，《建筑法典》《联邦国土规划法》，以及《联邦自然保护法》《景观保护法》《林业法》《土地保护法》《大气保护法》《水保护法》《垃圾处理法》《遗产法》《文物保护法》等相关法律，以及各州法律法规也都为合法实施乡村建设行为提供了充足的依据[121]。法国通过《历史纪念物法》《景观地法》，以及《地方城市规划》等法律法规为乡村地区遗产保护提供了法律保障[122]。日本则将文化保护、城乡规划、农业发展等工作加以统筹，出台了一系列有针对性的法规条例，如《景观保护法》（国家法令）、《国家选定重要文化景观地区条例》（部门法令）、《市政府认定的社区/乡村规划》（地方法令）等[123]。

在乡村地区风貌管控方面，美国在县级村庄规划手册中作出指引，如宾夕法尼亚州切斯特县的《村庄规划手册》对于建筑高度、规模、形态、沿街立面、退界、房前空间、建筑入口、屋顶、窗墙比、建筑风格等均提供了正反面意向；对于指示牌的大小、风格，停车空间的安排也都做了一定的指引[124]。法国编制了《阿维斯诺斯区域公园小遗产修复图示手册》，用以对当地乡村地区"小遗产"①的保护工作进行规范[125]。

在乡村空间布局和用地布局方面，日本乡村地区将以紧凑型乡村居民点建设为主要任务，重点推动与城市地区、特别是与教育研究节点之间形成对流关系。神户市的

---

① "小遗产"（petit patrimoine）指没有达到国家列级或登录历史建筑的标准，但仍具有杰出历史、艺术和文化价值的建筑，大量的乡村文化遗产，如民居、小教堂、磨坊等典型的乡村建筑，以及古井、洗衣池、小喷泉、界石等构筑物。

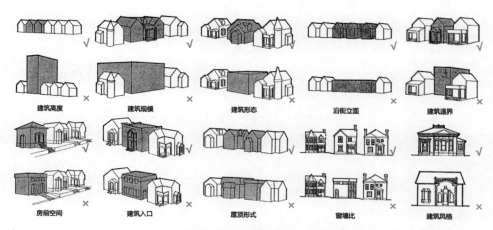

图5-3 美国宾夕法尼亚州切斯特县《村庄规划手册》中的建筑设计指引
资料来源：切斯特县《村庄规划手册》

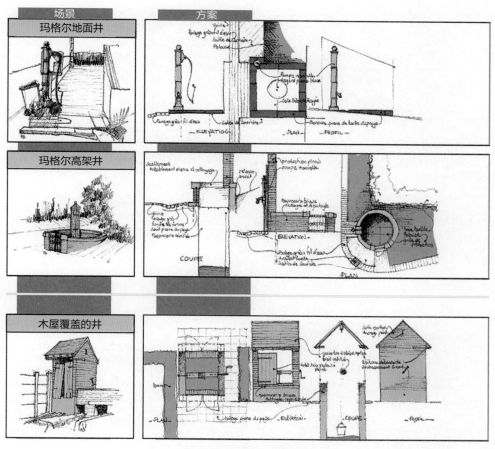

图5-4 小遗产修复指引
资料来源：法国《阿维斯诺斯区域自然公园小遗产修复图示手册》

《人与自然共生区域条例》将"人与自然共生区域"（即乡村地区）划分为农业保护区、村落居住区、环境保护区和特定用途区四类空间，并对土地利用和设施建设进行了规范。

神户市"人与自然共生区域"土地利用及设施建设标准　　表5-13

设施名称 ＼ 乡村空间种类		农业保护	村落居住	环境保护	特定用途	
					A区域	B区域
温室、育苗设施		○	○	○	○	×
农舍、农产品存货发货设施		△*1	○	○	○	×
农产品贮存设施、农机具保管仓库		△*1	○	○	○	○
畜舍		○	×	×	×	×
肥料堆放设施		○	×	×	×	○
农户住宅，☆分家住宅，☆集会场所		△*1	○	○	○	×
☆农产品加工设施	不足500m²	△*1,2	△*2	△*2	○	○
	超过500m²	△*1,3,4	×	△*3,4	△*4	△*4
☆日常生活设施	零售店铺等	△*1,2,4	○	○	○	×
	农机具修理工	△*1,2,4	△*2,4	△*2,4	△*2,4	○
☆道路服务设施 ☆加油站 ☆路边便利店		△*1,2,4	△*2,4	△*2,4	△*4	×
☆社会福利设施 ☆医疗设施 ☆学校		△*1,2,4	△*2,4	△*2,4	△*4	×
太阳能发电设施	不足1000m²	△*1,2	△*2	○	○	○
	超过1000m²	△*1,2	△*2	△*2	△*2	○
☆运动、休闲设施	不足3000m²	△*1,2,4	△*2,4	△*2,4	△*4	×
	超过3000m²	△*1,3,4	×	△*3,4	△*4	△*4
乡村建设相关设施	乡村协议会为主体的建筑物	△*1,3,4	△*3,4	△*3,4	△*3,4	×
	乡村定居与创业计划制定者设置，运营的建筑物	△*1,2,4,5	△*2,4,5	△*2,4,5	△*2,4,5	×
与村民生活相关或村落内部事务，企业人员所使用的停车场，物资堆放场所（不足1000m²）		△*1,2,4	△*2,4	△*2,4	△*2,4	○
停车场，物资堆放处，洗车场		△*1,3,4	×	△*3,4	×	△*4
物资存放场所（特指以下两个条件的构筑物）高度在10m以上，使用重机械进行加工作业；每年使用13天以上，且需占据基地1/3以上面积进行加工作业		×	×	△*3,4	×	△*4
废弃车放置处和采土场及废物处理		×	×	△*3,4	×	△*4

设施名称 乡村空间种类	农业保护	村落居住	环境保护	特定用途	
				A区域	B区域
与公共事业有关的临时设施 临时物资堆放处和停车场	△*1,2,4	△*2,4	△*2,4	△*2,4	△*4

资料来源：冯旭，王凯，毛其智. 城镇化率稳定时期的乡村发展战略及乡村规划治理特征研究——以日本宇治市、神户市为例［J］. 小城镇建设，2019，37（11）：109–115.

注：○——允许；△*——附带条件的允许；×——不允许；☆——必须经过开发许可（依据城市规划法）的设施。

条件：

*1 该土地为农地时，无替代土地。

*2 已得到乡村建设协议会的批准。

*3 已在乡村规划中对该土地利用进行定位。

*4 需在项目计划书中确认以下事项。

　（1）要充分考虑项目所在环境的农业生产生活、自然环境的保护与利用，并形成良好的乡村景观。

　（2）建筑物（或构筑物）的位置、规模、形态需要充分考虑与周边环境一起形成良好的乡村景观。

　（3）土地利用区域内的绿地设置：

　　a. 绿地面积与占地面积的比例如下：占地面积不足1hm^{2}时，绿地比例须在10%以上；占地面积超过1hm^{2}时，绿地比例须在 20% 以上。

　　b. 通过植栽设置绿化时，需要考虑道路等公用场地的景观营造。

　（4）临时性建设项目，需要明确土地利用后的恢复计划，绿化设置可以考虑与周边环境分隔开的形式。

*5 乡村定居与创业计划中，应对关联土地利用进行详细说明。

在乡村规划建设的公众参与方面，神户市《人与自然共生区域条例》则通过规定成立"乡村建设协议会"，以及确定设立乡村建设协议会、政府认定乡村建设协议会的合法性、组织乡村建设协议会活动、编制乡村规划、认定乡村规划的合法性、基于乡村规划的建设与治理六大规划步骤，保障村民、专家、市长、行政官员的多方参与和有效协作[123]。

5.7.3　主要建议

（1）加强乡村地区规划的法定地位

虽然我国《城乡规划法》中明确规定村庄规划为法定规划，然而，并没有构建类似城市规划中明确指出总体规划、控制性详细规划和修建性详细规划类似的规划体系。我国在短短十几年内陆续出现了村庄布点规划、新农村建设规划、村庄建设规划、新型农村社区布局规划、村庄整治规划、美丽乡村建设试点规划等一系列规划类型，而且不同规划各抒己见，但任何一种都缺乏法律依据。法律地位的缺失使得规划可以被任意修改，不具有权威性，往往在一阵轰轰烈烈的运动之后便迅速失去了对乡村建设的指导作用并被其他类型的规划所替代。我国可以在法律上确定乡村规划的法定地位，规划的体系、编制的程序、内容、原则等均不可随意变动，保障乡村规划的权威性和长效性。

（2）促进对乡村地域特色的挖掘和发挥

我国不同的乡村地域之间具有丰富的文化、风貌多样性，即使是一省之内的乡村地域在发展程度、文化习俗、空间形态等方面也往往存在一定差异。目前我国以省为单位制定村庄规划的编制指南，而从已有几个省份发布的村庄规划编制指南来看，尚无法做到如同发达国家市县级别的村庄规划手册可以细化到对建筑立面形态，乃至门窗样式的指引。建议各省根据实际情况，确定应当制定市县级别村庄规划编制技术指南的市县，有需要的还可延伸至乡镇，或者制定不同类别村庄的规划技术指南，进一步加强对乡村地区规划设计编制工作的精细化指引。

（3）尊重乡村社会的特殊属性，确立科学、符合民意的原则与程序

与城市不同，乡村社会本质上是一个重视邻里情节的熟人社会。编制乡村规划建设的标准时，如果不能认清这样的事实，一味强调土地效率的提升，要求清一色采取"迁村并点"等举措，强迫"农民上楼"，则可能造成乡村社会结构的破坏，遭到村民的反对，不利于乡村地区的可持续发展。目前在我国，尽管各级法律法规和管理文件一再强调公众参与在规划中的必要性，但在实际的乡村规划编制过程中，政府主导、村民被动接受，有表决权、无商议权的"伪参与"却更加普遍[126]。建议我国在乡村地区的规划建设标准中深化细化村民参与的程序，切实增加村民与政府、专家、技术人员的互动，让公众参与贯穿规划编制和实施的全过程。

5.8 自然资源与生态环境

5.8.1 国内自然生态空间领域规划相关标准

根据2017年国土资源部印发的《自然生态空间用途管制办法（试行）》，我国的生态空间被定义为具有自然属性、以提供生态产品和生态服务为主导功能的国土空

间，涵盖森林、湿地、河流、湖泊、海洋、岸线、草原、荒漠等各类自然生态系统。我国的自然生态空间概念众多，包括自然保护地、生态保护红线、国家公园、郊野公园、风景名胜区、森林公园、湿地公园等，相应的规划建设标准也较为繁多。在自然保护地体系构建方面，2017年中共中央办公厅和国务院办公厅联合印发的《建立国家公园体制总体方案》确立了我国以国家公园为主体的自然保护地体系。2019年自然资源部发布的《市县国土空间总体规划编制指南》明确了生态保护红线的定义。《城市绿地规划标准》GB/T 51346—2019明确了市域绿色生态空间统筹的原则和技术要求，并对生态控制线划定和管控原则进行了规定。风景名胜区相关规定由《风景名胜区条例》作出规定。郊野公园目前并没有统一的概念和标准界定，基本由开展郊野公园建设的地区自行作出定义和规划建设标准的制定[127]。

地方层面，深圳是我国内地较早对自然生态空间开展规划管理工作的。2003年深圳最早提出"基本生态控制线"的概念，并于2005年制定了《深圳市基本生态控制线管理规定》，建立了分级分类框架体系和生态补偿机制。上海于2012年发布了《上海市基本生态网络规划》和《上海市郊野公园布局选址和试点基地概念规划》，在总体层面确定了21个郊野公园选址及试点规划编制要求。广州作为首个公布国土空间总体规划的城市，对生态保护红线实施正面清单管制，并编制生态单元规划予以落实，通过建立国土空间基础信息平台、健全配套政策体系为生态空间的规划管理提供了法定依据和保障[128]。

5.8.2 国外自然生态空间领域规划先进标准

美国实行自然资源综合管理制度，对土地、林业、矿产等资源集中统一管理，联邦政府和各级州政府各自制定领域内的自然资源管理法案或法令。美国于1872年首创国家公园体系，并于1998年通过《国家公园系列管理法》确立了中央集权型管理体制，规定国家公园土地权属大多归国家所有，并由联邦政府下属的国家公园管理局统一管理[127]。

欧洲地区，欧盟的相关法律法规对其成员国自然生态空间政策具有较强的影响力，相关的环境指令主要有野生生物和自然保护指令、环境指令两个方面。野生生物和自然保护指令包括《鸟类指令》和《栖息地指令》；环境指令则包括《策略环境评价指令》和《环境影响评价指令》等。此外欧盟还有《工业排放指令》《水框架指令》《城市废水指令》《洪水指令》等，在相关领域对自然生态空间产生作用。此外，一些非法定性文件也对欧盟成员国提供了指导，如《奥胡斯公约》《埃斯波公约》等[127]。

德国关于自然生态空间的法律法规大致可分为三类：其一是自然保护法，包括《联邦自然保护法》和各个州的自然保护法；其二是有关城市规划和建设的法律，主要是《建设法典》，其规定了土地使用规划中应当进行环境评价以及提交环境报告的义务；其三为其他有关环境保护的专项法规，如《环境影响评价法》《干预补偿规定》等[129]。

新加坡以打造"花园中的城市"为发展目标，并通过了《国家公园法案》《国家公园委员会法案》等来保障花园城市建设，授权国家公园局统一规划管理全国的自然保护区、公园、绿岛等生态空间[127]。

5.8.3　主要建议

（1）加强各级自然生态空间领域法律法规体系保障

国家层面，需要加快推进《国家公园法》《自然保护地法》《国土空间开发保护法》《国土空间规划法》等法律的制定和出台，并研究与现有自然保护区、风景名胜区、森林公园、湿地公园等法律法规的融合与协调，为自然生态空间规划管理提供完整的顶层设计。地方层面，则需要跟进国土空间相关立法及配套政策，完善技术标准规范[127]。

（2）相关标准应由"约束""管控"向"供给""治理"方向转变

以往自然生态空间领域的标准更多强调对生态空间的管控和约束，由此导致政策和措施较为机械化，带来土地开发权制约、地方财政负担重等问题。随着社会经济发展，城乡居民对"优质生态产品"的渴求日趋强烈，相关标准在制定上也应调整观念，加大生态服务供给，使自然生态空间成为实现"人民对美好生活"向往的重要阵地[128]。

5.9 智慧城市与智慧社区

5.9.1　国内智慧城市与智慧社区标准现状

在国家城镇化进程中，城市规模不断扩大，大城市数量和人口比重不断增加。由此对于资源环境形成较大压力，导致一些大城市规模急剧膨胀，已经逼近或超过区域资源环境承载能力。与此同时，随着技术的不断进步，智慧基础设施逐渐从概念走向具现，在智慧城市的建设中逐渐帮助城市获取运行监控、精细化管理、发展模拟分析等多方面能力，是解决城市病问题的重要辅助工具。

目前，我国智慧城市基础设施建设正处于实践阶段，目前我国已从国家层面初步建立了国标委、网信办和发改委牵头，多部门配合的统筹工作机制，从标准制定、评价指标体系建立及基础性共用性标准制定等方面开展了大量的顶层设计工作，并取得了一定成果。

在标准化建设方面，2016年以后，由国家部委主导的智慧城市标准建设《智慧城市技术参考模型》《智慧城市评价模型及基础评价指标》《智慧城市顶层设计指南》相继发布，智慧城市相关的国家标准体系逐渐形成；在地方层面，越来越多的地区和城市发布了智慧城市相关的法规和条例，为智慧基础设施的落地实践创造条件。至今，国内陆续推出多批国家智慧城市试点名单，目前已有290个城市入选国家智慧城市试点，并且我国95%的副省级以上城市、83%的地级城市，总计超过500个城市，均在《政府工作报告》或"十三五"规划中明确提出或正在建设智慧城市[130]。

虽然我国十分重视智慧城市的建设，投资大、试点多，但由于各方没有对智慧城市形成统一理解，并且智慧城市的标准体系仅划分至二级分类，标准明细表尚未形成，并且智慧基础设施的建设水平不高，导致智慧城市建设受到一定影响，尚处于培育发展期。目前突出的问题是缺乏科学、统一的智慧城市顶层设计和总体规划，以及关于智慧基础设施建设的标准不够全面、细致。

5.9.2　国外先进智慧基础设施规划标准

自从2008年初IBM提出"智慧地球"的概念以来，各国对智慧基础设施建设的规划都有一定标准，以进一步构建智慧城市建设。纽约、伦敦、巴黎、东京、首尔等城市相继提出智慧城市战略举措，国际标准化组织（ISO）、国际电信联盟（ITU）、英国标准研究院（BSI）、美国国家标准技术研究院（ANSI）等组织已从不同层次启动了智慧基础设施标准化工作。

全球各国十分重视智慧基础设施标准化的建设，有的国家甚至将智慧基础设施建设提升到国家战略层面。如新加坡自1980年出台了"国家计算机计划"，推动行政事务电脑化、办公自动化、无纸化后，陆续推出了如"国家IT计划""IT2000智慧岛计划""智慧国2015计划"等多个关于建设智慧城市的战略规划。在2016年推出的"智慧国家2025计划"中，更是将智慧城市上升至国家层面。该计划勾勒了新加坡智慧国家的总蓝图，通过规划建设覆盖全岛的数据收集、连接和分析基础设施的平台，制定面向政府、市民、企业的数据收集和使用标准，让新加坡成为全球第一个智慧国家。此外，美国也在2015年提出了智慧城市计划，各级地方政府会根据城市和地区自身的特点，规划和推行智慧城市计划。通过基础设施建设、国家政策保障、数据开发研究等创新领域建设智慧城市，不断应对城市化进程中面临的挑战。

国外智慧城市的建设模式注重以人为本，搞好智慧基础设施建设，可以为后期的资源共享、低碳环保、可持续性发展的智能城市建设和智慧城市各个项目的实施做良好铺垫。如欧盟在2011年出台了《Smart Cities Applications and Requirements》白皮书，旨在追求绿色、低碳、可持续发展，强调智慧城市关注的是一个有竞争力的城市，其中心在于将信息通信理念转变成高质量、高性能的城市发展。瑞典政府在智慧城市建设初期就制定了低碳环保的目标，开发出一套生态循环系统，收集住宅区内的水、能源、垃圾等，以达到有机循环。

国外智慧基础设施的发展模式主要是政府、市民和企业合作模式、政府主导建设模式、国家战略驱动发展模式、以服务为主的建设模式四种。其智慧城市的创新发展都离不开政府主导，或者政府引导企业、市民参与智慧基础设施的投资建设。如阿姆斯特丹发起的"智慧城市计划（ASC）"是由政府、企业、市民共同合作建设的。韩国发布的"U-city"计划是由国家来主导推进，企业落实具体项目实施。

ISO/TC268/SC1是ISO城市可持续发展标准化技术委员会（Sustainable cities and communities）下设的智慧社区基础设施计量分技术委员会（Smart community infrastructures），负责智慧城市战略和评价、智慧城市基础设施等多方面的标准化研究。截至2020年10月，ISO/TC 268 SC1已公布的ISO标准16项，正在制定的ISO标准12项，参与成员26个国家，观察成员17个。例如，ISO/TS 37151《智慧城市基础设施绩效评价的原则和要求》（Smart community infrastructures-Principles and requirements for performance metrics）作为ISO发布的第一项涉及智慧城市的国际标准，提出了有关城市基础设施绩效指标定义、鉴定、优化和协调一致的原理和要求，并提供了有关城市基础设施的智能性、互操作性、协同性、适应性、保险性和安全性的相关研究领域的建议，对各国智慧城市建设具有重要指导意义。

（一）ISO 已发布智慧城市和社区相关国际标准

1. ISO 37151《智慧城市基础设施绩效评价的原则和要求》
2. ISO 37152《智慧城市基础设施开发与运营通用框架》
3. ISO 37153《智慧城市基础设施性能和集成成熟度模型》
4. ISO 37154《智慧城市基础设施最佳交通实践指南》
5. ISO 37157《智慧城市基础设施紧凑型城市的智能交通》
6. ISO 37159《智能社区基础设施主城区与卫星城的智慧城际交通》

（二）在研智慧城市国际标准

1. ISO 37155《智慧城市基础设施的整合和运营框架》
2. ISO 37156《智慧城市基础设施数据交换与共享指南》
3. ISO 37158《智慧城市基础设施电池驱动公交系统》
4. ISO 37160《智慧社区基础设施火力发电站的质量测量方法及运行管理要求》
5. ISO 37161《智能社区基础设施城市交通服务节能智能交通指南》
6. ISO 37162《智能社区基础设施——新兴地区的智能交通》
7. ISO 37163《智慧城市基础设施——智慧交通之城市停车场配置指南》
8. ISO 37164《智慧城市基础设施——使用燃料电池轻轨的智慧交通》
9. ISO 37165《智慧城市基础设施——智慧交通之数字支付指南》
10. ISO 37166《智慧城市规划多源数据集成标准》
11. ISO 37167《智能社区基础设施——降速行驶的智慧节能交通》

资料来源：https://mp.weixin.qq.com/s/wUqQRBP6e8UuRfzMUlK0EA

5.9.3 主要建议

（1）构建智慧城市与社区的规划和建设标准

当前我国智慧基础设施建设标准仍停留在智慧城市整体评价标准中，未单独成
项，也没有强制性要求，导致很多建设标准存在落地困难的现象。在后续发展中，我
国智慧城市标准化的重点应在于基础标准、通用标准的建设，必须分领域建设，并坚
持从简单到复杂的原则，逐步将智慧城市的各个方面进行规范。如基础设施的管理、

智能交通设施的相关设计国家标准仍采用过去的标准，缺乏数据化的管理模式等相关标准。

（2）统一智慧城市和社区的建设目标

我国虽然重视智慧城市建设，但由于各方对智慧城市内涵的理解不同，导致建设受到一定影响。我国应向国际智慧城市统一的目标和评价体系靠拢，包括有效、公平、宜居和可持续等多元目标，以及多维度、主观与客观结合和地方化的评价体系，例如在欧盟智慧评价体系中，体现了在技术因素之外，对城市环境、经济、交通、文化和生活品质的总和关注[131]。

我国在后续建设中应贯彻落实国家"创新、协调、绿色、开放、共享"的发展理念，根据新型信息技术的发展和我国智慧城市评价试点建设的经验，从标准体系框架结构的合理性、完整性等方面进一步优化细化，为指导新型智慧城市相关标准的制定提供依据。

（3）推进智慧基础设施建设标准制定的企业参与

智慧基础设施的建设并不能单靠政府的概念性规划愿景来实现，为了让城市实现真正的智慧化，需要各个部门协同合作，统一规划与指导，严格制定实施标准，密切结合企业的力量，促进智慧城市产业链的形成，推进智慧基础设施建设的自主性、长远性发展。

建议智慧城市项目由政府与企业共同推进，地方政府通过公开募集能源供给公司或能源供给相关产业公司，形成智慧基础设施建设的主体，并与企业以成立合资公司的形式合作，在实际的建设项目执行过程中，以公司为管理实施主体，各个分公司企业承担部分生产和服务职能[132]。

6

我国城乡规划与建设
标准特色化与国际化
的对策及建议

随着共建"一带一路"倡议的深入推进，标准作为非关税技术壁垒，是开展国际合作、加强软联通的重要领域。伴随着城乡规划学科与行业的发展，在规划体系改革的背景下，标准化是提高城乡规划学科科学性、规范规划行业管理、提升规划治理能力的关键抓手。当前，我国城乡规划与建设标准尚存在很多不足，亟待学习国际先进标准化经验，因地制宜提升我国标准的特色化水平，完善我国城乡规划技术标准。同时，当前加强中外标准互联互通的重要性、迫切性不断提升，城乡规划与建设标准也有待提升国际化水平，支撑城乡规划不断推进国际化进程，提升城乡规划和建设行业的国际影响力。

6.1 加强特色化，优化我国城乡规划与建设技术标准

6.1.1 强化战略性，完善技术标准体系

（1）重视顶层设计，强化国家层面标准的系统性

在国家标准化工作、工程建设标准体制和国土空间规划等多重改革背景下，国家层面城乡规划和建设技术标准要重视顶层，满足城市治理体系和治理能力现代化的要求，准确把握标准化工作的定位，充分衔接国土空间规划体系，满足高品质城乡规划、建设和管理的需求，明确标准系统性制定的总体目标、内容构成、制定路径，支撑规划从原来的专业技术工具到综合管控手段的转变。

同时，国家层面城乡规划和建设标准要重视战略导向，积极响应生态文明建设、以人民为中心、"一带一路"建设、历史文化保护、乡村振兴等战略部署，满足社区补短板应与老旧小区改造等国家专项行动开展要求，加快相关领域城乡规划和建设标准的编制与修订速度，提高标准的综合型、时效性和前瞻性。我国城乡规划和建设标准可以学习英国《国家设计指南》、美国《规划与城市设计标准》等国家层面编制和指引经验，既要强化标准对国家战略的响应落实，又要加强标准对技术内容做出科学性的要求和针对性的政策设计，加强宏观层面的政策导引、技术导引。

专栏

快速响应国家战略的英国城乡规划标准

英国城乡规划领域标准指引对国家战略响应速度快，落实度高。一方面是英国城乡规划的公共政策属性强，《国家规划政策框架》（NPPF）等国家层面的规划及配套文件本身具有标准指引的特征；另一方面，相关部门通过编制规划引导文件，配套编制《国家设计指南》等非强制性的指南等文件，及时落实国家战略，为国家和地方提供开发建设运营等引导。2019年10月1日英国住房社区和地方政府部发布的《国家设计指南：美丽包容成功场所的规划实践指南》，充分衔接落实国家层面的规划政策指引（国家规划政策框架、规划实践指南），指引建设高品质的建筑和场所，并将反馈议会修订法律法规，制定《国家标准设计法令》（National Model Design Code），为推进更好家园设计制定示范，并且指引地方同步制定相关指南，实现战略、规划和标准之间的持续互动。

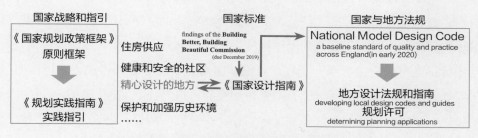

图6-1　英国国家战略与技术标准、法律法规的衔接互动关系
资料来源：中国城市规划设计研究院

（2）加快编制全文强制性国家标准，提高标准执行力度

充分落实国家标准化工作改革要求，按照新《标准化法》将强制性国家标准严格限定在保障人身健康和生命财产安全、国家安全、生态环境安全以及满足经济社会管理基本需要的技术要求，落实国家《强制性国家标准管理办法》，针对用地、公共服务设施、历史文化保护等领域具有明显公益性和福利性、易受市场力作用、需要刚性管控的城乡规划和建设标准，编制全文强制性国家标准，并逐步探索提升为强制性的技术性法规，提高强制性标准的管控效力，对接国际通行的技术法规体系。

（3）鼓励编制使用团体标准，提高标准的先进性、创新性

城乡规划与建设领域的团体标准应进一步扩大制定与使用主体，加强使用保障。

鼓励中国城市规划学会等具备相应专业技术和标准化能力的社会团体制定团体标准，或者主动承接可转化成团体标准的政府标准，供社会自愿采用。团体标准经建设单位、设计单位、施工单位等合同相关方协商同意并订立合同采用后，即为规划与建设活动的依据。政府有关部门与可以在行政监督管理和政府投资工程项目中，积极采用更加先进、更加细化的团体标准；而相关部门在制定行业政策和标准规范时，可直接引用具有自主创新技术、具备竞争优势的团体标准。鼓励社会第三方认证、检测机构积极采用团体标准开展认证、检测工作，提高认证、检测的可靠性和水平。

城乡规划与建设领域的团体标准可以扩大制定范围，针对当前引领型城市发展的新形势和新要求，结合当前规划建设需求，重点在城市存量空间更新、特色空间塑造、综合立体开发等领域，探索制定提升型、创新性的标准，加强对城市建成环境品质提升、精细化改造、特色化营造、活力激发等高质量发展导向的引导，填补政府标准空白，细化现行国家标准、行业标准的相关要求，也可制定比现行国家标准、行业标准更加严格、更具有创新性的团体标准。

团体标准可以尝试标准、规程、导则、指南、手册等各种形式，采用简明易懂、易于引导、图文并茂的灵活方式，加强适用性和可推广性，实现与国际通行的团体标准的接轨。团体标准要加强宣传和推广工作，完善标准解释、咨询、培训、技术指导和人才培养等服务，及时公布标准的编号、适用范围、主要技术内容等信息，供政府部门、社会公众、企业等规划技术人员之外的相关群体使用。

（4）加强技术标准的横向与纵向衔接

在城乡规划和建设标准重构的背景下，技术标准体系既要体现继承性，也要握好既有标准和新体系的关系，不断优化技术标准横向与纵向关系，实现标准之间的充分衔接和逐步过渡。一方面，重视技术标准横向关联互动，对相关技术标准进行全面梳理和评估，识别现存的关键矛盾和冲突点，充分吸纳，加强城乡规划与环境保护、防灾减灾、房屋建筑等其他领域相关的标准的对接，保障标准内容的一致性。另一方面，加强纵向上下对接，国家层面，加强技术标准的政策性，重视与国家战略、法律法规、规范性文件、重要规划之间的衔接互动，促进标准落实上位战略，有效指导开发建设，强化指引效果；地方层面，鼓励地方编制适合本地气候环境人文特征的特色地方标准，落实国家与地方发展战略。地方层面，鼓励地方编制适合本地气候环境人文特征的特色地方标准，落实地方发展战略、居民需求和经济社会发展趋势。

6.1.2 提高实用性，优化标准指引内容

（1）开展试点探索，加强技术标准的实践和研究支撑

城乡规划和建设作为实现城乡空间和设施现代化发展的重要路径，其标准指引要强调科学性和实用性。随着新需求、新技术的不断变化，城乡规划和建设标准的研编作为实践经验和研究成果的总结，需要开展大量前瞻性的实践和研究工作，将标准所秉承的目标理念、价值观需要转化成技术人员可以参考的具体方法、指标、数据、程序等技术要求，对技术要求进行凝练，实现条文化，经过严格的编制和审查程序，才能成为相对科学完善的技术准则，更好发挥指导作用。

因此，城乡规划和建设标准制定需要尽快开展标准试点和示范工作，重视现实具体问题的解决，依赖丰富的试点实践经验，才能对技术指引、指标提出科学决策。标准制定还应当加强地方试点、学术团体平台的建设，因地制宜推动地方标准、团体标准的先行研发、试点和推广应用，加强技术标准的研究、制定、实践和评估工作，为国家标准的编制提供多样化的实践经验。

（2）关注不同层级标准管控的刚性和弹性

越是高层级的技术标准，其保底线的特征越是明显。城乡规划和建设国家标准往往作为全国城乡规划和建设的指引门槛，一定要坚持底线思维，注重统一性体系构建，尤其是强制性国家标准要突出类似技术法规的管控刚性作用，强调对关键内容和程序的指导，制定强制执行措施，同时，要避免越俎代庖"一刀切"，赋予地方标准更大的弹性空间。而地方标准则因各地城乡规划和建设的技术力量、管理水平存在差异，要根据地方具体情况，在国家标准基础上，因地制宜制定适合本地的详细指引标准，并适度探索一些具有前瞻性的创新管控内容和方式。

（3）建立标准动态管理机制

随着城乡规划从传统静态蓝图式规划转向刚弹结合的动态方案，规划标准也需要推动技术导向向公共政策导向的转变，体现弹性应对、动态适应的要求，通过预留机动指标、明确奖励政策等实施制度优化方式，化解指标刚性管控等矛盾冲突，解决好技术性与政策性的关系。同时，城乡规划和建设技术标准的制定和使用过程中，可能会面临着各种各样的新形势、新矛盾，需要依赖不断评估、不断优化的运行模式，通

过常态化、规范化的动态更新程序，及时发现问题、解决问题，推动技术标准体系的逐步完善，建立制定—实施—评估—修订—再实施的动态闭环。

6.1.3　强化先进性，支撑城乡高质量发展

（1）制定引导存量规划建设的技术标准

随着我国对城市空间扩展管控力度的不断加强，土地资源约束已经成为大多数大城市规划和建设面临的现实问题，城市更新将成为未来城市规划和建设工作的主要抓手。城镇化上半场是增量扩展阶段，注重底线强制性标准的制定；而在城镇化下半场，要适应存量空间提升、体现以人为本、高质量发展、特色塑造诉求。国内现有规划和建设标准大多基于城镇化上半场的新区建设、新建筑的建设而制定，缺乏对既有建筑、既有城区的改造技术指引，需要加快推进适合城镇化上半场的底线性、适应增量空间开发的标准向提升型、引导存量空间改造的标准转型。我国应加快推动存量规划建设技术标准制定，学习土地资源同样相对紧缺的日本等国家的规划标准化经验，围绕实现紧凑开发的目标，针对社区微更新、土地区划调整、立体土地使用、深层地下空间使用等领域，制定各类技术标准，提升土地使用效率。

（2）强化指导高品质导向的提升型标准

在城乡人居环境高质量发展与"美丽中国"建设的背景下，城乡规划和建设标准应重视标准对高品质人居环境建设的技术指导，打造让人民有更多获得感，宜业、宜居、宜乐、宜游的城乡空间，为人民创造更加幸福的美好生活。我国可以借鉴英国国家层面近二十年来不断完善的高品质设规划和建设引导经验，加快编写提升高品质人居环境建设的综合型规划建设设计标准，指导美丽中国建设。

同时，鼓励地方政府、行业协会、学术机构等主体，从各个领域多样化探索编制特色化、提升型的地方标准、团体标准，指导我国美丽空间和场所的营造。例如，探索编制TOD开发、立体空间开发、创新空间建设等标准，指导建设多样化的功能空间；创新完善口袋公园、立体绿化、街道设计、无障碍等标准，营造以人为本的友好公共空间；尝试编制生活圈、工作圈、儿童友好城市、老人友好社区等标准，打造友好包容的城市服务设施。

（3）完善乡村地区规划和建设标准

一直以来，在我国城乡规划和建设引导和管控体系中，重城轻乡的问题比较突出，现行乡村规划和建设领域的标准也较少，客观上造成了乡村地区规划和建设技术力量相对薄弱、人居环境品质不高等问题。在乡村振兴战略背景下，我国可以充分借鉴学习日本、德国等乡村地区的营建经验，基于中国乡村规划和建设实践，以建设美丽宜居村庄为导向，建立健全整治长效机制，完善乡村人居环境建设的标准体系，细化对公共场所、自然田园空间、基础设施等专项的针对性规划和建设引导，并针对历史文化名村、传统村落等特色型乡村地区，编制完善的规划建设技术指南体系。

（4）加强新技术在标准中的应用

随着新技术的发展，城乡规划与建设标准应结合国家政策贯彻落实和科技推广应用的要求，鼓励将具有应用前景和成熟先进的新技术、新材料、新设备、新工艺融入城乡规划技术标准，鼓励技术水平高、有竞争力的企业参与制定相关规划和建设标准。例如，可以结合全球5G发展趋势，吸引华为等5G领域领军企业，参与到可持续社区、智慧城市等新技术应用标准的制定工作，充分指导本土实践，完善智慧城区、大数据分析等标准。同时，深度参与ISO/TC268城市可持续城市与社区发展标准化技术委员会，尤其是ISO/TC268/SC1智慧社区基础设施计量分技术委员会的标准化工作，推动我国智慧城市与社区规划标准的国际化进程。

6.1.4　增强适用性，拓展应用主体和范围

（1）拓展标准制定和使用主体

随着公众参与等工作的不断深入推进，城乡规划和建设标准不仅要从制度上形成规范的、可达的公众参与路径，更要从体制机制上平衡各方在标准制定和使用上的话语权，不断拓展标准制定和使用的主体，充分反映各方意见，为规划和建设环节中政府、企业等实施主体与公众等使用主体、利益相关者提供统一的技术讨论平台，协调利益相关群体的关系。标准作为指导规划和建设的指南和规范，应当体现公众在规划和建设各个环节的知情权和参与权。

　　同时，标准的制定过程应该争取更广泛的行业参与，促进行业广泛交流，在研究制定的过程中获得更多的讨论和反馈，以尽快形成共识，整体提高规划和建设行业的技术水平。鼓励国内更多的专业机构、学术机构、企业、团体参与城乡规划和建设标准的制定。我国标准体系的完善可以引导专业机构、学术机构、企业、团体先行探索制定的特色标准，尝试将优秀的团体标准在实践中逐步转化为地方标准，再推广为国家标准，不断拓展先进标准的使用范围，提高城乡规划和建设质量。

（2）加强标准对规划建设管理的全流程支撑

　　在当前我国规划建设管理运营全流程治理的需求下，应当结合规划程序变化，补充公众参与、社区营造、物业管理、场所运营等技术标准。为了提高标准的综合性和灵活性，标准编制可以考虑在传统标准的技术引导之外，编制内容多样的综合型标准工具箱，加强标准对建设管理、实施管控、资金措施、运营建议等环节的全流程引导，使其适合提供给各个流程的重点主体。

6.2 提升国际性，加强我国标准与国际标准软联通

6.2.1　优化对应性，加快融入国际语境

（1）加强与国际通行标准体系的衔接

　　结合我国国情和经济技术可行性，推动中国标准的内容结构、要素指标和相关术语等适应国际通行做法，提高与国际标准或发达国家标准的一致性，缩小中国标准与国外先进标准的技术差距。加快落实我国标准化工作体系改革要求，针对城乡规划最核心的资源利用、卫生健康、生态环境安全、历史文化保护、市场行为规范等内容，提炼强制性的技术要求，将城乡规划领域现行国家标准中分散的强制性规定精简整合为全文强制性标准，体现城乡规划的公共政策属性，实现对公共利益的有效维护，逐步过渡为技术法规，实现与现行城乡规划法律法规的深度融合。同时，基于国际语境下的城市规划尤为关注可持续发展、智慧城市、信息设施等，中国城乡规划与建设标

准的完善制定和海外推广应加强相关领域的标准化探索。

（2）加强标准国际比较研究

由于"一带一路"项目开展所在国家往往存在同时应用多种标准的情况，要应加强中外标准的对比研究，建立我国标准与东道国现行其他标准的冲突协商机制，以便在具体的规划设计和工程建设项目中，能够及时有效地预判可能出现的标准冲突问题，并在发生标准冲突的情况下快速形成标准协商结果。

同时，加强对国际先进城乡规划与建设标准的研究学习，对比分析中国标准的优势点、问题点，借鉴国际先进经验，跟踪国际标准发展变化，积极开展国际标准互认，融合提升、积极探索具有较强针对性的中国特色标准系统，构建国际化的特色城乡规划标准体系。

另外，我国标准制定也要加强国际比较研究。落实《标准化法》《采用国际标准管理办法》要求，开展标准化对外合作与交流，参与制定国际标准，结合国情采用国际标准，推进中国标准与国外标准之间的转化运用。针对城乡规划领域标准特征，加强对国际标准化组织（ISO）、联合国教科文组织（UNESCO）、国际照明委员会（CIE）等国际组织城乡规划与建设相关标准的研究，优先采用国际标准中通用的基础性标准。

（3）开展国外专业机构交流合作

通过吸引国内外专业机构广泛参与，拓展国际视野，鼓励国外各类一流的专业企业、机构开展交流合作，参与标准制定，引入先进标准制定和实施经验。同时，加快培育发展国内团体标准，制定满足市场和创新需要的标准，积极开展与国际先进规划标准制定团体的交流合作，实现国内外团体标准的衔接，进一步提高我国城乡规划理念、技术和方法的国际化水平。例如，英国皇家城市规划学会（RTPI）、更好更美的建设协会（Building Better, Building Beautiful Commission）、美国城市规划协会（APA）等国外机构都在城乡规划和建设标准方面积累了丰富的经验，我国标准制定可以适度吸引国际一流机构及专家参与，开展交流合作，提升标准的先进性和国际化水平。

6.2.2 加强针对性，合理选择输出地和输出标准类型

（1）基于东道国规划及标准情况分类推动标准输出

"一带一路"沿线国家和地区的经济水平不同，工业化、城市化阶段也各不相同，各国现行城乡规划工程建设标准体系的差异较大，我国的城乡规划工程建设标准国际化无需实现对当地现行标准的完全替代，而应基于国际标准的理念共识，针对不同类型的国家城乡规划发展情况，制定不同的标准推广策略，进行合理适度推广提升我国城市规划和建设标准在海外的适用性和影响力。

1）针对城乡规划部门、标准体系均不完善的国家

例如，尼泊尔等欠发达国家，尚未形成完善的规划管理体系和制度，缺乏标准制定和管理部门，未构建起完善的标准体系。我国企业在此类国家开展的合作和援建项目中，应积极推动我国标准的应用，将中国标准作为先进经验进行推广。在推动标准直接应用的同时，可积极帮助此类东道国建立适应本国发展阶段和发展需求的城乡规划管理体系和城乡规划工程建设标准体系，并协助东道国培养规划师、设计师团队，开展标准制定和应用工作。具体的协助方式如下：

一是专家援建式。通过派遣城乡规划工程建设标准领域的专家，与所在国共同建立城乡规划工程建设标准制定委员会，共同制定符合地方特色，并可与我国标准衔接的城乡规划工程建设标准体系。

二是项目带动式。通过先进的项目建设和富有经验的中方技术人员，通过具体项目运作，从宏观到中观到微观层面宣传中国标准使用经验，参照中国标准体系，帮助东道国建立规划和建设标准体系。

三是人才培养式。通过对东道国的留学生、政府工作人员及从业者的专业培训，完善城乡规划的知识储备及项目技术经验，协助其自主完成城乡规划与建设标准体系构建。

四是顾问参与式。对于一些由于历史及政治原因，倾向于采用发达国家城乡规划工程建设标准体系的国家，可由中方专业技术人员作为城乡规划与建设标准顾问，对中方参与项目的标准应用提出优化建议，宣传中国标准，从而逐步提高中国标准的国际认可度。

2）针对有规划部门、但标准体系尚不完善的国家

例如，马尔代夫、不丹等国家本身拥有城乡规划编制相关部门，但是尚未建立起

完整的城乡规划工程建设标准体系。这类东道国在城乡规划管理方面具有一定独特性，如马尔代夫等国家受到地理条件的限制，目前主要采用旅游管理的方式进行城乡规划的管理。在此类东道国，直接推广我国的城乡规划工程建设标准往往具有一定难度，可以采用帮助其建立城乡规划工程建设标准体系制定委员会的方式进行协助，一方面适应东道国城乡规划管理部门职能的独特之处，推进委员会在职能方面与原有城乡规划相关部门进行衔接，另一方面，可以参照我国的城乡规划工程建设标准体系，积极协助东道国建立完善的标准体系。

3）针对经济发达、规划管理和技术标准体系完善的国家

"一带一路"沿线中东欧、西亚、东南亚等发展阶段较高、经济实力较强的国家，对国际标准、欧美标准等标准的接受度较高，对中国标准往往持不信任的态度。特别是一些原英属殖民地国家广泛采用英系城乡规划工程建设标准体系，中东欧地区对欧盟标准的执行力度强，英美标准、欧盟标准和技术规范占据垄断地位，我国城乡规划工程建设标准难以进入。

中国企业在此类东道国开展城乡规划编制工作，首先应该对国际标准、英美标准、欧盟标准和技术规范有充分了解，针对具体的项目和领域，积极开展谈判和协商，必要时可考虑采用当地标准。同时，可积极推动与此类东道国的规划师资质互认机制建立，与相关国家签订规划师资格互认协议，从机制上帮助我国规划师可快速融入相关国家的项目建设中。

（2）合理选择输出项目类型

重点推动经济特区、产业园区模式走出去，开展重点规划项目示范。中国城市规划种类繁多，体系庞杂，在"一带一路"沿线国家应选择合适类型的规划项目进行承接。一些中方主导建设的大尺度规划项目，如大型基础设施建设项目、工业园区建设项目等，可以采取联合当地规划（建筑）部门、规划事务所等，进行标准深度交流合作。

针对规划和建设重点领域的需求，出台相关指引，提供官方引导。例如，政府部门可以出台加强中国工程建设标准服务"一带一路"基础设施和城乡规划建设的相关指导意见，为"一带一路"沿线的中国工程建设项目提供官方指导。同时，针对基础设施、工业园区等走出去的重点标准领域，编写具有广泛适用性的中国工程标准国际化工作指南，引导和规范中国城乡规划企业和项目走出去。

（3）依托重点国际合作项目，打造标准应用示范

结合重大建设工程、国际援建项目、当地政府邀请，引导城乡规划工程建设标准走出去。结合城乡规划工程建设标准国际化实践和在地化服务的经验，形成最佳案例或代表案例集，为走出去企业提供参照。同时，城乡规划工程建设标准走出去不应只关注规划阶段的技术推广，还应当注重通过达成理念共识、签订合同契约等方式，保障标准输出的有效性。

专栏

中国铁路工程建设标准海外示范工程采用多种
形式转化应用中国标准

中国标准走出去离不开企业的海外项目平台，企业的标准海外示范应用能力和经验成为主要影响因素。企业在海外的中国铁路工程建设标准示范应用主要有以下几种形式：

（1）完全采纳中国标准。以印尼雅万高铁（雅加达-万隆）和老挝铁路为代表的完全采纳中国标准示范应用。

（2）共同编制技术标准。以俄罗斯莫斯科—喀山高速铁路项目为代表的共同编制技术标准示范应用，俄罗斯提出修建时速400km/h的客货共线铁路，我国只有时速350km/h的客运专线技术体系，双方协商研究提出新的特殊技术条款作为设计依据。伊朗德伊高铁为代表的采用中外混合标准示范应用，项目合同未明确采用的具体标准，采用以技术指标来明确具体要求，混合使用中国标准和国际国外标准的解决方案，土建工程采用中国标准，机电设备采用欧盟标准；委内瑞拉北部平原铁路，采用了美国、中国与欧洲等混合标准。

（3）转化为项目技术标准。以埃塞俄比亚首都亚的斯亚贝巴轻轨项目为代表的中方编制项目标准，在项目技术规格书中，将中国标准转化为项目技术标准，实现中国标准属地化应用，成为事实标准。中方编制《埃塞俄比亚轻轨工程技术标准》，埃方铁路公司（ERC）审核后发布。

资料来源：刘春卉. 中国标准走出去的关键影响因素探析［J］. 标准科学，2020（08）：6-10.

6.2.3 强化在地性，充分适应当地经济社会文化需要

（1）基于国际共识，融入当地发展语境

融入国际语境，充分衔接联合国、ISO等国际标准，推动标准价值理念、发展目

标、技术指标的国际化。我国城镇化进入质量型发展阶段，而很多沿线国家和地区正在进行快速城镇化阶段，中国可以为沿线国家和地区提供快速城镇化阶段的丰富规划建设经验，提供更适合的规划和建设标准。在相关城市规划咨询项目中，立足联合国可持续发展目标、《新城市议程》等国际共识的可持续、绿色、智慧、韧性、友好包容等理念，推动落实相关理念的城乡规划工程建设标准走出国门。同时，充分了解和尊重沿线国家和地区的发展战略，加强对欧盟、海合会等超国家尺度区域标准的认知，推广符合当地发展区域的城乡规划工程建设标准类型。

构建"第二套"标准体系和应用反馈机制。在推动我国规划标准国际化的过程中，应该根据不同国家的情况，对我国现有规划体系进行部分内容优化和"本地化"，在不同国家和地区建立"第二套"规划技术体系。"第二套"规划技术体系应该与本地的规划法规、行政管理、运作体系等相结合，以适应不同国家的发展基础、规划体系现状，并充分吸纳本地规划与建设特色，增强中国城乡规划工程建设标准在国外的适用性。以使用中国城乡规划工程建设标准的项目为依托，建立中国城乡规划工程建设标准国际化应用的反馈机制，及时有效的将我国规划标准在国外应用过程中存在的问题进行反馈和总结，并不断对于"第二套"规划技术体系进行修正，以改善现有规划标准的应用情况。

融入"一带一路"沿线国家和地区本地的规划设计理念。例如，西亚国家多重视自然环境保护，积极发展绿色节能建筑，将可持续发展理念付诸于城乡规划编制与实施的整体过程，如阿联酋颁布有绿色建筑指引、可持续发展手册，巴林有《建筑环保法》等。与西亚国家相比，我国城乡规划中现有的可持续发展、生态保护等相关内容尚不完善，绿色建筑评价标准等与西亚国家尚存在一定差距。中国城乡规划在国外应用时，应借鉴当地有关环境保护与可持续发展的有关规划法规，加强生态与环境保护、以人为本、弹刚性合的控制方法等，并将其融入标准应用和项目建设过程中。

（2）适应当地的政治局势和规划管理模式

我国的城乡规划工程建设标准和服务在输出时应积极认知当地政治环境、法律环境和经济环境。尽量在政治环境稳定的区域选择投资合作项目，遵守当地法律，积极利用当地优惠政策，在当地支持的经济领域内展开合作。而对于政治环境复杂、政治局势动荡的东道国，则应积极识别潜在的风险，以安全为先，避免涉及当地冲突。针对某些在规划领域没有强制性标准，在项目中采取注册规划顾问制的东道国，则应积极加强与规划顾问的协商，尽量争取我国城乡规划工程建设标准的应用。

（3）兼顾当地宗教信仰、历史文化、生活习惯

文化宗教信仰对于城市生活的影响较大。"一带一路"沿线国家和地区的社会结构相对复杂，宗教信仰、种族类型多样，在"一带一路"沿线国家和地区推广我国的城乡规划工程建设标准必须充分了解当地的宗教信仰、历史文化，尊重当地的习惯，遵守交往礼仪、避免风俗禁忌。除了在具体的规划设计项目中了解当地居民的精神需求，并在规划设计中予以满足之外，中国企业在国外服务时也应注意努力实现与当地员工的和谐共处，实现与当地社会、文化、法治的良性融合。例如，在马来西亚当地规划管理部门提出要求在社区中心增加祈祷室和独立占地的伊斯兰教堂等配套设施，以满足当地居民的宗教和文化需求。

"一带一路"沿线国家和地区的交通出行模式和行为习惯差异较大，对中国标准的适用性也有影响。我国标准在此类东道国的应用中应注重加强对居民生活习惯的研究，积极修正交通、道路、景观、服务设施等方面的规划标准，以增强规划的针对性和适应性。例如，部分沿线国家由于殖民时期沿袭原宗主国建筑风格和街区形式，较多采用密路网，限制了机动车的出行分担率，造成了当今市民大量通过摩托车实现机动化出行的习惯，解决了路面交通的流动灵活性和单位空间承载效率，形成了迥然不同的城市交通景观和管理体系，其交通出行规划标准与中国标准有较大差别，在当地的规划和建设标准一定要根据当地的城市空间特征和居民需求进行调整。

6.2.4　增强适应性，破解语言、技术瓶颈

（1）加快推进语言翻译、度量系统转化工作

推动我国城乡规划技术标准国际化，应以更主动的方式，加强我国规划和建设标准的推广和宣传。然而目前我国城乡规划建设方面的主要技术规范、法规尚无准确专业、采用国际通用语言翻译的版本，这已经成为外方了解中国城乡规划建设的最直接障碍。因此，建议加快完善标准翻译、审核、发布和宣传推广工作机制，尽快推动中外语版本标准的互译工作和对比研究，重点以英语、"一带一路"沿线国家当地语言，翻译中国城乡规划工程建设标准，在国家驻外政府网站上公开，并将中国城乡规划的相关实践及具体案例根据沿线国家情况，进行针对性的双语公开展示，提高中国城乡规划工程建设标准的影响力和认可度，积极推动与主要贸易国的版权互换。

（2）支持规划设计软件兼容性开发

城乡规划和建设设计软件的开发与不同国家的语言文字、设计手法、工作方式、管理要求相关。为更好地开展中国标准在"一带一路"沿线国家和地区的应用，一方面，要求积极加强语言、度量衡制度转换的技术模块和软件的开发；另一方面，应增强国内主流设计软件与一带一路沿线国家和地区惯用设计软件之间的兼容性，从技术层面，破解城乡规划工程建设标准迈出国门的障碍。

（3）加强基本术语对接研究

加强对中国与不同东道国之间的标准的对接研究，尤其是要先行明确基本术语的定义和内涵，建立双方共同认可的专业话语体系，为城乡规划工程建设标准的对接提供基础，消除规划设计和建设过程中可能产生的误会与误差，有利于我国城乡规划设计服务经验的推广和应用。

6.2.5 提高操作性，有序推动城乡规划标准化工作

（1）强化国际标准联通的机制建设

加强"一带一路"国际规则标准的软联通，强化国际合作机制，处理好双边与多边的关系。"一带一路"倡议是立足构建人类命运共同体、长期的开放合作机制，截至2020年1月底，中国已经同138个国家和30个国际组织签署200份共建"一带一路"合作文件。加强"一带一路"国际规则标准的软联通，应避免对现有主要国际规则标准的挑战，遵循国际通行规则标准。

一方面，要积极对接相关国际机制，充分遵循现有全球经济治理机制下普遍接受的国际规则标准。注重发挥中国的引导作用，开展"一带一路"相关国际规则标准的前瞻性研究，制定参与各方亟须并普遍接受的国际规则标准，推动相关领域已有国际规则的完善和创新。

另一方面，要根据共建"一带一路"高质量发展的需要，创设专门的国际机制，完善规则标准的执行机制建设，成立专门的联络协调和仲裁机构。依托中国与"一带一路"沿线国家经贸合作的重要平台，以中外经贸合作项目、规划项目为载体，推动中国城乡规划工程建设标准走出去。同时，在平等协商基础上，先行制定倡议等非正

式性规则，赋予一定灵活性和弹性，在推进过程中不断完善。

（2）多方主体参与，共同推动工程建设标准国际化进程

加强政企合作，提升标准输出的主动性。城乡规划工程建设标准在"一带一路"沿线国家和地区的推广需要政府、重点企业、行业协会、中介机构、专业技术人员等多方面主体的共同努力，不断规范国家标准、行业标准、企业标准，推动标准的互相协商和融合，加强服务和标准输出的主动性。鼓励企业在海外项目中推广应用中国标准，同时应在标准国际化方面建立和优化符合国际标准架构的运作与管理标准体系，并加强在标准规范方面的对外专题交流。

推动重点企业引领规划和建设标准国际化。鼓励重点企业积极参加国际标准化活动，加强与国际有关标准化组织交流合作，参与国际标准化战略、政策和规则制定，承担国际标准和区域标准制定，推动我国优势、特色技术标准成为国际标准。成立中国建设工程企业联盟，建立与"一带一路"沿线国家和地区常态交流合作机制，积极交流总结经验，逐步增强中国城乡规划工程建设标准国际化适用性与影响力。提升企业自身在海外投资项目中的主动权，转变经营模式，寻找合作机会，与当地企业合作或成立联营体，更好地了解当地投资环境，发挥项目投资优势，主动在合同条款中选择、明确采用中国标准，加快我国标准国际化进程。深入开展与国际咨询公司合作，建立与国际标准化组织常态交流合作机制，促进中方企业逐步向国际型公司转型。积极申请外资公司资质，进入咨询市场，达到部分国家的咨询市场准入条件。

推动行业组织、协会等参与城乡规划和建设标准的国际化工作。鼓励具有社团法人资格和相应能力的协会、学会等社会组织，根据行业发展和市场需求，参与相关领域的国际标准制定，加强与其他国家团体在标准制定方面的交流活动。促进行业协会、学会与国际通行行业评价体系的接轨，引进国际专业技术行业的认证标准，加快对国内专业技术人才执业资格与国际专业协会执业资格的接轨，加速人才国际化进程。

加强人才培养和能力建设。加强在城乡规划工程建设标准推广过程中多方面的国际化水准专业技术人员的培养，包括专业技术、标准培训、标准制定领域研究国外有关法律法规及标准规范的人员等。邀请国际标准化专家来我国讲学交流，培育一批标准化管理和专业人才，为开展沿线国家和地区标准化合作交流提供人才保障。规范和促进国际人才中介机构的发展。推动交流，积极推进我国城乡规划专业院校与"一带一路"沿线国家和地区城乡规划专业院校之间的学术交流，推动相关专业课程、奖学金的设置。

附录

附录1 发达国家城乡规划与建设标准体系一览表

1. 美国

主要事项			具体内容
法律法规体系情况			美国是联邦制国家，建立了一套双轨制法律体系，联邦法律和各州法律并行，各个州级政府相互独立，各自在其管辖范围内享有一定的立法权和执法权。联邦政府参与城市规划相关活动的手段主要就是一些间接性的财政方式，如联邦补助金，以及多种专项基金、专项发展计划等，地方政府只有满足基金的附加条件，才能申请到基金。国会通过立法出台的一系列法案和配套的联邦拨款，极大地影响和推动了州与地方政府规划活动的开展。州政府制定的规划授权法案是州政府对地方进行规划调控的重要手段。地方政府依照相关授权，组织各自事权范围内的规划活动。依据州规划授权法制定的地方规划，在原则上只要经过当地市市长签署，市议会批准，即可作为法律生效，州政府不参与规划审批、修订与监督等实务工作
规划编制体系简介			美国城市规划体系以州规划授权法为基础，具体的工作由城市政府来执行。城市规划体系大体上可以分为两个层面，一是战略性的总体规划（或综合规划），分别有县这一层次的区域性总体规划和市总体规划，再往下则继续有社区与邻里规划；二是实施性的有区划法规（又叫土地分区利用规划）、规划调整、城市更新规划、基础设施建设计划、环境影响评估、特定区规划与城市设计。另外还有某些非法定的补充性或专项规划。实施性规划是开发控制的法定依据，又称作法定规划
规划管理实施情况			美国联邦政府和州政府对城市规划调控能力较弱，城市规划的编制、审定、实施主要由城市政府负责。州政府、县市政府设置规划局，作为政府主管部门。州、县、市设有规划委员会，是一个规划评审、监督机构，属非政府组织，由政府官员、规划专家、市民代表组成，负责规划的审批和监督执行。规划设计单位即制定规划的企业，负责城乡规划的具体编制工作
主管部门	国家一级	名称	国会及联邦政府部门，如美国房屋和城市发展部（U.S.Department of Housing and Urban Development）等
		网站	https://www.usa.gov/federal-agencies/u-s-department-of-housing-and-urban-development
	地方一级		州及县市地方规划局或规划委员会
相关认证制度情况			美国城市规划协会（APA）是美国和加拿大两国城市规划师的职业协会。APA成员除职业规划师外，还包括由市县规划委员会委托任职的公民，以及专职从事城市规划领域的私有土地利用规划顾问、建筑师、工程师、律师等。APA有专门的管理办法，从对规划从业人员的技术技能，到规划师的职业道德要求都有明确的规定。 美国专业规划师注册职能则由现在隶属于美国规划协会（APA）的专业规划工作者协会——美国注册规划师学会（AICP）承担。美国注册规划师学会（AICP）的主要工作包括通过考试向会员颁发注册证书、制定与监督执行职业道德规定、和美国规划院校联合会（ACSP）对全美规划院系进行教学评估、组织落实并管理注册规划师的继续教育等[133]
城乡规划与建设标准主要特点			各级政府编制的城乡规划必须由立法机构通过后，具有法律效力，保障规划的有效实施。目前美国对中长期的综合性社会政治经济规划地位不断弱化，而重点领域的专项规划和空间规划的地位不断提高。例如，地方区划法规强制性规定了地方政府辖区内所有地块的土地使用、建筑边界、建筑类型和开发强度，对每一种土地分类的用途和允许的建设作出统一的标准化的规定

资料来源：中国城市规划设计研究院

2．德国

主要事项			具体内容
法律法规体系情况			最高联邦政府的城乡建设的主要法律法规有《建设法典》及配套法律《建设法典实施法》和《规划理例条例》；《空间规划法》及配套《空间规划条例》；一些针对专项规划的法律法规，如《土地征收法》《废弃物限制、循环和处置法》《能源与天然气供给法》《联手自然保护法》《联邦水利法》等。此外，16个独立州有自身州属法律法规
规划编制体系简介			德国城乡建设规划同样包括建设指导规划（土地规划、建筑规划等）与专项规划。其中前者编制主要是以市镇自治章程形式颁布，具有直接法律约束力。公民对其中的内容不服可以直接根据行政诉讼法提出诉讼。而后者的专项规划更多根据各自的内容与领域进行编制
规划管理实施情况			德国规划管理部门分为三级，最高一级为州的相关管理部门，以下为区一级负责监督具体项目的管理部门，然后是最下一级的专门成立的执行部门，负责项目的实施。在超出单一行政区域的范围是，往往由相关行政区域的区级管理部门之间协商确定具体的执行部门及其上级管理部门
主管部门	国家一级	名称	德国联邦交通和数字基础设施部空间规划、城市事务、住房司；联邦建筑和空间规划局
		网站	https://www.bmvi.de/DE/Home/home.html
	地方一级		地区规划协会、州或市级规划局
相关认证制度情况			依托强大的工科教育和培养体系，德国在各个工科学校均设有城市规划学科培养体系。但总体上，主导德国城市规划行业的仍是建筑专业协会（如建筑师协会）
城乡规划与建设标准主要特点			德国是传统的大陆日耳曼法系，其城乡规划标准也依托这一法系思维。并对欧盟规划标准对接和积极参与直接影响。在标准的细节层面关注硬性标准与弹性反馈之间的平衡。同时，注重遗产保护、环境保护等内容和标准的领先制定

资料来源：中国城市规划设计研究院

3．英国

主要事项	具体内容
法律法规体系情况	英国（主要是指英格兰）的城乡规划法律（Act）具有纲领性和原则性的特征，包括核心法、专项法和相关法，即1990年的《城乡规划法》（Town and Country Planning Act1990）核心法，1990年的《规划（历史保护建筑和地区）法》等专项法和1995年的《环境法》《规划与强制购买法》等相关法。从属法规（Regulations、Order等）由中央政府的规划主管部门所制定，说明城乡规划的具体实施性规则，例如《用途分类规则》《一般开发规则》和《特别开发规则》等

续表

主要事项			具体内容
规划编制体系简介			2011年以来，英国国家层面的规划为国家规划政策指导框架（The National Planning Policy Framework，NPPF）；区域层面，仅大伦敦保留原区域空间战略（RSS），其他地区由地区经济伙伴（The Local Economic Partnerships，LEPs）制定非正式规划，对于区域层面进行补充；地方层面，主要为地方发展框架（Local Development Framework，LDF）、邻里发展规划（Neighborhood Development Plans，NDP）
规划管理实施情况			中央层面通过国家规划政策框架，明确地方政府在规划审批的过程中提供要考虑的政策、法规及要素。地方规划项目的决策权在地方议会，通过听取规划职能部门及专业人员的意见采取决策，对于不符合规划的项目，规划职能部门有权不予批准。"规划督察"是英国规划管理体系中的一大特色，在地方规划审批中，开发主体向地方政府申请的规划项目遭到拒绝，可以向规划督察署提出申诉，规划督察署将举办听证会，组织政府和开发主体双方进行举证辩论，并根据法律法规作出裁决。规划督察署独立于政府之外，对规划审批实施进行监督，避免规划管理部门及政府项目审批中出错或者失误
主管部门	国家一级	名称	英国住房、社区和地方政府部（Ministry of Housing，Communities & Local Government）
		网站	https://www.gov.uk/government/organisations/ministry-of-housing-communities-and-local-government
	地方一级		地方议会和规划管理部门。例如，大伦敦政府（The Greater London Authority，GLA）编制大伦敦空间发展战略，大伦敦地区的格林尼治自治市（Royal Borough of Greenwich）编制地方发展框架
相关认证制度情况			英国皇家规划师学会（RTPI）是欧洲规模最大的专业学会之一，也是英国规划学科教育的唯一皇家认证机构。其主要功能是参加议会院外活动，向政府提供政策建议，管理职业规划师队伍，制定职业规划师标准及审查颁发皇家规划师资格证书，制定规划师职业资格标准和教育标准及组织对职业规划教育认定工作，制定规划师职业道德准则及执行纪律等。皇家规划学会的资深会员（FRTPI）和会员（MRTPI）是英国认可的职业规划师，两者无论在政府部门工作，还是在私人机构工作都可以称为注册规划师
城乡规划与建设标准主要特点			以法律法规为基础，重视城乡规划的公共政策属性，国家层面规划具有标准的属性，各级政府和各类团体都很重视各领域的非强制标准/指引/指南编制。例如，国家规划政策框架、规划实践指南对城镇活力、乡村建设、可持续交通、通信保障、住房供应、设计、社区发展、绿带、自然环境保护、历史文化遗产保护等方面提供了战略性引导，不仅是编制《地方规划》和《邻里规划》的主要参考，也是审批规划开发申请的主要依据之一。又如，住房社区和地方政府部2019年发布的《国家设计指南：美丽包容成功场所的规划实践指南》充分衔接落实国家规划政策框架，明确了精心设计场所的特征，供所有参与场所塑造的人员制定计划和决策

资料来源：中国城市规划设计研究院

4. 荷兰

主要事项			具体内容
法律法规体系情况			新《环境和规划法》于2021年1月1日生效，旨在实现多法合一、多规合一、多证合一，形成国家、省、市三级体系
规划编制体系简介			国家、省和市各自编制《结构愿景》(Structure Vision)，该规划为宏观规划且非法定规划，内容包括空间开发的总体设想，它对编制一级政府有约束力同时对下一级政府有指导功能；市级政府编制荷兰唯一的法定规划：《土地利用规划》，其内容包括规划图、土地用途规划说明书和对于规划用途的解释，该规划在符合国家规划的前提下可由市地方政府议会直接审批生效；如果国家和省规划与市规划发生冲突，国家和省政府有权对特定范围的地块使用《强制性土地利用规划》，在该规划的范围内市级政府的《土地利用规划》将失去法律效力
规划管理实施情况			2008年改革后荷兰中央政府不再拥有对下级规划的审批权，各级政府可以独立编制和实施规划，只要符合国家空间规划战略总体方针并通过地方议会审批即可。但同时，中央政府和省级政府保留了部分干预权，并拥有"介入性用地规划"这个新型工具，可以针对特定地区直接编制整合规划，并取代原有的地方政府编制的规划成为该地区空间上唯一的法定规划
主管部门	国家一级	名称	荷兰基础设施与水管理部负责国家层面基础设施、水管理、环境、三角洲规划等规划相关事务，内政与领土关系部承担空间规划职能
		网站	https://www.government.nl/ministries/ministry-of-infrastructure-and-water-management； https://www.government.nl/ministries/ministry-of-the-interior-and-kingdom-relations
	地方一级		省议会，省执行委员会
相关认证制度情况			荷兰统一各类准建证：将与空间和准建证、环境许可证、排污证等多种证件合并为一
空间规划标准体系主要特点			荷兰的空间规划法律、法规和其相关的技术标准分别包含在各个法案（ACT）、法令（Decree）、行政指令（Administrative Orders）、规范（Regulations）等内容中，分为三个层级，第一层级由一部核心法案《环境和规划法》以及一些补充专项法，比如土地期限、土壤、自然以及声音方面的专项法案；第二层级由一系列一般行政指令（AMVB）构成主体部分，包括环境、环境质量、活动以及建设为主题的法令，同时辅以相关领域法律框架下的补充指令；第三层级是一系列关于环境和空间规划领域的规范组成，这一层级的规范和条例，对第一层级的法律法规进行了更详细的阐述，并提供了更加精细化的标准。在荷兰的空间规划标准体系中，规划的管理、监督、实施和运行规范准则占有重要地位

资料来源：中国城市规划设计研究院

5. 法国

主要事项			具体内容
法律法规体系情况			法国城市规划法规体系由国家、区域（含大区和跨大区）和地方（含市镇和跨市镇）三个层面的城市规划法律法规以及与城市规划相关的其他法律法规所组成。具体就城市规划法律法规而言，国家层面的法律法规主要包括《城市规划法典》中由法律、法规和政令规定的城市规划基本原则和基本规定，以及针对山地和沿海地区的特殊规定；区域层面的法律法规主要包括大区的和跨大区的区域性城市规划文件，即"国土规划整治指令"和具有相同效力的"指导纲要"；地方层面的法律法规主要包括市镇的和跨市镇的地方性城市规划文件，即"国土协调纲要""地方城市规划"和"市镇地图"
规划编制体系简介			跨越市镇行政边界、以战略展望为目的的展望性城市规划文件，包括"国土规划整治指令""指导纲要"和"国土协调纲要"；局限于市镇行政区划和以某个市镇为中心的特定地域、以规划管理为目的的规范性城市规划文件，包括"地方城市规划"和"市镇地图"；以及局限于市镇内部的特定地域、以实施建设为目的的修建性城市规划文件，包括"协议开发区规划""历史保护区保护和利用规划"等
规划管理实施情况			中央政府主要负责制定与城市规划相关的法律法规和方针政策，对地方城市规划行政管理实施监督检查，通过向地方派驻技术服务机构参与编制和实施城市规划。对尚未编制"土地利用规划"的市镇发放土地利用许可证书等。大区地方政府主要负责编制和实施区域性的国土整治规划。省级地方政府主要负责编制辖区内的农业用地整治规划和向公众开放的自然空间的规划。市镇地方政府主要负责直接或间接组织编制当地的主要城市规划文件（如"指导纲要"和"土地利用规划"）。在审批通过"土地利用规划"的前提下发放土地利用许可证书，以及参与辖区内的修建性城市规划和土地开发活动
主管部门	国家一级	名称	领土凝聚力和地方政府关系部下属的城市事务与住房部
		网站	https://www.cohesion-territoires.gouv.fr
	地方一级		市镇联合体层面为市镇合作公共机构。市镇层面为技术服务总局下设城市规划处，或城市发展总局下设若干城市规划部门，如规划研究处、规划整治处、土地法规处等
相关认证制度情况			法国现行城市规划师认证制度始于1990年代末，申请条件比较严苛，需要拥有高等学历或工作经验，并且至少满足八项要求中的三项。由于申请门槛高，加之城市规划师认证并不能帮助从业人员在获取项目或提高收入等方面获得优势，法国从事城市规划及相关行业的群体中，仅有少数人取得了城市规划师认证
城乡规划与建设标准主要特点			法国各级城乡规划一经批准即具备法律效力，因此法国的城乡规划文件呈现了规划标准的特点，上层级的规划文件同时也是下层级规划文件编制的依据，下层级规划有很大的编制自由度，但同时又必须符合上层级规划的要求

资料来源：中国城市规划设计研究院

6. 日本

主要事项			具体内容
法律法规体系情况			日本现行城乡规划法律法规体系主要由三大部分组成，一是与国土规划和区域规划相关的法律，以《国土综合开发法》(《国土形成规划法》)为核心；二是土地利用规划相关的法律，以《土地利用规划法》为核心；三是《城市规划法》及其所涉及内容的延伸或细化的法律
规划编制体系简介			日本规划编制体系属于网络型，空间规划、土地利用规划和城市规划既有纵向的承接关系，也有横向的并列关系。规划的运行体系与三级政府架构（中央政府、都道府县政府、市町村政府）相对应。国家规划包括全国国土空间规划和土地利用规划；都道府县空间规划包括土地利用计划和城市总体规划；市町村规划作为都道府县规划的实施手段，与上层规划一脉相承，包括土地利用规划和城市规划
规划管理实施情况			全国层面的国土形成规划和国土利用规划由国土交通大臣编制，听取国土审议会、都道府县知事和公众的意见进行修改，最终由内阁会议决定；区域层面的广域地方规划可由国土交通大臣决定通过。地方规划，由都道府县向国土交通大臣报告，大臣向国土审议会咨询，必要时其有建议或劝告的权力[134]。 为确保规划的协调作用，各级各类空间规划均成立由不同部门、层级和类型人员组成的审议会，负责有关规划研究、咨询、审议和建议等事项，如各级国土审议会、地方城市规划审议会等。以福冈市为例，城市规划审议会根据《地方自治法》设置，就市长有关城市规划咨询事项开展调查研究和审议工作，对市町村及都道府县决定的城市规划内容提出审议意见，并可向有关行政机构提出建议。审议会由专家学者、本市议会议员、上级政府机构职员和市民代表组成[135]
主管部门	国家一级	名称	国土交通省（负责编制国家层面的国土形成规划、国土利用规划和区域层面的广域地方规划）
		网站	http://www.mlit.go.jp/
	地方一级		广域地方规划协议会（由驻地方的国家机关和地方政府组成）对广域地方规划方案进行讨论修改，协调规划的各项事务。都道府县和市町村的规划管理机构主要是地方规划部门和各领域主管部门负责[134]
相关认证制度情况			日本能够取得国家认定的"建设咨询机构（Construction Consultant）"资质的城市规划设计事务所或城市规划咨询机构，其法人代表中必须有通过国家统一考核取得了"建设咨询·城市与区域规划部门技术士"资格的成员[136]
城乡规划与建设标准主要特点			日本围绕紧凑开发、老年人和儿童友好、防灾减灾等目标进行各类指南的制定，引导国土空间开发建设活动，主要可划分为城市发展、景观、公共设施、交通设施、防灾设施等几类，指南主要包括条例说明、案例和指引性的内容

资料来源：中国城市规划设计研究院

7. 新加坡

主要事项			具体内容
法律法规体系情况			新加坡的规划法规体系包括三个部分,规划法由议会颁布,是城市规划法规体系的核心,为城市规划及其行政体系提供法律依据。从属法规由政府主管部门(国家发展部)制定,作为规划法的实施细则,主要是编制发展规划和实施开发控制的规则和程序。除此之外,专项法是对于城市规划有重要影响的特定事件的立法
规划编制体系简介			新加坡规划系统分为三级:第一级为概念规划(Concept Plan),主要在形态结构、空间布局和基础设施体系中起示意性作用,并不作为法定规划;第二级为总体规划(Master Plan),主要制定土地使用的管制措施,包括用途区划和开发强度,以及基础设施和其他公共建设的预留用地;第三级为开发指导规划(Development Guide Plan,DGP)。开发指导规划类似我国的详规,制定分区用途区划、交通组织、环境改善、步行和开敞空间体系、历史保护和旧区改造等方面的开发指导细则
规划管理实施情况			新加坡城市建设管理分为开发管制和建筑管制两个层面来进行,从宏观的土地使用和布局,到微观的建筑设计、建筑安全、建筑施工以及维护都有一整套完善的管理过程。新加坡建立了较完善的规划管理和技术法规体系,管理具有高透明度和公开性。市区重建局的发展管制署和公共工程局的建筑管制署分别负责发展管制和建筑管制[136]
主管部门	国家一级	名称	国家发展部,及其下属的市区重建局(Urban Redevelopment Authority,URA)
		网站	国家发展部:https://www.mnd.gov.sg/ 市区重建局:https://www.ura.gov.sg/Corporate/
	地方一级		—
相关认证制度情况			新加坡规划学会(SIP)是关于规划人员水平认证的机构,由城市规划师和专业人员组成。需要有专业规划协会认可的学位、工作经验和通过认证考试才可以成为正式成员。 专业工程师理事会(PEB)是新加坡认证专业工程师的机构。成为PEB注册专业工程师需要拥有PEB认证学校的相关学位或技术能力、从业经验,以及通过面试或考试
城乡规划与建设标准主要特点			规划城乡规划与建设标准体系包括:用途分类的规划条例和开发控制管理通则。随着城市发展,城乡规划标准的发展从基础保障到完善提升,再到高品质服务,形成了应对新加坡产权体系特点,刚性与弹性角度结合的规则体系。由于殖民时期英国对东南亚地区的遗留影响,新加坡的城乡规划标准受英国标准影响较大

资料来源:中国城市规划设计研究院

附录2 "一带一路"沿线国家城乡规划与建设标准体系一览表

1. 蒙古

主要事项	具体内容
法律法规体系情况	法律法规体系尚不健全
规划编制体系简介	城乡规划编制体系尚不健全
规划管理实施情况	城市规划的主要管理机构是建设和城市发展部。负责编制城市规划法律框架，包括城市规划开发、土地管理和建设；批准首都乌兰巴托的城市规划等

主管部门	国家一级	名称	建筑与城市建设部
		网站	http://mcud.gov.mn/
	地方一级		市政府

主要事项	具体内容
相关认证制度情况	城市建设尚未统一认证标准，主要城市建筑、市政工程多为国外援建工程，普遍采用援建国家自身建设标准
城乡规划与建设标准主要特点	蒙古城乡规划与建设标准基本运用苏联的标准，乌兰巴托城市规划改善由日本扶贫基金会资助，中国援助建设的工程基本采用我国标准。由于城市规划职能的分割，蒙古现有的城市规划技术能力和体制使得城市总体规划难以有效实施，并且不适应城市快速发展的城市发展要求。城市规划、土地管理过程和法律框架之间的联系薄弱，缺乏与城市直接相关的主要参与者的综合协议、批准机制和信息共享
中国城乡规划与建设标准在当地的适用性评估	蒙古相关法律制度不健全，部分领域存在政策壁垒。两国管理制度、建设模式、工程技术存在差异，工程标准本身内容及体系不同标准化体系不统一，对接不畅

资料来源：内蒙古城市规划市政设计研究院

2. 俄罗斯

主要事项	具体内容
法律法规体系情况	主干法为2004年出台的《俄罗斯联邦城市规划法》，相关法律法规还有《俄罗斯联邦土地法》《俄罗斯联邦民族文化遗产（历史文化遗迹）法》《联邦设计活动法》等，主要规划法规为《俄罗斯联邦城市规划实施条例》
规划编制体系简介	区域规划、城市总体规划、城市设计、专项规划
规划管理实施情况	城市规划与管理实施是市政府的重要职责，城市必设1名副市长主管城市规划与规划管理；必设1名总建筑师协助市长进行城市的规划与管理工作

续表

主要事项			具体内容
主管部门	国家一级	名称	俄罗斯建设和住房公用事业部（Министерствостроительстваижилищно-коммунального хозяйства РоссийскойФедерации）
		网站	https://minstroyrf.gov.ru/
	地方一级		—
	相关认证制度情况		《俄罗斯联邦建筑法》对外国公民与法人在俄罗斯从事建筑活动并无特别的限制，在第10条规定，如俄罗斯联邦参与相关国际公约对此有规定，则俄罗斯联邦对外国公民与法人在俄罗斯从事建筑活动与本国公民同等对待。俄罗斯不允许自然人承包工程，而私商需获得相关资质，且需要有一定数量的正式在编人员具备相关专业高等学历。在俄罗斯承包工程均实行公开招标制度。外国公司参与当地相应工程承包前，必须加入俄罗斯相关建筑行业自律机构（协会）
	城乡规划与建设标准主要特点		2004年《俄罗斯联邦城市规划法》彻底改变了传统的城市规划体系。制定城市总体规划的权利由国家移交给地方政府。当前城市规划的主要任务是为新土地所有者的利益提供服务。未来建设和城市发展部的重点任务是恢复控制公共空间发展和交通基础设施建设，并在新的社会和经济背景下恢复城市规划的理论和方法，城市规划将更加注重公众参与、信息化管理、历史文化保护、对自然资源的合理利用与保护
	中国城乡规划与建设标准在当地的适用性评估		标准体系较为相似，可以相互学习借鉴

资料来源：内蒙古城市规划市政设计研究院

3. 白俄罗斯共和国

主要事项			具体内容
	法律法规体系情况		《白俄罗斯共和国国家城市政策（2016—2020）》《土地法（1999年）》《水法（1998年）》《森林法（2000年）》《环境保护法（1995年）》《地下资源法（1997年）》等
	规划编制体系简介		—
	规划管理实施情况		需要做环境评估，有较为完善的管理机制，审批流程繁琐
主管部门	国家一级	名称	建筑和建设部，下设城市规划设计和科技创新管理总局
		网站	https://www.mas.gov.by
	地方一级		—
	相关认证制度情况		白俄罗斯对外国公司承包当地工程有比较严格的规定。首先要申请到当地的资质证书，申请时间少则3月，多则1年。取得资质后方可组建当地公司，任命法人、总会计师和总工程师。施工前需要办理施工许可，施工图纸的审核设计一系列的国家机构。根据白俄罗斯投资法，没有总统特令，不允许外资进入国防和国家安全领域。招标方式基本和中国国内相同，先是技术标、而后是商务标，包括公开招标和议标两种方式

续表

主要事项	具体内容
城乡规划与建设标准主要特点	白俄罗斯城乡规划与建设标准主要采用以苏联的标准为基础的俄罗斯标准，近年来为满足出口欧洲市场需求，一些技术领域采用欧洲技术标准，现状欧洲标准和白俄罗斯标准共同存在
中国城乡规划与建设标准在当地的适用性评估	随着中白两国经贸往来日益密切、合作领域逐渐扩大、程度不断加深，在"一带一路"沿线的"明珠项目"和"样板工程"——中白工业园的引领示范下，中国城乡规划与建设标准在当地应用具有较大潜力，但仍面临发展阶段、国情社会、管理制度、建设环境、语言文字等存在差异的困难，适应性需要加强

资料来源：内蒙古城市规划市政设计研究院

4. 乌克兰

主要事项			具体内容
法律法规体系情况			《乌克兰经济社会发展预测和规划法》《乌克兰促进地区发展法》《乌克兰工业园法》《城市建筑规划管理法》《标准化法》等
规划编制体系简介			—
规划管理实施情况			—
主管部门	国家一级	名称	乌克兰地区发展、建设和公共住宅事业部
		网站	https://www.minagro.gov.ua
	地方一级		—
相关认证制度情况			乌克兰标准化工作由乌克兰标准化、认证和质量科研中心（НИУЦ）负责，其职责之一是组织和协调对国家标准、代码的制定、实施、验证、重审、取消和重建工作
城乡规划与建设标准主要特点			目前乌克兰国家工程建设标准大多为建筑领域的标准，城乡规划领域仅有《城市建设——城市、农村居民区规划与建设》，城乡规划领域的标准体系还有待继续完善
中国城乡规划与建设标准在当地的适用性评估			我国标准在乌克兰的应用将有巨大的潜力和市场，但也面临管理制度、建设环境、语言文字等存在差异的困难，在当地的适应性需要加强

资料来源：内蒙古城市规划市政设计研究院

5. 摩尔多瓦

主要事项	具体内容
法律法规体系情况	Urban and Construction Code，是摩尔多瓦城市规划建设核心法律法规
规划编制体系简介	国家区域发展规划，区域发展规划，片区发展规划和当地区域的发展规划
规划管理实施情况	—

续表

主要事项			具体内容
主管部门	国家一级	名称	Ministry of Regional Development and Construction or Republic of Moldova建设和国土发展总局负责
		网站	—
	地方一级		City Council地区政府
相关认证制度情况			—
城乡规划与建设标准主要特点			受俄罗斯影响较大,且目前正在寻求加入欧盟,对欧盟标准认可度高
中国城乡规划与建设标准在当地的适用性评估			摩尔多瓦基础设施比较落后,中国城乡规划与建设标准在当地应用具有一定潜力。但是在加入欧盟的国家战略下,摩尔多瓦多数工程项目的资金来源于欧洲金融机构,项目实施也大多倾向于同欧洲企业合作,对欧盟标准认可度高,中国城乡规划与建设标准在当地推广应用较为困难

资料来源:内蒙古城市规划市政设计研究院

6. 格鲁吉亚

主要事项			具体内容
法律法规体系情况			国家层面法规:《格鲁吉亚空间安排法和城市建设依据》
规划编制体系简介			《格鲁吉亚空间安排法和城市建设依据》对格鲁吉亚城乡规划的等级和类型进行了明确规定:最高层级规划为国家层面的领土空间总体方案,阿布哈兹和阿扎尔自治共和国两个自治共和国独立编制各自治共和国的领土空间总体方案。中层级规划为市政区域空间发展计划,是国家规划和安置规划之间的中间级别。下层级规划为定居点(市、镇、村)的城市规划文件,该层级规划又分为土地利用总体规划及发展监管计划,直接指导城市的开发建设
规划管理实施情况			第比利斯是格鲁吉亚的首都,《第比利斯市领土使用和发展条例规则》内容基本代表了格鲁吉亚规划管理实施依据的基本特征。第比利斯以城市土地利用总体规划为依据,对重点建设的特定区域编制发展监管计划,发展监管计划作为规划管理和施工许可的决策依据以图、文、指标结合的方式,在满足标准要求的基础上,对各规划单位(地块)的空间发展条件(面积、体量、工程技术、配套设施等)提出控制要求
主管部门	国家一级	名称	经济与可持续发展部,空间规划和建设政策司、城市政策司
		网站	http://www.economy.ge/
	地方一级		例如,第比利斯市政厅 http://www.tbilisi.gov.ge/?lang=en
相关认证制度情况			—
城乡规划与建设标准主要特点			有较为独立的城乡规划与建设标准体系
中国城乡规划与建设标准在当地的适用性评估			由于格鲁吉亚对中国标准缺乏了解、两国相关标准规定不一致、具体指标统计口径存在差异、标准语言文字不同等原因,中国城乡规划与建设标准在当地的应用较为困难,适用性有待提升,需要通过提供英文版标准文件、加强标准宣传、加深标准对比研究学习等方式,推广中国城乡规划与建设标准

资料来源:青岛市城市规划设计研究院

7．亚美尼亚

主要事项		具体内容
法律法规体系情况		—
规划编制体系简介		—
规划管理实施情况		根据亚美尼亚共和国法律（1998年5月26日第ZR-217号），项目从设计到施工完成主要经历以下过程：空间规划文件—建筑设计任务—建筑设计—施工许可证—建设完工证—开采许可证
主管部门	国家一级	城市发展改革委员会
	地方一级	例如，埃里温市建筑和城市发展部
相关认证制度情况		政府委托本土设计院（固定委托的技术审查机构）进行技术审查，主要审查项目的技术细节问题
城乡规划与建设标准主要特点		亚美尼亚城乡规划规范体系主要沿用苏联城市规划标准体系，并结合本国实际情况对标准内容进行局部修正。规范标准体系架构较为简单，分为两大部分，一是城乡规划规范标准，二是建筑规范标准，共28项。其中：城乡规划规范1项，即《城市发展：城乡规划和建设规范（30-01-2014）》，该规范沿用俄罗斯规范《SNiP 2.07.01-89 "城市规划，城乡居民点的规划和发展"》，对亚美尼亚城乡建设起全面指导作用，涵盖规划术语、城市总体布局、公共设施、居住区、工业区、交通、市政、景观、制造、工程防护等多项专业规划内容，但以上专业规划内容并未形成独立规范
中国城乡规划与建设标准在当地的适用性评估		中亚两国规范标准体系具有相似性，但也面临管理制度、建设环境、语言文字等存在差异的困难，在当地的适应性需要加强

资料来源：青岛市城市规划设计研究院

8．阿塞拜疆

主要事项	具体内容
法律法规体系情况	法律法规体系包含法律、总统的法令和命令、部长内阁的法令和命令、规范性文件。规范性文件分为AZDTN、AZS、MCⅡ、MCH、ГОСТ等四类。城市规划相关法律有《阿塞拜疆共和国规划和建筑法》
规划编制体系简介	规划编制体系主要包含区域规划、总体规划、详细规划。 1. 区域规划是以经济区为基本单元，主要编制内容为用地规划、生态规划、社会基础设施规划（公共服务设施）、交通设施规划、市政设施规划等，并提供各类建设用地和非建设用地的指标（经济技术指标）、总人口及分类指标、生态用地指标、社会基础设施指标、交通设施指标、市政设施指标。 2. 城市总体规划的主要内容包含用地使用现状和规划、公共设施规划、绿地规划、道路系统和设施规划、市政设施规划、环卫设施规划、水系规划、工程设施规划、生态系统规划等。同时，以指标的形式规定城市发展目标，包含各类建设用地和非建设用地的指标（经济技术指标）、总人口及分类指标、生态用地指标、社会基础设施指标、交通设施指标、市政设施指标。 3. 详细规划的规划范围一般为城市分区尺度。以巴库中部详细规划为例，规划范围为15平方公里，规划精度为1:2000

续表

主要事项			具体内容
规划管理实施情况			—
主管部门	国家一级	名称	国家规划和建筑委员会
		网站	http://www.arxkom.gov.az/27/AzDTN.html
	地方一级		地方的规划和建筑委员会
相关认证制度情况			阿塞拜疆总统令《批准在阿塞拜疆共和国境内承认和适用国际（区域）和州际标准，规范，规则和建议的规则》
城乡规划与建设标准主要特点			根据国家规划和建筑委员会提供的《规范城市规划活动的基本规范性文件清单》，内有114个规范。受俄罗斯的标准的影响较大
中国城乡规划与建设标准在当地的适用性评估			根据法律规定，阿塞拜疆共和国加入的国际条约有规定的情况下，阿塞拜疆共和国境内适用外国或国际组织的规范和标准。但目前，中方在阿塞拜疆的规划项目较少，存在两国标准相关规定不一致、具体指标统计口径存在差异、标准语言文字不同等原因，中国城乡规划与建设标准在当地的应用较为困难，适用性有待提升

资料来源：青岛市城市规划设计研究院

9．伊朗

主要事项			具体内容
法律法规体系情况			《第十二类合约》是专门用于指导城市发展规划编制的正式纲领文件，其中包含多个章节，具体规定了规划编制的全套程序
规划编制体系简介			伊朗的城乡规划层级体系可分为四个级别：国家层级、地区层级、亚地区层级和地方层级，每一个级别的规划体系中都包含一系列规划内容
规划管理实施情况			城市管理模式为委员会管理制
主管部门	国家一级	名称	道路与城市发展部。城乡规划标准的制定工作由道路与城市发展部下属的住房与建设司国家建设规范管理局负责
		网站	http://www.mrud.ir
	地方一级		地方一级的主管部门为城市管委会，不同城市的管委会委员人数根据该市人口比例确定
相关认证制度情况			伊朗建筑师和规划师协会（Society of Iranian Architects & Planners）是根据《内部税收法典》成立的非盈利性组织
城乡规划与建设标准主要特点			伊朗原为英国殖民地，因此其城乡规划标准受英国影响较大。自1980年代以来，伊朗陆续出台多项城乡规划的标准规程，包括总体规划编制、城市发展规划区划、住房密度及城市土地利用、土地基础设施配套、城镇及项目选址、城市公共空间和城市服务设置等，还出台指导建设的国家建筑规范
中国城乡规划与建设标准在当地的适用性评估			伊朗的法律和中国法律法规（如招标法、劳动法等）表述接近，中国标准应用具有一定的适用性，但仍有待进一步提升

资料来源：中国建筑设计研究院有限公司

10. 卡塔尔

主要事项			具体内容
法律法规体系情况			卡塔尔国家规划和城市规划的尺度基本重叠，城市规划相关法律以多哈为代表，涉及内容包括市政、建筑等
规划编制体系简介			卡塔尔的城乡规划体系包括国家愿景规划、国家发展战略、中期发展评估和部门战略。在此基础上，卡塔尔还形成了完整的建筑设计管控措施
规划管理实施情况			国家规划编制（国家愿景规划、国家发展战略、中期发展评估）由卡塔尔市政府和环境部组织编制，由发展计划和统计部负责协调。部门战略由国家下属的各部委组织编制。城市建设管理以市政和环境部为依托，联合其他相关部委和部门，建立了建设项目审批系统（Building Permit System）
主管部门	国家一级	名称	市政和环境部（Ministry of Municipality and Environment，MME）
		网站	http://www.mme.gov.qa
	地方一级		市政和环境部下属的 多哈市（Doha Municipality）技术事务部（Technical Affairs Dept）
相关认证制度情况			多哈的新建筑需经过相关市政、开发部门以及水电和民防等服务机构的审批方可获得建筑许可证，竣工证书同样需确保满足所有章程
城乡规划与建设标准主要特点			卡塔尔的标准制定工作由市政和环境部下属的卡塔尔建筑规范委员会负责组织，由其下属的卡塔尔建筑章程起草和发展技术委员编制。卡塔尔作为海湾标准化组织（GSO）成员国，还参与制定海湾标准。在英国标准的基础上，卡塔尔根据自身的实际特征，制定《卡塔尔建筑章程Qatar Construction Specifications》（QCS），现行章程（QCS2014）已经是第五次修订版本，由120多位顾问和专家根据1,200多个国家和地区参考资料，综合考虑美国、欧洲、亚洲和澳大利亚的当地环境标准进行编制
中国城乡规划与建设标准在当地的适用性评估			卡塔尔城乡规划与建设标准以英美标准和技术规范主导，以此为基础逐步形成自身的国家化标准。近年来，中卡双边经贸合作成效显著，中国已成为卡塔尔主要贸易伙伴和第二大进口来源国，中国企业积极参与了卡港口、机场和世界杯足球赛场馆等重大基础设施建设。但受制度、技术和实际运作的影响，中国城乡规划与建设标准在当地的应用难度较大，适用性有待提升

资料来源：中国建筑设计研究院有限公司

11．科威特

主要事项			具体内容
法律法规体系情况			科威特现有住房、商业、市政等相关法案，城乡规划领域未形成专门的法律法规
规划编制体系简介			科威特是阿拉伯湾制订城市规划（KMP）的第一批国家之一，迄今为止已经编制第三版规划。此外，还有面向长期的《科威特国家发展规划》、面向近期的五年发展规划和面向实施的年度计划
规划管理实施情况			《科威特第三个总体规划初审》指导住房、商业和休闲空间、交通运输及公共事业等各项城市建设，公共住房福利管理局（PAHW）乡镇发展计划指导乡镇建设
主管部门	国家一级	名称	城市规划与城市建设的主管部门为规划发展部。城乡规划标准的制定由科威特国家建筑规范委员会（NCOBC）负责
		网站	—
	地方一级		各省直接隶属于中央政府，未设地方一级的规划管理机构
相关认证制度情况			科威特的标准制定工作由科威特国家建筑规范委员会（NCOBC）负责，参与海湾标准化组织（GSO）的相关工作。科威特作为海湾标准化组织（GSO）成员国，还参与制定海湾标准
城乡规划与建设标准主要特点			主要应用海湾标准化组织制定或认证的标准，以国际标准、欧洲标准和美国标准为主
中国城乡规划与建设标准在当地的适用性评估			科威特市场竞争激烈，各项标准参照欧美国家，欧美标准已获得了先占优势。"科威特2035愿景"与"一带一路"倡议对接，中国城乡规划与建设标准在当地应用存在机遇。从20世纪70年代末，中国企业就开始进入科威特承包工程市场，有一定的经验基础。我国拥有大规模快速建设的成功实践，符合科威特北部地区近期建设需求

资料来源：中国建筑设计研究院有限公司

12．伊拉克

主要事项			具体内容
法律法规体系情况			现行法律法规体系不完善，相关法律法规体系大部分处于草案阶段，有待正式发布。联合国人居署结合其在伊拉克的实际建设项目，牵头编制了部分与城乡规划相关的法规章程，包括《市政和公共工程部的法律法规》（The laws and regulations of the Ministry of Municipalities and Public Works）、库尔德地区（Kurdistan Region of Iraq）的建筑标准和指南，库尔德地区的楼宇建设控制制度（Building Control Regime in KRI）
规划编制体系简介			城乡规划编制工作由联合国人居署主导，现行规划包括国家发展规划（2018—2022）、伊拉克国家行动方案和伊拉克地区发展计划，以战后重建和社会民生发展为主，相关的经费来源于国际资助
规划管理实施情况			当前重大的建设项目由联合国人居署负责牵头实施
主管部门	国家一级	名称	城市规划与城市建设的主管部门为规划部（Ministry of Planning）城乡规划标准的制定由标准化和质量控制中心组织负责
		网站	http://www.mop.gov.iq
	地方一级		伊拉克地方的建设项目目前由联合国人居署主导

续表

主要事项	具体内容
相关认证制度情况	根据承包工程的种类，需由伊拉克有关政府部门申批。比如，住宅项目需由住房和建设部审批。伊拉克不允许自然人在当地承揽工程承包项目
城乡规划与建设标准主要特点	现行城乡规划建设标准包括英国标准、美国标准、阿拉伯联盟标准、地方规范（如KRI的建筑实践标准和条例），以及联合国人居署的楼宇建设控制制度等
中国城乡规划与建设标准在当地的适用性评估	伊拉克未来面临大量的重建工作，在联合国人居署的主导下，在伊项目资助方直接参与项目的技术审查，甚至直接参与规划建设，应用的建设标准与项目资助方有较大的直接相关性，中国城乡规划与建设标准在当地具有较大潜力，适用性有待提升

资料来源：中国建筑设计研究院有限公司

13. 沙特阿拉伯

主要事项	具体内容
法律法规体系情况	法律包括《地区法》（the Regions Act）、《市政法规》（the Municipalities Statute）、《建筑法》（the Building Act）；法规由城乡事务部公布，包括《编制和更新城市总体规划指南》《编制和更新区域规划指南》《编制和更新村庄规划指南》等
规划编制体系简介	四级城乡规划体系：国家空间战略（National Spatial Strategy）、区域规划（Regional Planning）、地方规划（Local Planning）、地方详细规划
规划管理实施情况	具有比较完善的管理机制和审批流程
主管部门 国家一级 名称	城乡事务部（Ministry of Municipal and Rural Affairs）
主管部门 国家一级 网站	https://www.momra.gov.sa/
主管部门 地方一级	Amanah是负责各个地区城乡规划制定和实施的机构
相关认证制度情况	由城乡事务部建立统一的评估标准，依据财务、技术、管理、运营四个方面评估承包商的能力，对不同等级和不同学科的承包商进行认证和分类，并颁发分类证书
城乡规划与建设标准主要特点	沙特阿拉伯城乡规划的标准以英美标准为蓝本，由规范委员会编制颁布，城乡事务部公布，包括《编制和更新城市总体规划指南》《编制和更新区域规划指南》《编制和更新村庄规划指南》等，为制定当地的城乡规划提供了详细的指引。沙特阿拉伯优先使用本国标准，在没有本国标准的情况下，倾向使用欧洲或美国标准
中国城乡规划与建设标准在当地的适用性评估	目前我国在沙特阿拉伯的标准推广主要集中在产业园区和港口设计等领域，其他方面仍属空白。沙特阿拉伯作为中东区域最大的承包工程市场，标准高、竞争激烈，高度认可欧美标准和技术规范，有明显的追求高端化的价值取向，中国设备、材料、标准未被广泛接受。由于宗教、文化、习俗及气候和地理条件等差异，以及两国标准相关规定不一致、具体指标统计口径存在差异、标准语言文字不同等情况，中国城乡规划与建设标准在当地适用性有待提升

资料来源：中国建筑设计院城镇规划设计研究院

14．阿联酋

主要事项			具体内容
法律法规体系情况			阿联酋尚无城市规划相关法律，但发布了相关技术标准，以及各个酋长国制定的标准文件。例如，阿联酋发布了《绿色建筑指引》《可持续发展手册（服务于国家政府大楼及发展计划偏远的定居点）》《无障碍建筑和设施条例》，阿布扎比发布了《城市街道设计手册》《社区规划》《阿布扎比社区设施规划标准》《公共走廊设计手册》《阿布扎比清真寺发展条例》《沿海开发指南》等，迪拜发布了《社区设施标准》《功能变更需要满足的标准》等
规划编制体系简介			规划体系是2级，包括阿拉伯联合酋长国土地利用总体规划框架和各酋长国的专项规划
规划管理实施情况			阿布扎比有比较完善的管理机制，包括珍珠评级系统；其他联邦国不系统
主管部门	国家一级	名称	基础设施发展部
		网站	http://www.moid.gov.ae
	地方一级		阿布扎比的城市规划委员会、迪拜市政局、沙迦规划研究部、阿吉曼市政和规划部门、乌姆盖万市政厅、拉斯海马市政厅、富查伊拉市政厅
相关认证制度情况			目前阿联酋没有国家统一的行业认证
城乡规划与建设标准主要特点			阿联酋并没有全国统一的城乡规划标准，各酋长国相对独立，城乡规划标准较为系统的为阿布扎比，受欧美城乡规划标准的影响较大。阿布扎比随着城市规划委员会（UPC）的成立，明确了城市规划的标准准则，并推出了完整可持续的（CSC）倡议，一套综合的政策、法规和手册，包括《阿布扎比Al Bateen滨水空间设计指南》《阿布扎比安全规划手册》《阿布扎比城市街道设计手册》《阿布扎比公用地设计手册》《阿布扎比开放空间框架》《阿布扎比社区设施的规划标准》《阿布扎比沿海开发指南》《珍珠评级系统》等
中国城乡规划与建设标准在当地的适用性评估			对欧美城乡规划标准认可度较高，对中方城乡规划标准的需求不大。中国城乡规划与建设标准适用性较强的领域主要在中方投资的产业园区或港口建设的规划中。我国城乡规划与建设标准在当地的适用性有待提升

资料来源：中国建筑设计院城镇规划设计研究院

15．阿曼

主要事项			具体内容
法律法规体系情况			城市规划相关法律不完善，仅有《土地法》《土地使用法》《政府土地权利法》《土地登记法》等土地相关法律；法规由最高规划委员会制定
规划编制体系简介			四级城乡规划体系，分别为国家空间战略、区域规划、地方规划和地方详细规划
规划管理实施情况			基本形成"纵向分级、横向联动"的城乡规划管理体系
主管部门	国家一级	名称	最高规划委员会（Supreme Committee for Town Planning）
		网站	http://www.scp.gov.om
	地方一级		市政府

续表

主要事项	具体内容
相关认证制度情况	—
城乡规划与建设标准主要特点	阿曼的城乡规划标准受英国影响较大。阿曼最高规划委员会制定一系列城市规划指南，但对城乡规划约束性不强，在阿曼城市规划中并未发挥太大作用
中国城乡规划与建设标准在当地的适用性评估	中国城乡规划与建设标准仅限于中资建设项目，中外合资项目需要获得合作公司、地方政府的同意。未来阿曼城市基础设施建设潜力巨大，为中国城乡规划与建设标准以项目为载体的输出带来机遇，但受到语言、宗教、文化、习俗差异的影响，以及欧美标准在当地的认可度较高，中国城乡规划与建设标准在当地的适用性有待加强

资料来源：中国建筑设计院城镇规划设计研究院

16. 巴林

主要事项			具体内容
法律法规体系情况			主要有《城市规划法》（Urban Planing Law）、《区划建设管理条例（2009）》（Zoning Regulations for construction 2009）、《建筑环保法》《土地细分法综述》（Summary of Land Areas for Different Types of Zoning）等
规划编制体系简介			巴林规划等级体系不明显，现行规划主要包括《巴林土地利用战略2030（Bahrain National Land Use Strategy 2030）》《国家规划发展战略（National Planning Development Strategies Decree）》《国家建设项目总体规划》《Seef商业中心区管理法规（Commercial Core at Seef District Regulations）》等
规划管理实施情况			巴林建设总体规划（红线划定）现由市政与农业部管理，土地使用由司法部房地产注册局审批。具体项目由最终的使用或管理部门、机构提出立项，招标、施工过程由工程和住房部监理，建成后交付原始业主使用或管理
主管部门	国家一级	名称	市政与农业部，下设立城市规划与发展局（UPDA）
		网站	http://Websrv.municipality.gov.bh
	地方一级		结构规划局和村镇规划局
相关认证制度情况			—
城乡规划与建设标准主要特点			巴林对住宅区、公寓楼区、商业区、中心商业区、工业区、农业区，从建设强度、红线退让距离、建筑高度等方面进行了量化的规定
中国城乡规划与建设标准在当地的适用性评估			中国城乡规划与建设标准在当地应用较少，适用性有待提升

资料来源：中国建筑设计院城镇规划设计研究院

17．也门

主要事项			具体内容
法律法规体系情况			暂无城乡规划领域的国家标准和规范，在《也门土地转让法》中有部分关于土地性质认定及土地利用的描述
规划编制体系简介			尚未形成清晰的规划体系
规划管理实施情况			尚无专管城乡规划的部门，道路和公共工程部负责城乡建设层面相关事宜
主管部门	国家一级	名称	道路和公共工程部
		网站	http://www.mpwh-ye.net
	地方一级		—
相关认证制度情况			—
城乡规划与建设标准主要特点			尚无独立的城乡规划标准体系，英美标准和技术规范认可度较高
中国城乡规划与建设标准在当地的适用性评估			中国城乡规划与建设标准主要应用于中资项目的规划设计中，且多体现在施工和建设层面。中国城乡规划与建设标准在当地应用较少，适用性有待提升

资料来源：中国建筑设计院城镇规划设计研究院

18．以色列

主要事项	具体内容
法律法规体系情况	《规划和建筑法》
规划编制体系简介	自上而下的规划体系分成五个等级，包括全国规划大纲（National Outline ［Zoning］Plans）、区域规划大纲（District Outline Plans）、地方规划大纲（Local Outline Plans）、地方建设规划或详细规划（Local Construction Plan or Detailed Plan）、规划应用（Planning Applications），建立以法定的区划工具为核心的规范性框架，自上而下层层分解传导
规划管理实施情况	全国规划和建筑委员会成员是由以色列内务部指定的32位非民选专家组成；区域规划和建筑委员会成员是由内务部指定的17位非民选的专家、政府官员组成；地方规划和建筑委员会成员是由地方议会成员或议会的二级委员会成员构成；城市或议会工程师是由市长指定的非民选专家或区域议会指定的专家构成。 每一层级的规划由上级部门批复，以确保规划的职能分解和管理权限，自上而下的国家意志和地方执政意识。不同层级的管理主体对于不同层级的规划管理主要通过规划审批（Approval authorizations）和规划编制提请（Proposal authorizations）两个路径来实现：全国规划大纲由全国规划和建筑委员会提请编制，由内政部审批通过；地区规划大纲由地区规划和建筑委员会提请编制，由全国规划和建筑委员会批复执行；地方规划大纲由地方规划和建筑委员会提请编制，由区域规划和建筑委员会审批赋权；地方建设规划（详细规划）由城市或议会工程师负责编制，并由地方规划和建筑委员会负责审查批复；城市或议会工程师还负责审批通过规划具体应用项目要求

主要事项			具体内容
主管部门	国家一级	名称	以色列政府内务部下属的以色列规划局（Israeli Planning Administration，IPA）
		网站	http://www.moch.gov.il/English/Pages/HomePage.aspx
	地方一级		区域规划和建筑委员会（Regional Planning and Building Commission）、地方规划和建筑委员会（Local Planning and Building Commission）、城市或议会工程师（City or council engineer）
相关认证制度情况			—
城乡规划与建设标准主要特点			建立以《以色列规划指南》为核心，《规划建设、工程咨询项目可行性报告技术指南》等各类规划建设工程类技术指南为支撑的城乡规划与建设标准体系。城乡规划标准中分层级制定规划建设类规范，区域战略规划到建筑设计均有详细的标准要求和指导定价体系，技术指南与收费要求整合；重视基础设施类型及其配套内容的细化落实；受到英美规划标准影响较大
中国城乡规划与建设标准在当地的适用性评估			对英美规划标准认可度较高，中国城乡规划与建设标准在当地应用认可度和适用性均有待提升

资料来源：浙江省城乡规划设计研究院

19. 约旦

主要事项			具体内容
法律法规体系情况			《住房和城市发展法》
规划编制体系简介			三级规划体系，包括全国性空间规划或战略规划、分区域规划或城市总体规划、详细规划及专项规划
规划管理实施情况			没有比较完善的管理机制
主管部门	国家一级	名称	约旦住房和城市发展部
		网站	http://www.hudc.gov.jo/Default.aspx
	地方一级		各个城市住房和城市发展部门
相关认证制度情况			—
城乡规划与建设标准主要特点			规划类标准融合在建筑类标准中，受英美城乡规划标准体系的影响较大
中国城乡规划与建设标准在当地的适用性评估			对英美规划标准认可度较高，中国城乡规划与建设标准在当地应用认可度和适用性均有待提升

资料来源：浙江省城乡规划设计研究院

20. 黎巴嫩

主要事项			具体内容
法律法规体系情况			—
规划编制体系简介			规划编制体系纵向分为全国、城市或城市联盟两级层次,全国层面编制黎巴嫩国土空间总体实施规划,城市联盟组织编制各自所在地区或城市的综合性空间规划
规划管理实施情况			—
主管部门	国家一级	名称	国家城市规划总局(DGU)
		网站	http://investinlebanon.gov.lb/en/sectors_in_focus/information_technology
	地方一级		地方政府当局(城市政府及城市联盟)、城市规划高级委员会(HCUP)、发展与重建委员会(CDR)等
相关认证制度情况			—
城乡规划与建设标准主要特点			黎巴嫩标准学会是依法成立的唯一从事标准制修订工作及标准化相关事宜的公共技术机构,是国际标准化组织(ISO)的正式成员,颁布有助于公众健康,公共安全和环境保护的国家标准
中国城乡规划与建设标准在当地的适用性评估			中国规划和建筑企业在黎巴嫩的实践较少,城乡规划与建设标准在当地的适用性尚不清楚

资料来源:浙江省城乡规划设计研究院

21. 巴勒斯坦

主要事项			具体内容
法律法规体系情况			—
规划编制体系简介			—
规划管理实施情况			巴勒斯坦的大多数城市决策通过地方政府部(Ministry of Local Government)和内务部(Ministry of Interior),由中央政府控制,地方处理权限较小
主管部门	国家一级	名称	巴勒斯坦国中央政府(PA)
		网站	—
	地方一级		地方政府部(Ministry of Local Government)、内务部(Ministry of Interior)
相关认证制度情况			—
城乡规划与建设标准主要特点			巴勒斯坦国土范围内领土纷争较少的地区,基础设施、公共服务设施以自发性建设为主,缺乏标准化、稳定的规划实施计划,实施标准水平也参差不同
中国城乡规划与建设标准在当地的适用性评估			中国规划和建筑企业在巴勒斯坦缺少实践,城乡规划与建设标准在当地的适用性尚不清楚

资料来源:浙江省城乡规划设计研究院

22．土耳其

主要事项			具体内容
法律法规体系情况			例如，1956年发展与分区法《Development and Zoning Law》（第6785号）、1961年主要法《Main Law》、2014年空间计划法规《Regulation on Making Spatial Plans》等
规划编制体系简介			包括国家计划、区域计划、空间策略计划、环境订单计划、总体发展计划、实施计划等类型
规划管理实施情况			上层计划的决策指导下层计划，在土地使用和建筑环境领域，发展当局以及所有利益相关者必须服从空间战略计划、环境秩序计划和总体计划的决定
主管部门	国家一级	名称	环境和城市规划部，Ministry of Environment and Urban Planning
		网站	https://csb.gov.tr/
	地方一级		—
相关认证制度情况			—
城乡规划与建设标准主要特点			规划分区具有标准属性，包括功能、密度和高度等要求，以满足宜居和可持续生活的目标
中国城乡规划与建设标准在当地的适用性评估			由于宗教、文化、习俗及气候和地理条件等差异，以及两国标准相关规定不一致、具体指标统计口径存在差异、标准语言文字不同等情况，中国城乡规划与建设标准在当地适用性不高

资料来源：江苏省城市规划设计研究院

23．叙利亚

主要事项			具体内容
法律法规体系情况			例如《投资法》《环境保护法》、城市重建法令——《10号法令（Law 10）》等
规划编制体系简介			—
规划管理实施情况			—
主管部门	国家一级	名称	公共工程和住房部Ministry of Public Works and Housing
		网站	http://mopwh.gov.sy/?lang=en
	地方一级		—
相关认证制度情况			—
城乡规划与建设标准主要特点			—
中国城乡规划与建设标准在当地的适用性评估			中国规划和建筑企业在当地缺少实践，城乡规划与建设标准适用性尚不清楚

资料来源：江苏省城市规划设计研究院

24. 希腊

主要事项			具体内容
法律法规体系情况			《国土和区域空间规划法》（L.2742/1999）、《城市规划法》（L.2508/1997）和《建筑法》（1577/1985，包括L.1772/1988和2831/2000补充条款）
规划编制体系简介			全国层面编制空间规划与可持续发展纲要，其中特别区域编制空间规划与可持续发展特别纲要；区域层面编制空间规划与可持续发展区域纲要；雅典和塞萨洛尼基编制总体规划纲要，其他城市编制城市总体规划；街区尺度编制控制线城市规划、实施和土地供应规划
规划管理实施情况			基于行政区—城镇二级地方政府结构，各层次规划审批部门相对明确。如空间规划与可持续发展纲要由国家议会审批，空间规划与可持续发展区域纲要由环境、能源和气候变化部审批，一般主要城市总体规划则由总统法令审批管理
主管部门	国家一级	名称	环境和能源部
		网站	http://www.ypeka.gr/
	地方一级		—
相关认证制度情况			—
城乡规划与建设标准主要特点			涵盖空间规划、创业培育、环境、建筑等方面，较为完善。同时，倾向使用欧盟的技术法规和标准
中国城乡规划与建设标准在当地的适用性评估			希腊已成为欧洲国家同中国开展互利合作和共建"一带一路"的典范，在《中国国家标准化管理委员会与希腊标准化组织合作协议》框架下，中希标准合作前景广阔。目前，中希城乡规划与建设领域合作主要集中在码头等基础设施建设，中国城乡规划与建设标准在当地应用仍较少，将具有巨大的潜力，但也面临管理制度、建设环境、语言文字等存在差异的困难，在当地的适应性需要加强

资料来源：江苏省城市规划设计研究院

25. 塞浦路斯

主要事项	具体内容
法律法规体系情况	法律有《城市规划与空间规划法》（1972—2016）《城市建设规划法》等；规章制度有《城市规划与空间规划条例（权利）》《城市规划与空间规划实施细则》《关于城市规划和空间规划的规定（应用程序和分层难民）》《城市规划与空间规划（补偿）条例》《城市规划和空间规划条例（与危险物质有关的大规模事故）》《城市规划和空间规划条例（城市规划委员会）》等
规划编制体系简介	空间规划包括发展计划、交通政策、环境方针。发展计划是指通过城市规划委员会在市政厅的技术支持下制定的发展计划（地方计划，区域计划）和政策声明来表达的。地方计划包括针对各种允许的开发类型，基础设施网络以及标准，允许的规模和开发强度的广泛规定；区域计划包括的政策措施和规定要比地方计划中所包含的内容更为详细，并且通常所涉及的地理区域要小于地方计划所指的地区；政策声明旨在确保每个地区或地区的发展潜力得到最佳利用，并保护农村环境

续表

主要事项			具体内容
规划管理实施情况			城市规划和住房部（ICT）是内政部下属的政府部门，是规划和控制发展的主要政策部门。其中新闻部负责城市和空间规划与研究；控制和执行发展计划的规定；协调，实施城市规划和遗产保护；安置流离失所者并执行国家的住房政策与各种发展问题。城市规划和发展计划执行部的主要任务是控制和指导发展，以实现已发表的地方计划，地区计划和宣言中所表达的发展计划的目标
主管部门	国家一级	名称	城市规划和住房部（ICT）
		网站	http://www.moi.gov.cy/moi/tph/tph.nsf/index_gr/index_gr?opendocument
	地方一级		各地方城市规划和住房部地区机构
相关认证制度情况			—
城乡规划与建设标准主要特点			总体目标是创造一个可持续的自然和结构化的环境，在此环境中，将实现公民生活的最佳条件
中国城乡规划与建设标准在当地的适用性评估			面临管理制度、建设环境、语言文字等存在差异的困难，中国城乡规划与建设标准在当地的适应性需要加强

资料来源：江苏省城市规划设计研究院

26. 埃及

主要事项			具体内容
法律法规体系情况			1996年第164号共和国法令，第164/1996号总统令，《建筑法》及其修正案《建筑法实施细则》等
规划编制体系简介			—
规划管理实施情况			中央层面，住房、公用事业和城市发展部（The Ministry of Housing, Utility, and Urban Development, MHUUD）在管理国家发展项目和住房和公用事业部门的规划决策中发挥着关键的作用，并监督新城市社区管理局、GOPP、国家住房和建筑研究中心、一般建筑和住房合作管理局和建筑技术检查机构等各种附属组织
主管部门	国家一级	名称	住房、公用事业和城市发展部（The Ministry of Housing, Utility, and Urban Development, MHUUD）
		网站	http://www.mhuc.gov.eg/
	地方一级		例如开罗清洁美化署等省级管理局
相关认证制度情况			—
城乡规划与建设标准主要特点			—
中国城乡规划与建设标准在当地的适用性评估			—

资料来源：江苏省城市规划设计研究院

27．印度

主要事项			具体内容
法律法规体系情况			有《第73和74次宪法修正案（1993）》（73rd & 74th Constitution Amendment Act, 1993），《土地征用恢复和重新安置法（2013）》（Land Acquisition Rehabilitation & Resettlement Act, 2013），《区域和城市规划和发展法（1985）》（Model Regional and Town Planning and Development Law, 1985），《市政法（2003）》（Model Municipal Law, 2003）等
规划编制体系简介			城市和区域规划系统分为两部分：核心区域规划（Core Area Planning）和专项及投资规划（Specific and Investment Planning）。 其中，核心区域规划由4个规划组成：一是具有远景和政策导向的远景规划；二是基于可持续发展的长期区域规划和地区规划，以期达到优化区域发展资源的目的；三是针对城市和城郊地区制定的发展规划；四是基于发展规划的框架内容，制订短期滚动实施的本地规划。 专项及投资规划由三个部分组成：一是基于发展规划的框架内容，针对特殊地区制订滚动实施的专项规划；二是在发展规划或地区规划的框架内容之下，基于本地的实际情况和财政资源需求制订的年度规划；三是侧重于项目实施的工程研究
规划管理实施情况			目前形成了从邦政府、区域发展机构、市政当局、大都市规划委员会等相关职能部门负责的规划审批与管理体系
主管部门	国家一级	名称	住房和城市事务部（Ministry of Housing and Urban Affairs）
		网站	http://mohua.gov.in/
	地方一级		邦层面为城乡规划部门（Town and Country Planning Departments），地区层面为地区规划委员会（District Planning Committee）
相关认证制度情况			规划编制机构包括大学、规划公司等。职业资质是针对规划师设立的，有资质的规划师应该是印度规划师协会的注册会员（ITPT），需要获得经ITPI承认的机构课程学位
城乡规划与建设标准主要特点			1996年由印度城市规划师协会颁布了第一个国家级规划指南《城市发展规划编制和实施》，在2014年修改后，由城市发展部颁布了《城市与区域发展规划编制与实施指南（2014年）》。印度的城乡规划标准体系主要是受英国的影响
中国城乡规划与建设标准在当地的适用性评估			中国在印度参与建设的部分园区规划参考了中国标准，我国城乡规划标准在当地推广具有较好的前景，但同时面临着语言不同、宗教文化差异、规划体系与土地制度差异等问题，在当地的适应性需要加强

资料来源：陕西省城乡规划设计研究院

28．巴基斯坦

主要事项	具体内容
法律法规体系情况	巴基斯坦没有国家一级的城乡规划法，早期规划编制的唯一法律依据是于1960年颁布的《市政管理条例》。1979年后，巴基斯坦颁布了《省级地方政府条例》，以非强制性的形式提出城市议会应组织编制城市总体规划。少数省份编制了省级城乡规划条例，如《旁遮普省住房和城镇规划署条例》

续表

主要事项			具体内容
规划编制体系简介			联邦层面由计划发展和改革部组织编制五年计划，用以指导全国的发展和建设工作，没有编制国家层面的结构性规划。规划体系包括总体规划、分区规划
规划管理实施情况			巴基斯坦的城镇规划编制一般包括两个主要阶段，纲要编制阶段和规划编制阶段。其中，纲要包括土地利用的主要类型和数据，开发机构应有独立的部门来编制大纲，并应成立一个土地分配委员会和规划技术委员会来监督规划，涉及的各专业内容，需通过文保、土地、医疗、教育、社保、工业、宗教等相关部门审核，并需获得地方委员会及发展机构审核通过。在规划纲要编制完成并通过审查后，应开始规划内容的编制，正式的规划成果不仅要包含纲要中的主要数据和内容，还应包括各项经济技术指标、总体布局方案、详细设计方案等
主管部门	国家一级	名称	巴基斯坦住房和建设部（Ministry of Housing & Works）
		网站	http://www.housing.gov.pk/
	地方一级		首都伊斯兰堡的职能部门为首都发展局，俾路支省为城市规划和发展部，旁遮普省为住房和城市发展部，信德省、联邦直辖部落地区、普赫图赫瓦省、吉尔吉特-巴尔迪斯坦、自由克什米尔无专门负责城乡规划建设管理的部门
相关认证制度情况			规划编制机构主要为私人规划机构，如位于卡拉奇的CUBE DESIGN STUDIO；而大型城市的规划编制项目多邀请境外机构编制，如《拉合尔市发展规划》是由新加坡的Meinhardt公司编制；此外部分高校也承担规划编制工作，如巴基斯坦工程技术大学建筑和规划系、巴基斯坦工程和应用科学学院建筑和规划系等。 城市规划职业资格由巴基斯坦建筑师和城市规划师委员会（PCATP）认证，该组织是成立于1983年的法定注册机构，负责制定从业人员行为标准、促进专业人员教育审查
城乡规划与建设标准主要特点			1986年，由联邦政府住房和建设部、环境和城市事务司出台了《巴基斯坦国家规划和基础设施标准（参考手册）》。随着经济社会、建设理念和建设技术的发展，城镇规划建设的标准亟待更新
中国城乡规划与建设标准在当地的适用性评估			在当地的规划实践较少，面临着语言不同、宗教文化差异、规划体系与土地制度差异等问题，城乡规划与建设标准在当地的适应性需要加强

资料来源：陕西省城乡规划设计研究院

29．孟加拉国

主要事项	具体内容
法律法规体系情况	《城镇改善法（1953）》（The Town Improvement Act, 1953），《详细规划公报》（Detailed Area Plan（DAP）Gazette），《城市与区域规划法（2017）》（Urban & Regional Planning Act，2017）等
规划编制体系简介	在联合国开发计划署的资助下对原沿袭英国的两级规划体系进行了修改，形成了现有的三级规划体系，包括结构规划（Structure Plan）、总体规划（Master Plan）和详细规划（Detailed Area Plan）。结构规划是作为宏观层面的战略规划，总体规划则是对全域的土地利用进行规划，详细规划更侧重基于本地情况，对上述两个层级的规划进行深化

续表

主要事项			具体内容
规划管理实施情况			全国层面由城市发展委员会负责规划的管理实施,六个行政区的规划管理实施主要由地区发展委员会负责,而县及以下的行政管理机构主要是由当地政府负责规划的管理实施
主管部门	国家一级	名称	城市发展委员会(Urban Development Directorate)
		网站	http://www.udd.gov.bd/
	地方一级		地区发展委员会、地方政府
相关认证制度情况			规划编制机构包括大学以及私人规划机构。个人职业资质由孟加拉规划师协会(Bangladesh Institute of Planners)负责管理,包括会员及专业规划师。同时,各个地区的发展委员会也对规划师及公司进行管理,形成各地区的注册规划师(Enlisted Planner)以及注册公司(List of Architecture Firm)的管理名单
城乡规划与建设标准主要特点			目前,孟加拉国现行的规划体系和标准受英国影响最大,尚未建立较为完善的标准体系,但是针对自然灾害较多的特点,出台了《孟加拉国基于风险敏感性的城乡土地利用规划手册》(Handbook of Risk Sensitive Land Use Planning for Upazilas and Municipalities in Bangladesh)
中国城乡规划与建设标准在当地的适用性评估			在当地的规划实践较少,面临着语言不同、宗教文化差异、规划体系与土地制度差异等问题,城乡规划与建设标准在当地的适应性需要加强

资料来源:陕西省城乡规划设计研究院

30. 斯里兰卡

主要事项			具体内容
法律法规体系情况			《城乡规划法》
规划编制体系简介			—
规划管理实施情况			斯里兰卡多个部门都含有规划管理的职责,以住房建设部为核心,同时马哈维利发展部、国家政策与经济事物部、交通部、高等教育与高速公路部、城市规划与供水部、大都市与西部发展、地政部、山区新村基础设施与社区发展部等的规划建设管理部门同样承担规划管理建设的职能
主管部门	国家一级	名称	斯里兰卡住房建设部(Ministry of Housing and Construction)
		网站	http://houseconmin.gov.lk/
	地方一级		市住房建设局
相关认证制度情况			外国公司在斯里兰卡承包工程项目必须满足斯里兰卡当地的许可制度:(1)由业主自筹资金且当地公司具有承包实力的项目主要由当地公司承建,政府不反对外资公司参与;(2)国际资金项目或政府独立出但当地公司并不具备承建能力的项目,组织国际招标,鼓励与当地组成联营体;(3)私营项目取决于私营业主程序和规定,外国公司需通过资格预审程序

续表

主要事项	具体内容
城乡规划与建设标准主要特点	尚无独立的标准体系，且主要受到欧美标准渗透较多，在合作项目标准应用上，尝试采用以中国标准为主，兼顾当地法律法规、验收标准等
中国城乡规划与建设标准在当地的适用性评估	斯里兰卡较多参考欧美标准，中国城乡规划与建设标准在当地的适用性有待提升

资料来源：武汉市土地利用和城市空间规划研究中心

31. 尼泊尔

主要事项			具体内容
法律法规体系情况			尼泊尔主要是以宪法为基础，依据地方自治条例、城镇发展行动、国家城市政策、国家住房政策等相关法律法规进行城乡规划管理。例如《Regional Development Plans（Implementation）Act》《Construction Business Rules》《Kathmandu Valley Development Authority Rule》
规划编制体系简介			尚未建立完善的规划体系
规划管理实施情况			尚未建立完善的管理机制，由地方政府相关规划工作人员对相应规划项目进行审查
主管部门	国家一级	名称	下设城市发展部（Ministry of Urban Development）、基础设施和交通部（Ministry of Physical Infrastructure & Transport）、土地改革与管理部（Ministry of Land Reform and Management）、能源部等职能部门，分别负责城市规划、交通基础设施、土地等行政管理职能 备注：目前尼泊尔政府正在进行职能重组
		网站	—
	地方一级		当地市政府负责规划管理
相关认证制度情况			尚未出台相关规定
城乡规划与建设标准主要特点			初步形成了以《规划规范和标准2013》为统领，细分为基础设施、土地利用和城市形态三大部分，并按人口划定城镇规模等级以及道路等相关专项标准的城乡规划标准体系。 受英国、美国、德国、日本、印度、南非等国影响较大。总体上制定标准意识逐步提高，趋向规范化、统一化、法定化。标准具有借鉴他国标准，来源众多，缺乏自身特色；专项标准分置设立，体系性不足，缺乏专项专类标准；与实际情况衔接不足，不能有效指导城市建设等特征与问题
中国城乡规划与建设标准在当地的适用性评估			尼泊尔当地缺乏城乡规划体系以及城乡规划标准，对中国城市发展经验认可度很高，我国标准当地应用情景较好。城乡规划概念存在差异、城市发展阶段不同，土地所有制以及文化背景差异将影响我国标准在尼泊尔的实践应用。我国的城乡规划编制体系以及土地用途管制、城市空间布局、各项公共服务设施标准等通过本地化修正后能够在当地得应用

资料来源：武汉市土地利用和城市空间规划研究中心

32. 阿富汗

主要事项			具体内容
法律法规体系情况			1999年出台的《市政法（Law on Municipalities）》是与城市规划有关的最具争议性的立法，并对城市规划职能进行了深远的实施。2012年，美国国际开发署与Arazi（前阿富汗土地局）、城市发展事务部（MUDA）、地方治理独立局（IDLG），以及最高法院和贾拉拉巴德市政府合作开展了一个土地改革项目（LARA），提出制定《城市规划法》的指导原则和建议框架
规划编制体系简介			根据法律规定，要求编制城市总体规划。但城市总体规划往往对指导城市发展的影响很小，并且很快会过时。根据美国国际开发署《城市规划法（Urban Planning Law）建议稿》的提议，希望未来形成国家发展规划、区域/省域规划、总体规划、详细规划四层及规划体系
规划管理实施情况			根据法律规定，总体规划应由部长理事会批准，并由国家元首最终批准后执行。但是，没有进一步规定执行规则
主管部门	国家一级	名称	城市发展与住房部（Ministry of Urban Development and Housing）
		网站	http://mudh.gov.af/
	地方一级		省会城市（Provincial Municipalities）、地区（Districts）设立相应管理机构，并设有社区发展委员会（Community Development Councils, CDCs）。此外，已在30多个省会城市设立市政咨询委员会（MABs）作为"临时市议会"
相关认证制度情况			尚未形成明确制度
城乡规划与建设标准主要特点			自身标准体系较为缺乏，主要受联合国和美国的影响。正在修订的城市-全国优先发展项目（Urban National Priority Programme, U-NPP）是联合国人居署（UN-Habitat）引导下的根据国际规划标准制定的城市可持续性和规划的最新框架。美国国际开发署也在积极推进《城市规划法》的制定，并提出了指导原则和建议框架
中国城乡规划与建设标准在当地的适用性评估			阿富汗工程质量标准基本照搬美国标准；中国标准一般不适用于阿富汗，推广比较困难

资料来源：中国城市规划设计研究院

33. 马尔代夫

主要事项			具体内容
法律法规体系情况			—
规划编制体系简介			缺乏城乡规划体系，建立了旅游规划和环境管理规则，已经形成了旅游质量标准
规划管理实施情况			马尔代夫政府为每一个度假岛屿确定了容量标准，确定每一个度假村住宿数量以及其他设施发展程度的基础因素
主管部门	国家一级	名称	住房、交通和环境部，旅游部
		网站	http://www.tourism.gov.mv；http://www.mhte.gov.mv/v4
	地方一级		—

续表

主要事项	具体内容
相关认证制度情况	缺乏认证制度，邀请国际专业人士和建设方人员参与
城乡规划与建设标准主要特点	受英国标准影响较大，建立起了旅游环境规划标准等
中国城乡规划与建设标准在当地的适用性评估	中国的居住区等相关城乡规划与建设标准在当地具有一定应用前景

资料来源：中国城市规划设计研究院

34. 不丹

主要事项			具体内容
法律法规体系情况			1999年颁布的《市政法（Municipal Act）》含规划与土地利用的相关规定，后被2004年的《市政法》（Municipal Act of 2004）和随后的2009年的《地方政府法》（Local Government Act）所替代。2015年，起草《空间规划法》（Spatial Planning Act）
规划编制体系简介			《全国人类住区政策草案》（National Human Settlements Policy）提出三层次的规划体系：在国家一级，国家土地使用和分区规划将提供总体方向；区域发展规划以跨越两个或两个以上的宗卡（Dzongkhags）的全部或部分地区；第三级规划是在地方政府层面编制谷地开发规划、结构规划或地区规划（Local Area Plan，LAP）
规划管理实施情况			—
主管部门	国家一级	名称	工程和人居部（Ministry of Works and Human Settlement）
		网站	http://www.mowhs.gov.bt/
	地方一级		宗卡（Dzongkhags）设立相应管理机构
相关认证制度情况			—
城乡规划与建设标准主要特点			目前仅在道路交通、建筑、环境领域制定了相关规范和指南，受联合国的影响较大
中国城乡规划与建设标准在当地的适用性评估			我国城乡规划标准在当地应用推广较为困难

资料来源：中国城市规划设计研究院

35. 哈萨克斯坦

主要事项	具体内容
法律法规体系情况	《建筑、城市规划建设和其它建设活动法》
规划编制体系简介	规划层次分为国土规划、区域发展规划、区域综合规划、城市（居民点）总体规划、详细规划、工业区规划、建设方案、建设项目总体规划、公用事业和绿地规划等

续表

主要事项			具体内容
规划管理实施情况			国家总统对经议会通过的相关法律进行签署,使之正式发挥法律效力;政府负责实施国家在建筑、城市规划建设和其他建设活动领域的政策法规、授权(委托)中央执行国家机构全面制定有关国土组织化发展的总体方案等;经政府授权(专职)管理建筑、城市规划建设和其他建设活动的国家机构负责落实该领域的国家政策,发展建设领域的工业基础,对地方执行机构的该领域工作进行协调和方法指导等;州级建筑、城市规划建设和其他建设活动政府管理机构组织制定跨地区的所在州发展计划和州直辖市总体规划草案、批准州政府递交部门所属行政区域单元(指区级规划草案)的综合城市建设规划等
主管部门	国家一级	名称	哈萨克斯坦投资与发展部
		网站	—
	地方一级		建设和住宅公用事业事务委员会
相关认证制度情况			—
城乡规划与建设标准主要特点			沿用苏联标准
中国城乡规划与建设标准在当地的适用性评估			标准合作具有潜力,但面临管理制度、建设环境、语言文字等存在差异的困难,在当地应用仍较少,适应性需要加强

资料来源:乌鲁木齐市城市规划设计研究院

36. 乌兹别克斯坦

主要事项	具体内容
法律法规体系情况	《城市建设(规划)法》
规划编制体系简介	—
规划管理实施情况	内阁制定和批准城市建设(规划)领域的纲领、文件、规范,制定城市建设(规划)领域各项法规的国家监督制度,批准各州以及卡拉卡尔帕克斯坦的总体布局图、规划草案,以及交通、工程和社会基础设施发展草案等,制定国家城市建设(规划)地籍图执行程序以及监督城市建设(规划)活动,确定国家城市建设(规划)文件、该领域标准规范制定以及科研工作的资助程序,建立城市建设(规划)领域许可证制度,制定鉴定城市建设(规划)资料的组织和实施规范。 各州和直辖市(塔什干市)城市建设(规划)领域国家职权机关监督城市建设(规划)法律的实施情况并进行评估,合理布局辖区内工程、交通和社会基础设施,制定辖区内城市建设(规划)领域的政策文件,并予以经费支持,限制、推迟或取消辖区内不符合法律法规的城市建设活动,组织制定城镇总体规划方案,批准辖区内农村居民点整体规划方案,以及街区、小区建筑物和其它居民点设施的具体规划方案,划定对辖区具有特殊意义的城市建设活动的范围,制定建筑规范,开展国家城市建设普查、工程勘测,绘制居民点地震分区地图等。 市级和区级城市建设(规划)领域国家职权机关的主要职能与州级机关基本相同,不同的是要依法组织拆除未经许可的建筑物,对居民点建筑、大型设施及其他工程项目进行登记

续表

主要事项			具体内容
主管部门	国家一级	名称	乌兹别克斯坦国家建筑与建设委员会
		网站	—
	地方一级		卡拉卡尔帕克斯坦（自治共和国）建筑与建设委员会、各州及塔什干市（直辖市）建筑与建设局、市级与地区建筑与建设处、各地区的国家鉴定（评估）局、各地区的国家建筑与建设检查局
相关认证制度情况			—
城乡规划与建设标准主要特点			目前乌兹别克斯坦的多数规划技术标准仍然是以苏联时期制定的为蓝本，并且是由当时的俄罗斯设计研究机构协助制定的。当前这些技术标准已经不能完全适应发展需要
中国城乡规划与建设标准在当地的适用性评估			标准合作具有潜力，但面临管理制度、建设环境、语言文字等存在差异的困难，在当地应用仍较少，适应性需要加强

资料来源：乌鲁木齐市城市规划设计研究院

37. 土库曼斯坦

主要事项			具体内容
法律法规体系情况			《土库曼斯坦城市规划建设法》《土库曼斯坦建筑（设计）活动法》等
规划编制体系简介			—
规划管理实施情况			国家总统对经议会通过的相关法律进行签署，使之正式发挥法律效力。政府内阁在明确国家政策的统一性的基础上，批准国家城市规划建设计划（项目）、土库曼斯坦（人口）安置总方案、国土区域规划方案、对国家层面城市规划建设活动对象的资料化、产业发展方案、城市边界以及城市规划建设活动相关的地籍、监管的规范化等。 执行机构（土库曼斯坦建设与建筑部）对市规划建设计划项目、协调和指导地方执行机构的相关活动、与地方执行机构联合制定国家（人口）安置总体方案、监督国家相关政策法规的遵守情况、实施建设领域的许可证制度，确定居民点发展的产业方案制定的规范；组织制定土库曼斯坦区域规划方案、城市规划建设活动相关文件、开展城建领域科研工作；批准除了法律规定由内阁批准之外的城市总体规划、乡镇总体规划、农村居民点总体规划、阿什哈巴德市、州行政中心的详细城市规划项目、建设的模式规范以及组织化和监督管理工作的规范等。 地方执行机关（包括地方自治机构）根据规范文件要求解决规划、建设、设施、土地利用等相关问题，实施城市规划建设计划，指导下属机构的活动、根据国家法律分配或收回用于城市和村镇建设用地，履行制定地方层级城规文件制定要约人的职责，建立地区地籍数据库等
主管部门	国家一级	名称	土库曼斯坦建设与建筑部
		网站	—
	地方一级		地方自治机构

续表

主要事项	具体内容
相关认证制度情况	—
城乡规划与建设标准主要特点	目前土库曼斯坦的多数规划技术规范性文件仍然是以苏联时期制定的为蓝本,并且是由当时的俄罗斯设计研究机构协助制定
中国城乡规划与建设标准在当地的适用性评估	—

资料来源:乌鲁木齐市城市规划设计研究院

38. 塔吉克斯坦

主要事项			具体内容
法律法规体系情况			《塔吉克斯坦城市规划建设法》《塔吉克斯坦规范性法律行为法》等
规划编制体系简介			—
规划管理实施情况			国家对建筑、城市规划建设和其他建设活动领域的管理主要职能涉及制定并实施国家城市规划建设政策、制定并实施国家和部门对该领域的评估与计划、开展科学研究、对建设活动实现监管、批准相关的政策法规、区域发展规划等。 国家总统的职责主要体现在宏观方面,对经议会通过的相关法律进行签署,使之正式发挥法律效力。政府依法制定和实施国家城市规划建设计划,通过和批准该领域的法律规范,确立应基于法律开展国家监督管理,批准国家、州和城市区域总体方案和规划以及产业发展规划和交通、社会基础设施发展计划。授权对建设领域活动实施管理的政府执行机构组织制定国土总方案和州、市、区所属国土规划项目以及组织开展相应的科学研究工作、提交城市和区中心总体规划项目的结论以及履行法律赋予的其他相关职责等。地方执行机构(各州和杜尚别市)对依法进行城建领域活动情况实施监督,解决有关工程、交通和社会基础设施开发有关的问题,履行制定地区层级城建活动相关文件的职责等
主管部门	国家一级	名称	国家建筑和建设委员会
		网站	—
	地方一级		城市规划建设局、建设领域科学与规范管理局、建设和综合局、工业和交通及电力计划局、综合事务局、计划和财务部、法律部和人事部等
相关认证制度情况			—
城乡规划与建设标准主要特点			多数规划技术规范性文件仍然是以苏联时期制定的为蓝本,并且是由当时的俄罗斯设计研究机构协助制定
中国城乡规划与建设标准在当地的适用性评估			—

资料来源:乌鲁木齐市城市规划设计研究院

39. 吉尔吉斯斯坦

主要事项			具体内容
法律法规体系情况			《城市规划和建筑法》《技术法规基础法》《个人住房建设法》等
规划编制体系简介			—
规划管理实施情况			政府负责建筑和规划活动政策制定实施，以及监管和管理国家机构的授权。州级建筑、城市规划建设和其他建设活动政府管理机构负责批准各州、地区制定的城市总体布局和城市规划方案、批准城市规划项目通信项目的综合改善计划、批准房屋建筑及其他建筑物和土木工程、工程通信修建规则、成立和批准各州、市和地区的历史文化遗迹保护委员会、解决吉尔吉斯斯坦共和国立法规定权力范围内城市规划领域的其他问题。 地方自治机构在城市规划活动中完成审批城市规划项目中综合行政区划方案（地区规划项目）、审批州、市、地区和各居民点的总体规划（除去比什凯克市和奥什市、制定和协调符合定居点土地使用和建造的规定），同时对住房和其他民用建筑以及工程运输通信设施进行妥善维护、批准维护地方历史文物古迹的规定、按照既定程序在权限范围内解决城市发展领域的其他问题
主管部门	国家一级	名称	吉尔吉斯斯坦建筑、建设和住房公共事业署
		网站	—
	地方一级		2个职能机构：城市规划、建筑和领土发展局，住房及社区服务发展监测局 5个管理部门：活动调控司、分析定价和对外关系司、技术规定司、人事关系和法律保障司 6个直属机构：国家防震工程和工程设计研究院、国家城市规划和建筑工程研究院、国家技术鉴定局、国家民用住宅建设局、国家建筑认证中心、国家饮用水供水和排水发展局
相关认证制度情况			—
城乡规划与建设标准主要特点			多数规划技术规范性文件仍然是以苏联时期制定的为蓝本，并且是由当时的俄罗斯设计研究机构协助制定
中国城乡规划与建设标准在当地的适用性评估			—

资料来源：乌鲁木齐市城市规划设计研究院

40. 马来西亚

主要事项	具体内容
法律法规体系情况	主要城乡规划法律：1976年城乡规划法（第172号法），适用于马来西亚半岛； 联邦领土（Federal Territories）、沙巴（Sabah）和沙捞越（Sarawak）的单独立法：1982年联邦领土（规划）法（第267号法）、1950年城乡规划条例（第141号法）、1958年沙捞越土地法（第81号法）； 其他相关法令：1976年地方政府法（第171号法）、1965年国家土地法、1974年街道、排水和建筑法、1974年环境质量法

续表

主要事项			具体内容
规划编制体系简介			规划体系分三级：国家级为国家空间规划（5年）；区域/州级为州级结构规划和区域规划（5年）；地区级为地区规划和特别区域规划。上述规划分别由国家空间规划委员会、州级政府级别的州级规划委员会、以及地方政府级别的地方委员会负责组织编制
规划管理实施情况			规划管理实施流程及依据包括土地功能置换（第56号法令），规划许可（第172号法令、环境质量法1984），建筑规划许可（第133号法令），土地细分出售（第56号法令），从业资格证书（城乡规划法1976、街道市政和建筑法1974、建筑规范化法规1984、地方政府法1976、电力供应法、水务服务法1993）
主管部门	国家一级	名称	国家城乡规划部
		网站	https://www.townplan.gov.my/
	地方一级		地方规划部门
相关认证制度情况			马来西亚城市规划委员会负责和处理全国各地所有注册规划师、准注册城市规划师和临时注册外籍城市规划师。马来西亚规划师协会负责培养和确保符合标准的专业规划师能拥有恰当的知识、培训和技能，以促进马来西亚城乡规划发展
城乡规划与建设标准主要特点			城乡规划标准由国家城乡规划部研究和发展司负责，2008年后将现有41份导则重新修编成包括全球规划和发展理论、住宅区、工业区、商业区、公共施设、公共土地、自然环境敏感区、岛屿和海洋公园、主题公园、屋顶花园、宗教场地、坟场、无障碍设计、城市设计及高尔夫球场等18份规划设计导则，规划标准系统更加完善，撰写内容和格式更加大众化
中国城乡规划与建设标准在当地的适用性评估			部分标准深受英国标准影响，我国城乡规划建设标准在当地推广难度较大，例如马来西亚滨城二桥项目，甲方坚持采用英国标准而非中国标准。中国城乡规划与建设标准在当地的适应性需要加强

资料来源：杭州市城市规划设计研究院

41. 印度尼西亚

主要事项	具体内容
法律法规体系情况	2007年通过的空间规划法（Law No.27/2007）是当前印度尼西亚空间规划中最根本的法律依据。这部法律制定了赋予地区政府更广泛权力相关的内容、规划文件的内容和等级结构、计划年限和评估年限以及长期短期规划等内容
规划编制体系简介	空间规划主要分了三个层级：国家层面（Central government）、省级层面（Provincial）、地方执行层面的规划，每个层级的空间规划的期限均为20年、均安排每5年审查一次
规划管理实施情况	印度尼西亚规划管理主要体现在开发项目土地获取的管理、建筑建设许可审批方面。开发项目首先需要根据Law No.2/2012（关于土地获取）的流程，通过审批获得开发土地；然后再到PTSP（一站式整合服务机构）注册，通过审批获得各种开发许可；根据Permen PUPR No. 5/2016（建筑许可指南），项目在建设之前需要通过审批获得IMB建筑许可（Izin membangun bangunan）

续表

主要事项			具体内容
主管部门	国家一级	名称	国家发展计划部（BAPPENAS）、土地事务和空间规划部/国家土地局（ATR&BPN）、公共工程与公共住房部（PU）
		网站	https://www.bappenas.go.id/ http://www.bpn.go.id/ https://www.pu.go.id/
	地方一级		上述国家一级部门对应的地方单位
相关认证制度情况			专业机构资质认证：在印度尼西亚从事规划建设行业的机构需要获取印度尼西亚建筑服务营业执照。 执业人员资质认证：执业人员资质认证需要由印度尼西亚城市和地区规划师协会通过。认证包括了认证规划师（IAP）和区域和城市规划师认证（IAP-LPJKN）
城乡规划与建设标准主要特点			有独立的标准体系，完善度相对较高，为城乡规划执行的标准，为空间规划部制定的一系列指南，引导规划的实施和管理，如《空间规划准备过程中环境、经济及社会文化方面技术指南》《耕种区空间规划技术指南》《城市绿色开放空间的提供和利用准则》等。国家部门出台一系列基于印尼海岛国家的特点制定的法律法规和指南，引导专项规划编制
中国城乡规划与建设标准在当地的适用性评估			印度尼西亚虽然有相对较完善的法律法规和自己国家规划指南，但地方有较大的自主权，有利于我国城乡规划标准在地方的推广应用。我国在印尼的工程承包项目里面，很多直接采用中国规划和技术，促进当地基建的快速发展。标准合作具有潜力，但面临管理制度、建设环境、语言文字等存在差异的困难，适应性需要加强

资料来源：杭州市城市规划设计研究院

42．老挝

主要事项			具体内容
法律法规体系情况			《老挝人民民主共和国城市规划法》（1999）、《老挝人民民主共和国环境保护法》（1999）、《老挝人民民主共和国土地法》（1997）等
规划编制体系简介			规划体系为四级：国家级城市规划、区域级城市规划、省级城市规划、县级城市规划。其中前3类对规划范围内的有关城市建设、开发区、经济—社会—文化集中区、林区及森林保护区、自然资源区保护区及其他、国防—公安区、道路及其他网络进行总体部署；县级城市规划则是以中心城区规划为主
规划管理实施情况			—
主管部门	国家一级	名称	公共工程与运输部
		网站	https://www.mpwt.gov.la/en/
	地方一级		省、市或特区公共工程与运输厅，省、市或特区行政发展机关，县公共工程与运输办公室，村人民政府

续表

主要事项	具体内容
相关认证制度情况	—
城乡规划与建设标准主要特点	尚无独立的标准体系
中国城乡规划与建设标准在当地的适用性评估	当地工程领域人才缺乏，城乡规划及建设项目基本都是以建设方国家标准为主。标准合作具有较大潜力，但面临管理制度、建设环境、语言文字等存在差异的困难，适应性需要加强

资料来源：山东省城乡规划设计研究院

43．越南

主要事项			具体内容
法律法规体系情况			《建设法》《越南城乡规划法》《土地法》等
规划编制体系简介			地区建设规划（对应我国城镇体系规划）、城市建设规划（对应我国城市总体规划）及农村居民点的建设规划（对应我国村庄规划）
规划管理实施情况			有比较完善的管理机制、包括审批流程。越南与中国的规划行政体系存在一些共性：在法律法规层面，在《建设法》基础下进行城市规划管理；在政策层面上，城市规划职能管理部门制定相应的规划政策，报政府审批，审批后进行管理市区的工程改造建设；在规划上，建立和审批城市规划方案
主管部门	国家一级	名称	建设部是进行城市规划管理的主导部门，兼有协调其他国家机构的城市规划工作的职能
		网站	http://cn.news.chinhphu.vn/Home/建设部/20122/6272.vgp
	地方一级		各级人民委员会
相关认证制度情况			规划编制机构：各级人民委员会 城市规划咨询机构，需要具有法律地位、资格
城乡规划与建设标准主要特点			没有独立的标准体系。完善情况和技术特点，受中国、日本、英国等国家的影响较大
中国城乡规划与建设标准在当地的适用性评估			越南规划和建设采用了中国、法国、日本等不同国家的标准。中越城乡规划与建设标准合作具有较大潜力，但面临管理制度、建设环境、语言文字等存在差异的困难，适应性需要加强

资料来源：山东省城乡规划设计研究院

44．泰国

主要事项		具体内容
法律法规体系情况		《城镇规划法》（Town Planning Act）
规划编制体系简介		五等级体系：国家/区域/次区域规划、省域/地区规划、总体规划、详细规划、开发规划
规划管理实施情况		国家层面的经济和社会发展规划由国家经济和社会开发办公室起草，经内阁审批，以行政命令公布。国家和区域层面的空间规划由内阁授权泰国内政部的公共工程和城乡规划局（Department of Public Works and Town & Country Planning，DPT）主管
主管部门	国家一级	名称：国家经济和社会开发委员会办公室 内政部公共工程和城乡规划局
		网站：https://www.dpt.go.th/th/ https://www.dpt.go.th/en/
	地方一级	地方公共空间和城乡规划部门
相关认证制度情况		—
城乡规划与建设标准主要特点		—
中国城乡规划与建设标准在当地的适用性评估		标准合作具有一定潜力，但面临管理制度、建设环境、语言文字等存在差异的困难，适应性需要加强

资料来源：中国城市规划设计研究院

45．波兰

主要事项		具体内容
法律法规体系情况		《关于空间规划和发展的法案》是编制空间规划的主要依据，同时也要遵循《供水和污水处理法案》《公路运输法》《自然保护法》《水法》《文物保护和文化护理法案》《自然灾害防治法案》等其他法案
规划编制体系简介		波兰的空间规划分为国家层面、区域层面和地方层面三个层级。其中，国家层面包括国家空间管理概念框架、行业规划；区域层面包括区域空间管理规划和区域空间规划与区域政策；地方层面包括社区空间管理的条件与方向研究、地方空间管理规划、发展和空间管理的条件。其中，国家级和省一级的规划为战略规划，不具备法律效用，地方一级的规划具备法律效用，作为条例发挥作用
规划管理实施情况		《关于空间规划和发展的法案》明确规定了各级规划的编制主体、编制流程、审批主体、修改要求等
主管部门	国家一级	名称：发展部、基础设施和建设部
		网站：http://www.miir.gov.pl/ https://mi.gov.pl/
	地方一级	—

续表

主要事项	具体内容
相关认证制度情况	执业人员资格认证：城市规划协会 城乡规划从业者认证：波兰城市规划领域同样有对于规划师的资格认证要求。在1999年1月28日颁布的《关于城市规划权》的条例提出了相关要求。 城市规划从业者的义务：波兰有建筑师，建筑工程师和城市规划师的专业自治政府的机构，并且2000年12月15日颁布的法案《关于专业建筑师，建筑工程师和城市规划师》对建筑和规划的专业自治政府的组织和任务以及权利和义务作出规定
城乡规划与建设标准主要特点	Polski Komitet Normalizacyjny（PKN）是一个国家标准化机构，负责组织标准化活动。目前无城市规划方面的标准，其中的建筑标准、生态环境保护标准、能源利用标准与城乡规划领域有一定相关性。标准的制定主要受欧盟标准和其他欧洲国家标准的影响
中国城乡规划与建设标准在当地的适用性评估	积极采用欧盟标准。中国城乡规划与建设标准在当地应用面临管理制度、建设环境、语言文字等存在差异的困难，在当地的适应性需要加强

资料来源：广东省城乡规划设计研究院

46. 捷克

主要事项			具体内容
法律法规体系情况			《建筑法案》概述了捷克共和国的空间规划制度，城市规划和建设法则规范了所有土地利用活动
规划编制体系简介			捷克的规划编制体系包括一般框架的规划和部门规划两大部分。其中，一般框架的规划分为国家层面、区域层面、地方层面三个层面的规划，国家层面的为空间发展战略，区域层面的区域空间发展原则，地方层面包括地方领土规划和地方详细规划。部门规划包括捷克共和国废弃物管理规划、水域规划、区域废弃物管理规划、历史遗产区保护规划、应急规划、市级废弃物管理规划等
规划管理实施情况			捷克规划行政管理权限分为国家、地区和地方三个层次。国家和地区当局负责空间和战略规划，而地方当局有权参与地方发展规划的制定。 规划审批流程：环境影响评价（EIA）（事实发现程序）—环境影响评价（EIA）（全面环评程序）（该环节为非必要流程）—规划许可证—综合许可证（该流程为非必要流程）—建筑许可证—最终批准
主管部门	国家一级	名称	地方发展部
		网站	http://mmr.cz/cs/Uvod
	地方一级		捷克城镇联盟当局和区域协会代表地方和区域政府
相关认证制度情况			ISO认证：ISO9001、ISO14001、OHSAS18001 环保认证：法律依据是《环境影响评估条例》，主要负责部门是环保部 执业人员资格认证：城市规划和区域规划协会、捷克建筑师协会
城乡规划与建设标准主要特点			—
中国城乡规划与建设标准在当地的适用性评估			应用前景尚不明朗

资料来源：广东省城乡规划设计研究院、宁波市规划设计研究院

47. 匈牙利

主要事项			具体内容
法律法规体系情况			《国家建筑法典》, 1997
规划编制体系简介			规划体系主要由国家、地区、地方以及重点地区四级组成
规划管理实施情况			—
主管部门	国家一级	名称	国家发展部：制定国家中长期发展规划，主管交通、能源、电信、基础设施等领域
		网站	—
	地方一级		市长办公室城市规划部
相关认证制度情况			认证依据包括《建筑和施工相关活动》(266/2013.Ⅶ.11.)、《规划和建筑技术设计委员会》(252/2006.Ⅻ.7)、《规划部门和负责监督空间规划活动的机构》77/2010.(Ⅲ.25.)、《负责重点地区领土问题的国家行政机构的范围和规则》282/2009.(Ⅻ.11.)等。土地使用（在地方和区域两级）和建筑控制导向的规划活动都受到匈牙利建筑师协会的监管和注册。区域级物质空间规划师受政府法令77/2010的管制
城乡规划与建设标准主要特点			当建设项目的资金由欧盟出资时，项目则需由欧盟严格审查其建设计划书和任务书，且必须按照欧盟的标准和规范进行工程设计和建设。具体的规划标准主要是以法律和政府法令两大形式颁布
中国城乡规划与建设标准在当地的适用性评估			积极采用欧盟标准。中国城乡规划与建设标准在当地应用面临管理制度、建设环境、语言文字等存在差异的困难，在当地的适应性需要加强

资料来源：广东省城乡规划设计研究院

48. 立陶宛

主要事项	具体内容
法律法规体系情况	《立陶宛国土规划法》
规划编制体系简介	综合领土规划（Complex Territorial Planning）编制体系分为三级：国家层面综合规划（State-level comprehensive plans）明确国家领土综合计划的解决方案，制定国家发展政策在不同地区的实施准则、空间结构及其要素，以及国家领土使用的强制性规定、城市等级、领土结构，规定了农地、森林、底土等自然资源的合理利用原则，形成自然保护区、文化遗产的保护框架，提出国家重要项目布局；城市层面综合规划（Municipal-level comprehensive plans）和地方层面综合规划Local-level comprehensive plans明确本级空间功能和发展方向，提出优化城市结构、建设基础设施、保护和利用地下资源、农地、森林和其他自然资源的措施；详细规划（Detailed plans）主要细化在市级或地方综合计划中的强制性要求，制定建成区和待建区的建设条例，确定规划区域的最佳设施网络，明确特殊土地使用条件，统筹保存和使用自然和历史文化遗产的措施等。 综合领土规划（Complex Territorial Planning）之外，还有特殊领土规划（Special Territorial Planning），对农业、林业地区、工程基础设施地区、自然和历史文化遗产保护地区三类地区进行规划

续表

主要事项			具体内容
规划管理实施情况			—
主管部门	国家一级	名称	立陶宛共和国环境部（the Ministry of Environment of the Republic of Lithuania）
		网站	http://www.am.lt/VI/en/VI/index.php
	地方一级		地方市政管理部门
相关认证制度情况			《立陶宛国土规划法》第八章对规划编制机构和人员的认证制度和资格权限进行详细论述
城乡规划与建设标准主要特点			有独立的标准体系，目前受欧盟标准影响较大，一定程度上也仍保留有苏联标准的影响
中国城乡规划与建设标准在当地的适用性评估			倾向采用欧盟标准，且对自身制度认同感较高，中国标准在当地适用性较低

资料来源：中国城市规划设计研究院

49. 爱沙尼亚

主要事项			具体内容
法律法规体系情况			《建筑法典》《规划法典》
规划编制体系简介			规划体系分为五级；全国规划、区域规划、综合规划、专项及详细规划。其中，全国规划可细分为"战略规划"及"空间规划"两部分，并通过目标设定将两者和谐统一；区域规划的直接服务对象是爱沙尼亚的15个州，是根据各自州不同条件而设定发展计划及重大基础设施；综合规划主要确定城乡的土地利用及建筑空间分布；专项及详细规划主要对具体情况进行因地制宜或补充
规划管理实施情况			—
主管部门	国家一级	名称	内务部
		网站	https://www.siseministeerium.ee/
	地方一级		州及市议会
相关认证制度情况			—
城乡规划与建设标准主要特点			有独立的标准体系且相对完善，受欧盟标准和苏联标准较大
中国城乡规划与建设标准在当地的适用性评估			倾向采用欧盟标准，中国城乡规划与建设标准在当地应用面临管理制度、建设环境、语言文字等存在差异的困难，在当地的适应性需要加强

资料来源：中国城市规划设计研究院

50．拉脱维亚

主要事项			具体内容
法律法规体系情况			空间规划立法文件包括1994年9月6日发布的《实体规划条例》（1994）以及1998年的规划立法文件《城乡空间规划法》（Physical Planning Law）。《城乡空间规划法》阐述了空间发展规划的总体原则、目标以及任务是建立空间发展规划的完整体系，明确市政府权责。发展（战略）规划和实体规划方面有《发展规划系统法》（2008）。此外，《区域发展法》（2002）将拉脱维亚划分为三个规划层级——国家、区域（由规划区域执行）、市区和地方
规划编制体系简介			在拉脱维亚有三个层面的规划——国家层面、区域层面和市级层面，有战略规划、发展规划、专题规划、土地利用规划等不同类型的规划
规划管理实施情况			国家层面的规划由首相直接管理的环境保护和区域发展部主管，实现跨部门协调中心管理；区域层面的规划由来自各个城市的代表组成的区域议会通过区域发展执行部门进行管理；市级层面的规划管理工作由市政府完成
主管部门	国家一级	名称	环境保护和区域发展部
		网站	http://www.varam.gov.lv/
	地方一级		—
相关认证制度情况			—
城乡规划与建设标准主要特点			积极采用欧盟标准
中国城乡规划与建设标准在当地的适用性评估			中国城乡规划与建设标准在当地应用面临管理制度、建设环境、语言文字等存在差异的困难，在当地的适应性需要加强

资料来源：宁波市规划设计研究院

51．斯洛伐克

主要事项			具体内容
法律法规体系情况			《建筑法》
规划编制体系简介			规划体系分为四个层级：在国家层面为国家空间发展规划（KURS）；州一级为区域规划；地方（市）级有城市总体规划和控规
规划管理实施情况			规划管理机制比较完善，分为三个层级：国家层面由交通、建设和区域发展部负责，区域层面由各州政府负责，地方层面由各地市级政府负责。同时已建立了包括建筑许可、基础设施和公共设施许可等在内的完备的规划审批流程
主管部门	国家一级	名称	交通、建设和区域发展部
		网站	http://www.telecom.gov.sk
	地方一级		各州政府、地市政府组织编制，具体事物由行政授权的各级独立办事处处理

续表

主要事项	具体内容
相关认证制度情况	个人认证由捷克注册工程师和技师协会进行授权
城乡规划与建设标准主要特点	具备独立的城乡规划标准体系,在国土、空间发展、环境和历史文化保护等方面已建立较为完善标准体系和技术细则。在加入欧盟后,规划标准和体系受欧盟影响较大
中国城乡规划与建设标准在当地的适用性评估	倾向采用欧盟标准,中国城乡规划与建设标准在当地应用面临发展阶段、国情社会、管理制度、建设环境、语言文字等存在差异的困难,在当地的适应性需要加强

资料来源:宁波市规划设计研究院

52. 斯洛文尼亚

主要事项			具体内容
法律法规体系情况			规划领域有三项立法法案,分别是《空间管理法(2002年)》《空间规划法(2007年)》和"重要国家基础设施的规划文件"的法案(2010年)。《空间规划法》是斯洛文尼亚城乡规划最主要的法律,定义了最主要空间规划类型、内容以及等级等。国家空间规划和发展指导方针由《斯洛文尼亚空间发展战略》和《斯洛文尼亚空间秩序》两个主要空间规划文件确定,《斯洛文尼亚空间发展战略》为斯洛文尼亚的长期空间发展制定了指导方针,《斯洛文尼亚空间秩序》则制定了一般标准和规划条例。其他部门法律文件为规划进行补充,例如《水资源保护和管理法》《环境保护法》《国家保护法》等
规划编制体系简介			规划体系分为国家层面和地方层面两级。国家层面规划包括《斯洛文尼亚空间发展战略(2004年)》《斯洛文尼亚空间发展战略实施评估分析(2004年)》等,与《斯洛文尼亚的国家发展战略(2005年)》相互关联。地方层面主要是《城市空间规划》,包含战略和实施操作两部分
规划管理实施情况			在国家层面,斯洛文尼亚环境和空间规划部通过空间规划、建设和住房管理行使规划行政管理权。在地方层面,没有区域层面的行政管理机构,市议会有充分的权限进行规划管理
主管部门	国家一级	名称	环境和空间规划部
		网站	http://www.mop.gov.si/en/
	地方一级		—
相关认证制度情况			斯洛文尼亚对于从事规划行业的机构没有自行颁发过从业资格或规划资质认证,各企业根据业务需求遵循相应的国际资质认证
城乡规划与建设标准主要特点			斯洛文尼亚属于欧盟国家,采用统一的欧盟标准
中国城乡规划与建设标准在当地的适用性评估			倾向采用欧盟标准,中国城乡规划与建设标准在当地应用面临发展阶段、国情社会、管理制度、建设环境、语言文字等存在差异的困难,在当地的适应性需要加强

资料来源:宁波市规划设计研究院

53．克罗地亚

主要事项			具体内容
法律法规体系情况			城乡规划法律法规体系主要包括法案（Acts）、规章（Regulations）、条例（Ordinances）、决策（Decisions）和说明（Instruction）五大类，规划相关法律为《空间规划法》《实体规划和建设任务与活动法》
规划编制体系简介			空间规划分为国家级（state）、区域级（regional）和地方级（local）三个层次。国家级为国家空间发展规划、特区空间规划、国家重要城市发展规划；区域级为省或萨格勒布市空间规划、省级重要城市发展规划；地方级为市或自治市空间规划、一般城市规划、城市发展规划
规划管理实施情况			克罗地亚规划实施管理机制较完善，有着详细的审批流程。空间规划编制应该在空间规划编制决策的基础上进行，要求事先符合环境管理和自然保护法。关于空间计划制定的决定发布后，主管发展部门应通过地方和地区自治单位的网站以及研究所的信息系统来通知公众了解空间规划的发展情况。编制主管机构应该在30天之内将空间规划编制的决策递交给公法机构邀请它来传递空间规划编制要求。规划编制草案完成后，应予以公布，进行公众讨论，根据公众意见进行修改，最后确定规划方案，提交主管部门批准通过
主管部门	国家一级	名称	建设和空间规划部；执行与建筑、空间规划和住房有关的任务，并参与制定和实施欧盟在这些领域的资金与其他形式的国际援助方案。部门下设空间规划、法律事务和欧盟计划处，国家重要事务许可处，建筑和建筑业能源效益处等部门
		网站	http://www.mgipu.hr/
	地方一级		省或萨格勒布市行政机构
相关认证制度情况			克罗地亚建筑师协会负责注册建筑师、注册建筑师-城市规划师的资格认证和管理工作
城乡规划与建设标准主要特点			克罗地亚原属于前南斯拉夫国家，2013年克罗地亚加入欧盟，规划体系与标准与欧盟接轨
中国城乡规划与建设标准在当地的适用性评估			采用欧盟标准，中国城乡规划与建设标准在当地应用面临发展阶段、国情社会、管理制度、建设环境、语言文字等存在差异的困难，在当地的适应性需要加强

资料来源：山西省城乡规划设计研究院

54．塞尔维亚

主要事项	具体内容
法律法规体系情况	《塞尔维亚规划和建设法》《关于起草空间和城市规划文件的内容、方法和程序的规则手册》等
规划编制体系简介	空间规划分为三个层次：国家级、区域级、地方级。国家级空间规划是塞尔维亚空间规划；区域级空间规划包括九大区域空间规划和特殊用途区域空间规划；地方级空间规划包括地方自治单位（市或区）空间规划和城市规划。城市规划可分为城市总体规划和治理规划

续表

主要事项			具体内容
规划管理实施情况			规划编制决策由授权机构作出，然后编制机构编制规划文件。在规划草案由规划委员会评审后，进行公示由公众讨论。规划委员会将公众意见形成报告交付给编制机构，尤其根据意见进行修改，最后通过审批，进行公示
主管部门	国家一级	名称	建设、交通和基础设施部-空间规划司
		网站	http://www.mgsi.gov.rs/cir
	地方一级		地方政府或议会
相关认证制度情况			规划编制机构为地方行政单位设立的从事空间和城市规划的国企以及登记从事空间和城市规划的商业协会。 资质管理机构：塞尔维亚工程师协会 空间规划职业资质：执行规划师。要求有硕士学位，高级职业资格和最少5年工作经验，参与过至少两个空间规划文件。 城市规划职业资质：执行城市规划师。要求有硕士学位，高级职业资格和最少5年工作经验，参与过至少两个空间规划文件
城乡规划与建设标准主要特点			—
中国城乡规划与建设标准在当地的适用性评估			中国企业在塞尔维亚的建设项目主要集中在交通和能源基础设施领域，随着未来合作领域拓展到工业园规划建设等领域，中国城乡规划与建设标准在当地应用具有较大潜力，但仍面临发展阶段、国情社会、管理制度、建设环境、语言文字等存在差异的困难，适应性需要加强

资料来源：山西省城乡规划设计研究院

55．波黑

主要事项	具体内容
法律法规体系情况	波黑城乡规划法律法规体系主要包括法案、规章、条例、决策四大类。其中法案类出台了《波黑联邦空间规划和土地利用法》《建筑产品法》《以保护国家古迹委员会决定的执行法》《关于接管房屋关系法》等；规章、条例、决策包括《编写关于城市批准区域建筑物位置信息的工作指令》《建造庇护所的技术准则和技术规范标准的法令》《建筑物技术检查条例》《特定特性的区域（乌纳河流域）空间规划的决策》等
规划编制体系简介	编制体系分为空间发展规划、城市规划、详细规划三个类型。其中空间发展规划包含联邦空间规划、州空间规划、特区空间规划、自治市空间规划（除萨拉热窝和莫斯塔尔市外）四个层次
规划管理实施情况	波黑联邦自然规划部承担自然资源规划和改进，联邦土地利用政策，起草、实施和实施自然规划等职责。波黑联邦下一级行政区划共有10个州，每个州政府下属若干部门都涵盖了管理城市建设、重建、自然规划和环境保护部，具有调整土地用途及分区规划的职能。 塞族共和国负责城市规划的是空间规划、土木工程和生态部，该部执行空间规划、建设和环境改善领域公共行政活动。项目审批流程包含编制计划文件、设计、施工承包商、授权、产品认证、消防六个阶段

续表

主要事项			具体内容
主管部门	国家一级	名称	波黑联邦自然规划部，下设城市和空间规划司、建设司、环境保护司、项目协调、发展和欧洲一体化司、秘书处 塞族共和国空间规划、土木工程和生态部
		网站	http://www.fmpu.gov.ba/pocetna
	地方一级		州建设、自然规划和环境保护部
相关认证制度情况			波黑联邦的州一级政府和塞族共和国的市一级政府负责用地规划、土地管理、产权交易管理、产权登记。波黑外商投资法规定，外国公司在波黑承包工程需获得许可。承包工程项目需在波黑注册公司，某些工业项目需获得环保许可证，特殊项目需获得特许经营权。工程验收要按波黑设计和工程规范要求，包括初级验收和最终验收。验收合格后，签发验收合格证书。 职业资质：根据法律和规则手册进行考试，其中建筑、电气工程、机械工程和交通工程师和技术人员需要具有至少五年在职业工作和任务方面的工作经验
城乡规划与建设标准主要特点			—
中国城乡规划与建设标准在当地的适用性评估			执行欧盟标准，中国城乡规划与建设标准在当地应用面临发展阶段、国情社会、管理制度、建设环境、语言文字等存在差异的困难，在当地的适应性有待提升

资料来源：山西省城乡规划设计研究院

56. 黑山

主要事项			具体内容
法律法规体系情况			《空间规划和开发法》《建设用地法》《建筑结构法》《城市规划与施工检查法》《空间规划和建筑结构法》《空间开发和建筑结构法》等
规划编制体系简介			《空间规划和开发法令》将规划文件分为国家级和地方两级。 国家规划包括共和国空间规划、特殊用途区域空间规划、详细空间规划、位置研究。共和国空间规划和特殊用途区域空间规划是强制性的。共和国空间规划确定了国家目标和发展措施，遵循共和国预期的经济、社会、环境、文化和历史发展。 地方规划文件包括地方自治单位空间规划、城市总体规划、城市详细规划、城市工程、地方地点研究。地方自治单位空间规划和城市总体规划对自治单位的中心是强制性的。城市总体规划确定了地方自治单位空间发展目标和措施。城市总体规划也适用于地方自治单位领土内其他居民点。城市总体规划可以作为一个独立的地方规划文件，也可以作为地方自治单位空间规划的一部分
规划管理实施情况			共和国空间规划和特殊用途区域空间规划由黑山议会批准。详细空间规划和国家位置研究由国务院批准。地方规划文件由地方自治议会批准
主管部门	国家一级	名称	可持续发展和旅游部-空间规划理事会
		网站	http://www.mrt.gov.me/en/organization/spatial_planing
	地方一级		地方政府机关

续表

主要事项	具体内容
相关认证制度情况	规划编制机构：在商业实体中央等级处登记过的从事规划文件编制活动的商业组织、法律实体或企业家，要求其拥有主任规划工程师。 主任规划工程师要求有大学本科学位、至少5年工作经验、参与编制或实施过至少4个规划文件、通过国家认证考试并且是黑山工程师协会会员。规划工程师要求有大学本科学位（4年专业学习）、3年工作经验、参与编制或实施过至少2个规划文件、通过国家认证考试并且是黑山工程师协会会员
城乡规划与建设标准主要特点	黑山共和国公共工程理事会负责黑山城乡规划标准化工作。黑山积极加入欧盟，其相关标准与欧盟对接。可持续发展与旅游部设有欧盟一体化与国际合作理事会，负责与欧盟在建设领域的合作
中国城乡规划与建设标准在当地的适用性评估	倾向对接欧盟标准，中国城乡规划与建设标准在当地应用面临发展阶段、国情社会、管理制度、建设环境、语言文字等存在差异的困难，在当地的适应性有待提升

资料来源：山西省城乡规划设计研究院

57. 阿尔巴尼亚

主要事项			具体内容
法律法规体系情况			《国土规划和发展法》《国土规划条例》《国土开发条例》《地区行政区划法》，以及《农地保护法》《保护区法》《水资源综合管理法》《文化遗产法》等
规划编制体系简介			包括中央级规划和地方层面地规划两个层次，中央级规划主要包括阿尔巴尼亚共和国全境国家总体规划、全部或部分领土地部门性（专项）国家计划、对国家重要领域的详细计划；地方一级地规划包括区域一级的部门专项计划、一般城市地方总体计划、详细的当地计划（详规）
规划管理实施情况			具有比较完善的规划管理机制，设立了规划行政管理横向体系和纵向体系
主管部门	国家一级	名称	国家地区规划局（AKPT）
		网站	http://planifikimi.gov.al
	地方一级		在地区一级的行政管理当局为区议会；在市级层面的行政管理当局是市议会和市长
相关认证制度情况			阿尔巴尼亚建筑师和城市规划师联盟是阿尔巴尼亚唯一一家获得授权的为空间和城市规划师、设计师和承包商颁发执照的机构
城乡规划与建设标准主要特点			积极对接欧盟和国际标准。阿尔巴尼亚国土规划条例中对土地利用类型分类标准、各设施配置的最低标准进行了规定。美国开发署（USAID）编制了阿尔巴尼亚的地区规划和发展手册，帮助编制城市规划文件。2016年中国标准化管理委员会与阿尔巴尼亚标准化管理局（DPS）签署谅解备忘录，帮助DPS人员准备并完成欧盟标准的制定
中国城乡规划与建设标准在当地的适用性评估			中国城乡规划与建设标准在当地应用具有较大潜力，但仍面临发展阶段、国情社会、管理制度、建设环境、语言文字等存在差异的困难，适应性需要加强

资料来源：上海同济城市规划设计研究院

58. 罗马尼亚

主要事项		具体内容
法律法规体系情况		关于区域发展和公共行政部的组织和运作情况（NO.51/2018）；罗马尼亚土地资源法（N0.18/1991）、罗马尼亚环境保护法（NO.137/1995）、罗马尼亚关于地籍和房地产宣传的法律（NO.7/1996）、罗马尼亚森林法（NO.24/1996）、罗马尼亚关于国家城乡规划计划—第一部分—交通线的批准（NO.71/1996）、罗马尼亚水法（NO.107/1996）；罗马尼亚地区发展法（NO.315/2004）、关于总体城市规划拟定方法和框架内容的指导（NO.13/1999）、关于制定和批准当地城市规划指南（NO.21/2000）、城市规划详细说明方法和框架内容指南（NO.37/2000）、区域城市规划发展方法和框架内容指南（NO.176/2000）、关于空间规划和城市规划以及城市规划文件的制定（NO.350/2001）、关于空间规划和城市规划以及城市规划文件的制定和更新（NO.233/2016）等
规划编制体系简介		四级规划编制体系：领土战略规划（PATZR），包括水、保护区、旅游、农村发展、社会基础设施和教育等专门章节；城市总体规划（PUG），包括地区划分、地块使用方式、保护区和历史区等区域的使用方式等；地区规划（PUZ），针对城市中心区、古迹保护区、娱乐休闲区、工业园区等地区进行具体规划；详细规划（PUD），确定与城市网络的连接、建筑物和设施的数量和兼容性、城市规划许可和限制、功能和美学要求等内容
规划管理实施情况		—
主管部门	国家一级 名称	区域发展和公共行政部（MDRAP）
	国家一级 网站	http://www.mdrap.ro/
	地方一级	—
相关认证制度情况		罗马尼亚城市规划师登记处（Registrul Urbaniştilordin Romăniă，RUR）对所有专业规划人员进行法定注册，并对其进行授权管理，"城市规划师"或"城市规划师"的名称受法律保护。城市规划师需要参加规划考试，通过后进行注册登记方可从事相关的规划工作，罗马尼亚城市规划协会设立考试委员会，来组织城市规划注册考试，且列出了城市规划注册考试的参考书目，该书目主要包括两类，A空间规划和城市规划领域的规范行为文件，主要包括国家的空间和城市规划法，这类规划文件编制指南；B类文件包括其他相关领域的法律，如森林法、水法、市政公用事业法等
城乡规划与建设标准主要特点		罗马尼亚城乡规划标准与欧盟保持一致的，执行欧盟标准，例如CT376-安全，危机管理、对自然灾害的应对标准化、CT397-城市和社区的智能基础设施的可持续发展标准化等欧盟标准技术委员会相关标准。 法律、技术法规和指南、导则等构成了罗马尼亚城市规划编制规范标准体系。一是罗马尼亚《城市规划与地区设施法》《建筑法》《城市规划总则》《城市规划地方规范》等以法律、技术法规的形式，对相关技术要求进行规范。二是罗马尼亚发布了各种规划编制指南和标准导则来对各层次类型城市规划编制进行规定，如指导总体规划的《关于总体规划拟定方法和框架内容的指导》、详细规划的《详细城市规划详细说明方法和框架内容指南》、指导区域城市规划的《区域城市规划发展方法和框架内容指南》等
中国城乡规划与建设标准在当地的适用性评估		罗马尼亚的标准化协会（ASRO）是欧盟标准化委员会的成员，根据罗马尼亚国家标准化计划（PSN）2018年的计划，未来将采用CEN、CENELEC等欧洲标准，尤其是协调一致的欧洲标准；同时也在引用ISO和IEC的国际标准为罗马尼亚标准。中国城乡规划与建设标准在当地应用面临发展阶段、国情社会、管理制度、建设环境、语言文字等存在差异的困难，在当地的适应性有待提升

资料来源：上海同济城市规划设计研究院

59. 保加利亚

主要事项			具体内容
法律法规体系情况			包括法律、法令、法规、自治条例等。其中法律由国民议会制定；法令由部长理事会根据宪法和法律制定，法规由各部门根据法令制定，自治条例由大区或市议会制定
规划编制体系简介			从编制等级划分，规划编制体系分为国家-区域（东南、中南、西南、中北、东北、西北等6个）-大区（28个）-市（265）-居民点五个层次。从编制内容划分，规划编制体系分为战略规划—总体空间规划—详细空间规划三个类型
规划管理实施情况			国家层面：区域发展和公共工程部负责规划管理，主要包括民事登记和行政服务司、城市与区域发展司、区域合作管理司、优惠贸易企业董事会、国有财产局、国土规划和国家专家局、技术法规局、供水和污水局、公共工程和地质保护局、住房政策司等10个部门构成。 规划管理流程：城乡规划由总建筑师负责，总工程师协同参与，编制过程在土地利用规划董事会的指导下，规划部、地籍部、工程部相互配合，提供技术支持，主要包括"技术、投资、运营"三合一管理；与此同时，法律监管部门和信息服务部门全过程监督；最后，咨询城市、空间规划和不动产文化遗产等部门的建议，并应该经过规划专家委员会的论证，报行政首长审批，数字化归档完成整个规划流程
主管部门	国家一级	名称	区域发展和公共工程部
		网站	http://www.mrrb.government.bg
	地方一级		以索菲亚为例，由土地利用董事会下属的规划部管理。https://www.sofia-agk.com
相关认证制度情况			采购资格认证：《采购法》第9条规定了保加利亚共和国可以与其他国家联合采购。 建筑商和设计院资质认证：《商会法》第5条规划建筑商协会的功能；《商会》第14条规划建筑商注册资格；《商会》第16条规划建筑设计院的工作资格。 城乡规划专业的认证：建筑、土木工程和大地测量学院（UACEG）得到了国家评估和认证机构（NEAA）的认证，专业认证程序定期提交给大学
城乡规划与建设标准主要特点			执行欧盟标准。城乡规划法令及其实施细则相当于技术标准，作为规划依据
中国城乡规划与建设标准在当地的适用性评估			优先采用欧盟标准。中国城乡规划与建设标准在当地应用面临发展阶段、国情社会、管理制度、建设环境、语言文字等存在差异的困难，在当地的适应性有待提升

资料来源：上海同济城市规划设计研究院

60. 北马其顿

主要事项			具体内容
法律法规体系情况			建筑法、建筑法律附则、非法建筑物的处理法，空间和城市规划法、城市污水饮用水排水法，建设用地法，铁路系统法律，航空法，内河航行法，住房法，邮政服务法，奥赫里德地区世界自然和文化遗产管理法，环境法，水域法、关于水域分类的法令，农业和农村发展法，执行北马其顿空间规划的法律等
规划编制体系简介			规划体系包含国家空间计划和地方城市规划两个层面：国家层面的空间计划包括了特定地区和特定领域的空间规划，如国家公园、基础设施建设、交通走廊、能源生产设施、水源保护区等专项规划；而地方的城市规划又包含一般城市总体计划、详细的城市计划、村计划
规划管理实施情况			交通运输和通信部、环境和责和自然资源规划部门共同进行城乡规划行政管理：交通与通信部下属的空间规划部门负责执行在城市环境中安排空间、在农村环境中安排空间、并对城市规划文件进行分析和记录的工作；环境和自然资源规划部的空间规划部门，主要负责对自然空间进行管理、维护，同时编制执行北马其顿空间计划的年度报告。 北马其顿在中央层面对规划实施非常重视，制定了执行北马其顿空间规划的法律，将规划的实施纳入法律层面，每年编制执行北马其顿空间计划的年度报告，保障规划文件的有效执行
主管部门	国家一级	名称	交通与通信部下属的空间规划部门负责城市规划事务。 环境和自然资源规划部的空间规划部门负责对自然空间进行管理、维护，同时编制执行北马其顿空间计划的年度报告
		网站	http://www.mtc.gov.mk http://www.moepp.gov.mk
	地方一级		城市内部的空间及城市规划部门，如斯科普里市空间和城市规划部
相关认证制度情况			北马其顿建筑师协会AAM负责城市规划领域的认证
城乡规划与建设标准主要特点			北马其顿的标准体系包括法规体系和技术标准规范，都以马其顿共和官方公报的方式发布。为支撑北马其顿空间和城市规划法的实施，2006年编制了北马其顿城市规划标准规范手册，从一般规定、规划范围、建设用地、土地利用分类、公园和停车库、交通等14个方面进行了规定，为城乡规划的编制提供了技术依据。 北马其顿城乡规划标准体系正处在从苏联的城市规划标准向欧盟规划标准转变阶段，鼓励并引进欧盟的标准为本国国内标准，如ICTY CEN / TR 14383-5：2011 CEN / TR 14383—5：2010预防犯罪 — 城市规划和建筑设计 — 第5部分：加油站等通过城市规划和设计来预防犯罪的系列标准
中国城乡规划与建设标准在当地的适用性评估			优先采用欧盟标准。中国城乡规划与建设标准在当地应用面临发展阶段、国情社会、管理制度、建设环境、语言文字等存在差异的困难，在当地的适应性有待提升

资料来源：上海同济城市规划设计研究院

参考文献

［1］ 赵锡清. 我国城市规划工作三十年简记（1949—1982）［J］. 城市规划，1984（1）：42-48.

［2］ 罗彦，樊德良. 治理能力现代化视角下的城乡规划法治化建设挑战与思考［J］. 规划师，
2016，32（9）：46-53.

［3］ 王凯，徐泽. 重大规划项目视角的新中国城市规划史演进［J］. 城市规划学刊，2019（02）：
12-23.

［4］ 张京祥，罗震东. 中国当代城乡规划思潮［M］. 南京：东南大学出版社，2013.

［5］ 张京祥，林怀策，陈浩. 中国空间规划体系40年的变迁与改革［J］. 经济地理，2018，
38（07）：1-6.

［6］ 胡序威. 中国区域规划的演变与展望［J］. 地理学报，2006（06）：585-592.

［7］ 林坚，赵冰，刘诗毅. 土地管理制度视角下现代中国城乡土地利用的规划演进［J］. 国际城
市规划，2019，34（04）：23-30.

［8］ 顾朝林. 论我国空间规划的过程和趋势［J］. 城市与区域规划研究，2018，10（01）：60-73.

［9］ 余陈阳子，包存宽. 论空间规划的"三个空间"与"两个边界"［J］. 环境保护科学，2016，
42（03）：13-18+40.

［10］ 许景权. 基于空间规划体系构建对我国空间治理变革的认识与思考［J］. 城乡规划，2018
（05）：14-20.

［11］ 汪越，谭纵波，高浩歌，周宜笑. 我国城乡规划法规与标准体系的演变研究［C］//可持续
发展理性规划——中国城市规划年会论文集，2017，14.

［12］ 石楠，刘剑. 建立基于要素与程序控制的规划技术标准体系［J］. 城市规划学刊，2009
（02）：1-9.

［13］ 贺倚，崔巍，王利军，刘曦光，程钰莹，于海凤. 新时代我国城乡规划技术标准体系建设研
究［C］//共享与品质——中国城市规划年会论文集，2018，14.

［14］ 全国人大常委会法制工作委员会. 中华人民共和国城乡规划法解说［M］. 北京：知识产权
出版社，2008.

［15］ 徐嘉勃，王兴平，张弨. 我国城乡规划法规标准体系建设及优化策略［J］. 规划师，2015，
31（12）：5-11.

［16］ 柳经纬. 评标准法律属性论——兼谈区分标准与法律的意义［J］. 现代法学，2018，40（05）：

105-116.

[17] 毛其智. "人居三"与《新城市议程》[J]. 人类居住, 2016, (4): 55-64

[18] 石楠. "人居三"、《新城市议程》及其对我国的启示 [J]. 城市规划, 2017, 41 (1): 9-21.

[19] 吴志强. "人居三"对城市规划学科的未来发展指向 [J]. 城市规划学刊, 2016 (6): 7-12.

[20] 王兴平, 陈骁, 赵四东. 改革开放以来中国城乡规划的国际化发展研究 [J]. 规划师, 2018, 34 (10): 5-12.

[21] 石楠. 国际语境下的城市规划——从IGUTP到NUA: 重新认识规划 | 2015年度CAUPD业务交流会专递 [EB/OL]. [2016-03-10]. https://mp.weixin.qq.com/s?__biz=MjM5Nzc3MjYwMQ==&mid=402674292&idx=1&sn=ef157444d394c8678fa9f36b537b54d6&mpshare=1&scene=1&srcid=0310Wzy6tHF6SsCJPKtdWOie#rd.

[22] 陈宏胜, 王兴平, 李志刚. 漫谈中国规划走向"一带一路"[J]. 规划师, 2019, 35 (5): 99-102.

[23] 洪旗, 周维思, 熊威等. 全球汇 | "一带一路"若干国家规划体系及案例简介【连载】尼泊尔国际城市规划, [EB/OL]. [2019-07-09]. https://mp.weixin.qq.com/s?__biz=MzIwMjAxNTIwOQ==&mid=2247497718&idx=2&sn=c89d2f9ef42ce167aeb3aa1b18870069&chksm=96e79f70a1901666660b335b97d9d7077257cdc7f9280f2be0c9dc4ea1332726dbc62c34fbbf&mpshare=1&scene=1&srcid=#rd.

[24] 杨亦鸣, 赵晓群. "一带一路"沿线国家语言国情手册 [M]. 北京: 商务印书馆, 2015.

[25] 刘春卉. 中国标准走出去的关键影响因素探析 [J]. 标准科学, 2020 (08): 6-10.

[26] 殷成志, 杨东峰. 希腊的规划体系和城市文化遗产管理 [J]. 国际城市规划, 2017, 32 (01): 123-129.

[27] 孙施文. 解析中国城市规划:规划范式与中国城市规划发展 [J]. 国际城市规划, 2019 (4).

[28] European Union. EU in figures: The economy [EB/OL]. (2020-04-08) [2020-06-20]. https://europa.eu/european-union/about-eu/figures/economy_en.html.

[29] European Union. How EU decisions are made [EB/OL]. (2020-05-29) [2020-06-20]. https://europa.eu/european-union/eu-law/decision-making/procedures_en.html.

[30] 许亚敏, 陈新宇. 两大法系的融合及对欧盟法的影响 [J]. 科教文汇 (下旬刊), 2007 (12): 178.

[31] 程遥. 欧盟跨境协作政策述要——以Interreg Ⅲ计划和Centrope项目为例 [J]. 国际城市规划, 2009, 24 (05): 72-78.

[32] Impact of the European Union on spatial planning [G] //EU compendium of spatial planning systems and policies. Luxembourg: Office for Official Publications of the European Communities, 1997: 47-49.

[33] European Union. Directive 2012/18/EU on the control of major-accident hazards involving dangerous substances [EB/OL]. (2018-06-04) [2020-06-20]. https://eur-lex.europa.eu/legal-content/EN/LSU/?uri=CELEX:32012L0018.html.

[34] European Union. An Integrated Maritime Policy for the European Union [EB/OL]. [2020-06-20]. https://eur-lex.europa.eu/legal-content/EN/TXT/?uri=CELEX:52007DC0575.html.

[35] European Union. DIRECTIVE 2014/89/EU OF THE EUROPEAN PARLIAMENT AND

OF THE COUNCIL of 23 July 2014establishing a framework for maritime spatial planning
［EB/OL］．（2014-08-28）［2020-06-20］．https://eur-lex.europa.eu/legal-content/EN/
TXT/?uri=CELEX:32014L0089.html.

［36］European MSPPlatform. Handbook on Integrated Maritime Spatial Planning［EB/OL］．［2020-
06-20］．https://www.msp-platform.eu/practices/handbook-integrated-maritime-spatial-
planning.html.

［37］European Commission. Energy sectors and the implementation of the Maritime Spatial Planning
Directive［EB/OL］．［2020-06-20］．https://ec.europa.eu/maritimeaffairs/publications/energy-
sectors-and-implementation-maritime-spatial-planning-directive_en.html.

［38］BALANCE. Towards marine spatial planning in the Baltic Sea［EB/OL］．［2020-06-20］．
https://balance-eu.org/xpdf/balance-technical-summary-report-no-4-4.pdf.

［39］孙施文. 英国城市规划近年来的发展动态［J］．国外城市规划，2005（6）．

［40］罗超，王国恩，孙靓雯. 从土地利用规划到空间规划:英国规划体系的演进［J］．国际城
市规划，2017，32（4）：90-97.；程遥，赵民. 从"用地规划"到"空间规划导向"——英
国空间规划改革及其对我国空间规划体系建构的启示［J］．北京规划建设，2019，（1）：
69-73.

［41］何源. 德国建设规划的理念、体系与编制. 中国行政管理. 2017（6）：135-141.

［42］谢敏. 德国空间规划体系概述及其对我国国土规划的借鉴［J］．国土资源情报，2009（11）：
22-26.

［43］强真. 德国国土空间规划法律法规体系及借鉴［J］．资源导刊，2019（10）：52-53.

［44］李志林，包存宽，沈百鑫. 德国空间规划体系战略环评的联动机制及对中国的启示［J］．国
际城市规划，2018，33（05）：132-137.

［45］李志林，包存宽，沈百鑫. 德国空间规划体系战略环评的联动机制及对中国的启示.

［46］郭睿达. 德国空间规划体系及对中国的启示［D］．华中师范大学，2017.

［47］邢来顺. 德国城市的历史遗产及其保护［J］．公民导刊，2016（04）：58-59.

［48］阎照. 德国格尔利茨城市遗产保护体系研究［D］．西安：西安建筑科技大学，2009

［49］齐昊晨. 浅谈德国的文化遗产保护［J］．城市建筑，2015（5）：278-278.

［50］蔡玉梅，高延利，张丽佳. 荷兰空间规划体系的演变及启示［J］．中国土地，2017（08）：
33-35.

［51］赵力. 论荷兰《空间规划法》规划制定权力的垂直分配与纠纷解决［J］．国际城市规划，
2018，33（04）：124-131.

［52］张书海，李丁玲. 荷兰环境与规划法对我国规划法律重构的启示［J/OL］．国际城市规
划:1-9［2020-10-08］．http://kns.cnki.net/kcms/detail/11.5583.TU.20200317.1655.002.html.

［53］许亚敏，陈新宇. 两大法系的融合及对欧盟法的影响［J］科教文汇（下旬刊），2007（12）：178.

［54］刘健，周宜笑. 从土地利用到资源管治，从地方管控到区域协调——法国空间规划体系的发
展与演变［J］．城乡规划，2018（06）：40-47+66.

［55］刘健. 20世纪法国城市规划立法及其启发［J］．国际城市规划，2009，24（S1）：256-262.

［56］顾宗培，王宏杰，贾刘强. 法国城市设计法定管控路径及其借鉴［J］．规划师，2018，34
（07）：33-40.

[57] 刘健. 巴黎精细化城市规划管理下的城市风貌传承 [J]. 国际城市规划, 2017, 32（02）: 79–85.

[58] 邵甬, 马利诺斯. 法国"建筑、城市和景观遗产保护区"的特征与保护方法——兼论对中国历史文化名镇名村保护的借鉴 [J]. 国际城市规划, 2011, 26（05）: 78–84.

[59] 杨辰, 周俭. 乡村文化遗产保护开发的历程、方法与实践——基于中法经验的比较 [J]. 城市规划学刊, 2016（06）: 109–116.

[60] 郑明媚, 黎韶光, 荣西武, 文辉, 白玮, 吴斌. 美国城市发展与规划历程对我国的借鉴与启示 [J]. 城市发展研究, 2010, 17（10）: 67–71.

[61] 曹传新. 美国城市规划思维理念体系及借鉴启示 [J]. 人文地理, 2003,（18）: 25 – 27.

[62] 张书海, 赵晓宇, 刘长青. 空间规划的海外经验探讨 [J]. 国土资源情报, 2018（05）: 36–43.

[63] DAI X P, HANA Y P, ZHANG X H, et al.Developmentof a water transfer compensation classification: A casestudy between China, Japan, America and Australia [J]. Agricultural Water Management, 2017, 182: 151–157.

[64] 孙晖, 梁江. 美国的城市规划法规体系 [J]. 国外城市规划, 2000（01）: 19–25+43.

[65] 林雄斌, 杨家文. 美国城市体力活动导则与健康促进规划 [J]. 国际城市规划, 2017, 32（04）: 98–103.

[66] 孙金华, 陈静, 朱乾德. 国内外水法规比较研究 [J]. 中国水利, 2015,（2）: 46–48.

[67] 余俊. 中美水法的比较 [C] // 中国环境资源法学研究会、武汉大学. 新形势下环境法的发展与完善——2016年全国环境资源法学研讨会（年会）论文集. 中国环境资源法学研究会、武汉大学:中国法学会环境资源法学研究会, 2016:118–123.

[68] 林磊. 从《美国城市规划和设计标准》解读美国街道设计趋势 [J]. 规划师, 2009, 25（12）: 94–97.

[69] 王晓川. 精明准则——美国新都市主义下城市形态设计准则模式解析 [J]. 国际城市规划, 2013, 28（06）: 82–88.

[70] 李亚洲. 国外空间规划体系特点及启示——基于两个典型样本的剖析对比 [C]. 中国城市规划学会、杭州市人民政府. 共享与品质——2018中国城市规划年会论文集（16区域规划与城市经济）, 2018:10.

[71] 李龙浩, 张春雨. 加拿大土地规划制度研究 [J]. 中国土地科学, 2000（06）: 38–42.

[72] 赵民, 韦湘民. 加拿大的城市规划体系 [J]. 城市规划, 1999（11）: 26–28+64.

[73] 董祚继, 杨学军, 廖蓉. 影响力从何而来——加拿大安大略省土地利用规划的启示 [J]. 中国土地, 2001（05）: 43–47.

[74] 蔡玉梅, 郭振华, 张岩, 于林竹. 统筹全域格局 促进均衡发展——日本空间规划体系概览 [J]. 资源导刊, 2018（05）: 52–53.

[75] 翟国方, 顾福妹. 国土空间规划国际比较——体系·指标 [M]. 北京: 中国建筑工业出版社, 2019.

[76] 游宁龙, 沈振江, 马妍, 邹晖. 日本首都圈整备开发和规划制度的变迁及其影响——以广域规划为例 [J]. 城乡规划, 2017（02）: 15–24+59.

[77] 谭纵波. 日本的城市规划法规体系 [J]. 国外城市规划, 2000（1）: 13–18.

[78] 蔡玉梅等. 日本空间规划体系的经验和启示[N]. 中国国土资源报，2018-5-5（6）.

[79] 唐相龙. 从三大线索解读城乡空间统筹规划运作体系日本城乡空间统筹规划体系及其法律保障[J]. 城乡建设，2010（4）：78-80.

[80] 蔡玉梅，刘畅，苗强，谭文兵. 日本土地利用规划体系特征及其对我国的借鉴[J]. 中国国土资源经济，2018，31（09）：19-24.

[81] 高雪，姜中天，隋伟宁. 日本工程建设标准管理体系介绍[J]. 城市住宅，2019，26（01）：52-55.

[82] 刘雅芹，程志军，任霏霏. 日本建筑技术法规简介[EB/OL].［2019-01-11］. http://www.cecs.org.cn/jsjl/8182.html.

[83] 徐钰清. 新加坡城市规划法规体系与城市管理模式探究[J]. 城市建设理论研究（电子版），2012（20）.

[84] 唐子来. 新加坡的城市规划体系[J]. 城市规划，2000（01）：42-45.

[85] 卢柯，张逸. 严谨、复合、动态的控制引导模式——新加坡总体规划对我国控规的启示[J]. 城市规划，2011，35（06）：66-68+90.

[86] 陈可石，傅一程. 新加坡城市设计导则对我国设计控制的启示[J]. 现代城市研究，2013（12）：42-48+67.

[87] Urban Redevelopment Authority. Updates to the Landscaping for Urban Spaces and High-Rises（LUSH）Programme: LUSH 3.0 [EB/OL].（2017-11-09）［2020-06-20］. https://www.ura.gov.sg/Corporate/Guidelines/Circulars/dc17-06.

[88] Land Transport Authority, Urban Redevelopment Authority .Walking and Cycling Design Guide [EB/OL]. https://www.ura.gov.sg/Corporate/Guidelines/-/media/BD725DB201DB496A93569C8072DD9FD0.ashx.

[89] 石楠. 石楠："人居三"对我国规划建设的启示—国际语境下的城市规划EB/OL].［2020-06-22］. https://mp.weixin.qq.com/s/D1BfdWOXUAR2r_H9WJvhZA.

[90] 408研究小组. 公共空间的政策工具：全球公共空间工具包4[EB/OL].［2020-06-22］. https://mp.weixin.qq.com/s/mAPGym_ayAa6BfN3k6AHAg.

[91] 王兰，廖舒文，赵晓菁. 健康城市规划路径与要素辨析[J]. 国际城市规划，2016，31（04）：4-9.

[92] 世界卫生组织. 用一代人的时间弥合差距[M]//用一代人的时间弥合差距. 2008.

[93] 李升发，陈伟莲，张虹鸥. 关于我国空间规划用地分类的思考[J]. 城市与区域规划研究，2017，9（04）：59-71.

[94] 徐颖. 日本用地分类体系的构成特征及其启示[J]. 国际城市规划，2012，27（06）：22-29.

[95] 黄经南，杜碧川，王国恩. 控制性详细规划 灵活性策略研究——新加坡"白地"经验及启示[J]. 城市规划学刊，2014（05）：104-111.

[96] 范华，代兵. 给未来留一点白——新加坡"白色用地"规划的经验与启示[J]. 资源导刊，2016（11）：54-55.

[97] 刘泉，赖亚妮. 新加坡邻里中心模式在中国的功能演变[J]. 国际城市规划，2020，35（03）：54-61.

[98] 张威，刘佳燕，王才强. 新加坡社区服务设施体系规划的演进历程、特征及启示[J]. 规划师，2019，35（03）：18-25.

［99］ 王琰，市政厅|城市案例：新加坡小贩中心的内在秩序，https://www.thepaper.cn/newsDetail_forward_1347542.

［100］ 高元，王树声，张琳捷. 城市文化空间及其规划研究进展与展望［J］. 城市规划学刊，2019（06）.

［101］ Gregory，张晓茵. 西雅图如何做到文化空间并未因租金上涨而被挤压［EB/OL］.［2017-12-08］. https://www.thepaper.cn/newsDetail_forward_1892585.

［102］ 邓位，李翔. 英国城市绿地标准及其编制步骤［J］. 国际城市规划，2017，32（06）：20-26.

［103］ 许闻博，王兴平. 城市管理的空间准则探究——基于中美规划指标与城管条例的比较［J］. 上海城市规划，2019（01）：83-89.

［104］ 保护世界文化和自然遗产公约［J］. 文明，2015（Z1）：332-335.

［105］ 赵蔚，赵民. 从居住区规划到社区规划［J］. 城市规划汇刊，2002（6）：68-80；徐一大，吴明伟. 从住区规划到社区规划［J］. 城市规划汇刊，2002（4）：54-80.

［106］ 国家标准《城市居住区规划设计标准》权威解读及全文［EB/OL］.［2019-01-16］. https://mp.weixin.qq.com/s?__biz=MjM5Nzc3MjYwMQ==&mid=2650656277&idx=1&sn=825ea598a8a86f129e8cafa5775bc9f0&chksm=bedd824389aa0b5512faf4a881455c1beb073777df71f74eaf0c7bfef6cbbee44e1f6ccbcc73&scene=27#wechat_redirect.

［107］ William M. Rohe. 从地方到全球：美国社区规划100年［J］. 国际城市规划，2011（2）：85-115.

［108］ Tom Angotti. New York City's '197-a' Community Planning Experience：Power to the People or Less Work for Planners?［J］. Planning Practice & Research，1997（1）：59-69.

［109］ 刘艳丽，张金荃，张美亮. 我国城市社区规划的编制模式和实施方式［J］. 规划师，2014，30（01）：88-93.

［110］ 于海漪. 日本公众参与社区规划研究之一：社区培育的概念、年表与启示［J］. 华中建筑，2011，29（02）：16-23.

［111］ 袁媛，柳叶，林静. 国外社区规划近十五年研究进展——基于Citespace软件的可视化分析［J］. 上海城市规划，2015（04）：26-33.

［112］ 唐瑜慧，陈蕾. 我国老旧社区更新改造中公众参与困境与出路——基于日本社区培育运动的实践经验及启示［C］//中国城市规划学会，东莞市人民政府. 持续发展 理性规划——2017中国城市规划年会论文集（14规划实施与管理），2017:10.

［113］ 柏露露，谢亚，管驰明. 中国境内国际合作园区发展与规划研究［J］. 国际城市规划，2018，33（02）：23-32.

［114］ 赵胜波，王兴平，胡雪峰. "一带一路"沿线中国国际合作园区发展研究——现状、影响与趋势［J］. 城市规划，2018，42（09）：9-20，38.

［115］ 王兴平，崔功豪，高舒欣. 全球化与中国开发区发展的互动特征及内在机制研究［J］. 国际城市规划，2018，33（02）：16-22，32.

［116］ 沈正平，简晓彬，赵洁. "一带一路"沿线中国境外合作产业园区建设模式研究［J］. 国际城市规划，2018，33（02）：33-40.

［117］ 中国商务部国际贸易经济合作研究院，联合国开发计划署驻华代表处. 中国"一带一路"

境外经贸合作区助力可持续发展报告，2019.

[118] 李俊鹏，王利伟，谭纵波. 城镇化进程中乡村规划历程探索与反思——以河南省为例 [J].
小城镇建设，2016（05）：53-58.

[119] 石海明，肖艳阳. 发展与转型：湖南省乡村规划历程回顾与思考 [J]. 现代城市，2019，14
（04）：10-15.

[120] 张晨，肖大威. 从"外源动力"到"内源动力"：二战后欧洲乡村发展动力的研究、实践及
其启示 [J/OL]. 国际城市规划:1-16 [2020-03-09]. http://kns.cnki.net/kcms/detail/11.5583.
TU.20200215.2009.002.html.

[121] 常江，朱冬冬，冯姗姗. 德国村庄更新及其对我国新农村建设的借鉴意义 [J]. 建筑学报，
2006（11）：71-73.

[122] 杨辰，周俭. 乡村文化遗产保护开发的历程、方法与实践——基于中法经验的比较 [J]. 城
市规划学刊，2016（06）：109-116.

[123] 冯旭，王凯，毛其智. 城镇化率稳定时期的乡村发展战略及乡村规划治理特征研究——以
日本宇治市、神户市为例 [J]. 小城镇建设，2019，37（11）：109-115.

[124] Chester County Planning Commission. Village Planning Handbook [EB/OL]. （2019-09）
[2020-06-20]. https://www.chesco.org/DocumentCenter/View/25721/Village-Planning-
Handbook?bidId=.pdf.

[125] 李明烨，汤爽爽. 法国乡村复兴过程中文化战略的创新经验与启示 [J]. 国际城市规划，
2018，33（06）：118-126.

[126] 李开猛，王锋，李晓军. 村庄规划中全方位村民参与方法研究——来自广州市美丽乡村规
划实践 [J]. 城市规划，2014，38（12）：34-42.

[127] 汪雪. 自然生态空间管控制度框架研究 [C]. 中国城市科学研究会、郑州市人民政府、河
南省自然资源厅、河南省住房和城乡建设厅. 2019城市发展与规划论文集. 中国城市科学
研究会、郑州市人民政府、河南省自然资源厅、河南省住房和城乡建设厅:北京邦蒂会务有
限公司，2019:1327-1333.

[128] 吴岩，王忠杰，杨玲，吴雯. 中国生态空间类规划的回顾、反思与展望——基于国土空间
规划体系的背景 [J]. 中国园林，2020，36（02）：29-34.

[129] 金云峰，汪妍，刘悦来. 基于环境政策的德国景观规划 [J]. 国际城市规划,2014,29（03）：
123-126.

[130] 臧维明，李月芳，魏光明. 新型智慧城市标准体系框架及评估指标初探 [J]. 中国电子科学
研究院学报，2018，13（01）：1-7.

[131] 王强. 智慧城市创新发展的模式与路径：基于国际比较的视角 [J]. 重庆城市管理职业学院
学报，2019，19（03）：38-44.

[132] 沈振江，李苗裔，林心怡，胡飞瑜. 日本智慧城市建设案例与经验 [J]. 规划师，2017，33
（05）：26-32.

[133] 张庭伟. 关于规划师的执业资格及考试问题——美国的经验及对中国的借鉴作用 [J]. 城市
规划，1998（06）：36-38+60.

[134] 张书海，王小羽. 空间规划职能组织与权责分配——日本、英国、荷兰的经验借鉴 [J/
OL]. 国际城市规划:1-10 [2019-06-04]. http://kns.cnki.net/kcms/detail/11.5583.

TU.20190528.1418.002.html.

[135]　日本空间规划体系的经验和启示. http://blog.sina.com.cn/s/blog_4a6d40030102xpj9.html.

[136]　吕斌. 日本城市规划体系的变迁与规划师的职责和作用 [J]. 规划师，1998，014（001）：
　　　　36-38.

[137]　王晓川. 房地产开发的城市规划调控——国际及地区经验比较与借鉴 [J]. 城市规划，
　　　　2007，233（5）：78-86.

后记

　　全书由王凯、罗彦、樊德良拟定提纲和审稿、统稿、定稿。各章编写人员如下：王凯、樊德良、樊明捷、刘菁负责第1章，樊德良、樊明捷负责第2章，罗彦、刘菁、徐培祎、樊德良、赵亮、白晶负责第3章，王凯、徐鼎壹、张琪、刘菁、胡诗齐、赵亮、樊德良、樊明捷、周帷负责第4章和第5章，罗彦、樊德良、杜宁负责第6章。

　　本书充分吸取了住房和城乡建设部标准定额司于2018年开展的"一带一路"沿线国家城乡规划领域应用情况调研工作，以及2019年《城乡规划工程建设标准在"一带一路"建设中应用情况调查》课题研究的成果，感谢住房和城乡建设部标准定额司韩爱兴副司长、王果英处长对相关工作的悉心指导，也对山西省住房和城乡建设厅、内蒙古自治区住房和城乡建设厅、广东省住房和城乡建设厅、乌鲁木齐市城乡规划管理局、武汉市国土资源和规划局、武汉市土地利用和城市空间规划研究中心、中国建筑设计院有限公司、中国建筑设计院城镇规划设计研究院、内蒙古城市规划市政设计研究院、青岛市城市规划设计研究院、江苏省城市规划设计研究院、浙江省城乡规划设计研究院、陕西省城乡规划设计研究院、山东省城乡规划设计研究院、广东省城乡规划设计研究院、山西省城乡规划设计研究院、青岛市城市规划设计研究院、乌鲁木齐市城市规划设计研究院、杭州市城市规划设计研究院、宁波市规划设计研究院、同济大学建筑与城市规划学院、上海同济城市规划设计研究院等参与调研和资料收集整理工作的各个单位表示由衷感谢。同时，还要感谢中国城市规划设计研究院郑德高副院长、科技促进处鹿勤副处长对本书提出的建设性意见。

　　在编写过程中，涉及不同国家和地区的相关资料获取途径有限，部分内容受当地政策影响较大，难以及时更新，难免疏漏或论述不当，希望专家和读者多提宝贵意见。最后感谢中国建筑工业出版社对本书出版的大力支持！